高等院校信息类专业校企衔接创新实践系列教材

C++ 项目实训

□主　编　李渤　安海龙
□副主编　刘冰　罗来俊　徐青翠

```
#include <iostream>
using namespace std;
class Base
{
public:
    Base(int i)
    {
        Value = i;
    }
    int Value;
    void func()
    {
        cout<<"member of Base "<<Value<<endl;
    }

    Base1:virtual public Base

public:
    Base1(int a):Base(a)
    { }
    int Value1;
};
class Base2:virtual public Base
```

中南大學出版社
www.csupress.com.cn
·长沙·

内容简介

本书基于 CDIO 工程教育理念，结合应用型人才培养的目标和要求，针对读者“重理论，轻实践”的特点，在阐述程序语言基本范式及算法的基本理论之后，注重通过实例培养读者动手编程的能力。全书从功能应用的角度分为 3 篇、18 章，覆盖了 C + +应用开发全部基本知识点，每个知识点都配备了一定的示例，并在第三部分给出 8 个具有代表性的综合应用实例。实例从需求分析、设计、编码、测试等软件开发各阶段进行了详细说明，并给出了全部的程序代码。本书能够帮助读者解决只能做简单片段程序不能开发完整工程的问题。每个实例都具有一定的通用性，能够快速移植，帮助学习者更好地学以致用。

本书适合作为高等院校开设的面向对象程序设计、算法与数据结构等应用开发课程的教科书，也可作为计算机程序设计培训班的教材或计算机程序设计人员的参考书。

前　言

众所周知，当前社会需求和高校课程设置严重脱节，一方面企业找不到可迅速上手的人才，另一方面大学生就业难。如果有一些面向工作应用的案例参考书，让广大学生得以参考，并能亲手去做，势必能缓解这种矛盾。本书就是这样一本书：项目开发案例型的、面向工作应用的软件开发类图书。编写本书的目的就是架起让学生从学校走向社会的桥梁。

本书以完成小型项目为目的，让学生切身感受到软件开发给工作所带来的实实在在的用处和方便，激发学生学习软件的兴趣，让学生变被动学习为自主自发学习。本书的项目开发案例过程完整，不但适合在学习软件开发时作为小型项目开发的参考书，而且可以作为毕业设计的案例参考书。

本书共有3篇、18章。第1篇只有第1章，概述了C++的基础知识。第2篇共9章，从第2章至第9章，分别介绍数据结构和算法的基本概念，包括线性结构的线性表、栈与队列、串、多维数组、树与二叉树、图、查找和内排序等。并在此部分的第10章对贪心法、分治法、动态规划法、回溯法等经典算法作了描述。第3篇共8章，包括基于Qt的电子点餐系统、多文本编辑器的设计与实现、俄罗斯方块、基于Qt的画图板功能的实现、视频监控系统的设计与实现、基于Qt的扫雷游戏设计与实现、基于Qt的图书管理系统和网络版中国象棋等8个综合实例。

本书作者有从事多年C++程序开发经验的一线教学工作者，他们具有丰富的教学实践经验，还有上海杰普软件公司一线软件工程师，编程实例由他们撰写，实例全部来源实际案例。本书总体呈现出以下特点：

(1)内容编写既考虑经典范例，也吸收了最新应用内容。由浅入深，循序渐进，层次分明；语言讲解通俗易懂、突出重点。

(2)每章节都配有精心设计的应用例题，用以帮助读者更好地理解和掌握该章节知识点，例题的代码已作了详细的注释。第2篇每章末配有精选习题，用以强化C++应用程序设计知识和技能的训练。

(3)结合每章的内容，编写了综合运用实例，既可作为各章教学的参考，也可作为该章知识点应用的综合实训项目。

(4)本书的例题和习题，都已在VS的开发环境下调试与运行。

本书由江西理工大学李渤、上海杰普软件科技有限公司安海龙担任主编。第1章由江西理工大学徐青翠组织编写，第2、4、6章由江西理工大学罗来俊组织编写，第3、5、7、10章由江西理工大学刘冰组织编写，第8、9章由李渤组织编写，第11章至第18章由安海龙组织编写。全书由李渤统稿并定稿。

在本书的编写过程中，得到了许多老师和同学的大力支持和热情帮助。本书的出版得到了江西省教育科学“十二五”规划项目“基于CDIO－CMM理念的螺旋式软件人才培养模式的探索与效应研究”（项目编号：12YB125）的基金项目资助。在此表示衷心的感谢！同时，编者参阅了大量的C++应用程序设计的书籍和网上资源。在此，对它们的作者和提供者一并表示衷心的感谢。

由于编者水平有限，书中一定存在着错误或陈述不妥之处，恳请读者批评指正，以便再版时修改完善。

编　者

2017年12月

目　录

第 1 篇　基础知识

第 2 篇　数据结构与算法基础

第 3 篇　软件项目实习

第 1 篇　基础知识

第 1 章　C + + 编程基础

C + + 语言(简称 C + +)是一门高效实用的程序设计语言，它既可进行过程化程序设计，也可进行面向对象程序设计。C + + 语言强调对高级抽象的支持，实现了对类的封装、继承和多态，使得程序代码容易维护并可高度重用。

1.1　C + + 简介

1.1.1　ANSI/ISO 标准

C + + 是从 C 语言发展演变而来的一门优秀的程序设计语言。它在保持 C 语言的简洁、高效和接近汇编语言等特点的基础上，对 C 语言的类型系统进行了改革和扩充，同时，它还支持面向对象的程序设计。因此，最初的 C + + 称为“带类的 C”，1983 年正式取名为 C + + 。C + + 语言的标准化工作从 1989 年开始，经历了 3 次修订后，1994 年制定了 ANSI C + + 标准草案。之后又经过多次完善，1998 年 11 月被国际标准化组织(ISO)批准为国际标准，2003 年 10 月 ISO 又发布了第二版的 C + + 标准，成为目前的 C + + 。C + + 还在不断地发展完善。

1.1.2　名称/标识符

C + + 中的名称由字符集构成。字符集是构成 C + + 语言的基本元素，包含三个部分：

①大小写的英文字母：A ~ Z，a ~ z。

②数字字符：0 ~ 9。

③特殊字符：！ #%^& * _ + = - ~ < >/\‘“；.，：？ ( )[ ]{ }。

C + + 中的标识符指的是由程序员定义的字符集合，如变量名、类名、函数名等，标识符的命名必须满足相应的命名规则，具体如下：

①以大写字母、小写字母或下划线(_)开始。

②可以由大写字母、小写字母、下划线(_)或数字 0 ~ 9 组成。

③大写字母和小写字母代表不同的标识符。即 C + + 程序中的标识符对大小写是敏感的。

④不能是 C + + 中的关键字。关键字是 C + + 预定义的单词，在程序中有着特定的含义，主要包含以下关键字：

asm　auto　bool　break case　catch　char　class　const　const_cast　continue　default
delete　do　double dynamic_cast　else　enum　explicit　export　false　float for　friend　goto
if　inline　int　long　mutable　namespace　new　operator　private　protected public
register　reinterpret_cast　return　short　signed　sizeof static　static_cast　struct　switch

template　this　throw　true　try　typenof　typeid　typename　union　unsigned　using　virtual　void　volatile　wchar_t while

下面，通过几个例子来说明 C + + 中哪些是合法标识符，哪些是非法标识符。

Clock　_line　3th　num_4　auto　clock　5 - 1

根据标识符的命名规则可知，Clock，_line，num_4，clock 都是合法的标识符，并且 Clock 和 clock 代表两个不同的标识符；3th，auto，5 - 1 都是非法的标识符。

1.1.3　命名空间

01

使用命名空间就是为具有相同名称的实体划分其所属范围的区间，从而避免歧义或错误。举例来说，假设一个学校有两位同学都叫刘明，一位是经济系的，另一位是计算机系的。那么在区分的时候就需要说明所要找的到底是经济系的还是计算机系的刘明。

命名空间的语法规则如下：

namespace 命名空间名 {

各种声明(函数声明、类声明、…)

}

例如：

```
namespace  ns{
 int fun1();
 float fun2();
 int  num;
}
```

在命名空间内部可以直接引用当前命名空间中声明的标识符，如果需要引用其他命名空间的标识符，则需采用如下语法：

命名空间名::标识符名

如果需要调用 ns 命名空间中的 num，则必须使用这种方式：

ns::num;

为了更为有效地使用命名空间中的内容，C + + 还提供了两种方式：

using 命名空间名::标识符名;

using namespace 命名空间名;

第一种形式将该标识符暴露在当前作用域内，使得当前作用域中可以直接引用该标识符；第二种形式将指定命名空间内的所有标识符暴露在当前的作用域内，使得在当前作用域中可以直接引用该命名空间内的任何标识符。以 ns 命名空间为例，如果要使用其中的 count 标识符，可以使用

using ns::count;

也可以使用

using namespace ns;

通过这两种方式，都可以直接使用 count 变量，只是使用前种方式的话只能直接使用 ns 中的 count，其他声明不可直接使用，如果还需使用其中的函数 fun1，还需在函数名前添加 ns 区分；而如果使用后面这种方式，ns 中的所有声明都可以在该作用域内直接使用。

允许嵌套使用命名空间，例如：

```
namespace n1{
    namespace n2{
        int count;
    }
}
```

引用其中的标识符，可以通过这种方式实现：n1::n2::count。

下面简单介绍两种特殊的命名空间：全局命名空间和匿名命名空间。

全局命名空间是默认的命名空间，如果某个标识符在没有具体说明的显式命名空间，那么该标识符就在全局命名空间中。

匿名命名空间是需要显式说明的没有名字的命名空间，其主要作用是保护该命名空间中的内容不被其他源文件访问。声明方式如下：

```
namespace {
    各种声明(函数声明、类声明、…)
}
```

1.1.4　代码注释

代码注释，顾名思义，就是对所写的代码进行解释说明。编译系统在对源程序进行编译时忽略注释部分，注释内容不会对可执行文件的大小产生影响。所以，适当地添加注释，能够提高程序的可读性。这个可读性，不仅是针对编写程序的程序员，更多的是针对团队开发的其他成员以及用户，并对后期维护产生影响。所以，对于一个具有良好编程习惯的程序员而言必须养成及时为代码添加相应注释的习惯。

代码的注释方式有两种：注释行和注释块。

注释行是使用"//"的方式，从"//"开始，直到其所在行尾，所有字符都被作为注释处理。举例如下：

```
int   count;      //count is an integer for count
```

通过注释，读者可以知道 count 是一个用来统计个数的整型变量。

如果注释比较长，可以选择采用注释块来写，使用"/＊"和"＊/"括起注释文字。例如：

```
int   count;    /* first,count is an integer;
                   second,count is for count; */
```

1.1.5　标准库

C + + 标准库(C + + Standard Library)是类库和函数的集合，其使用核心语言写成，由 C + + 标准委员会制定，并不断维护更新。

C + + 强大的功能来源于其丰富的类库及库函数资源。C + + 标准库的内容在 50 个标准头文件中定义。在 C + + 开发中，应尽可能地利用标准库来完成。这样做的好处如下：

(1)节约成本

已经作为标准提供，不必再花费时间、人力重新开发。

(2)提高质量

标准库都是经过严格测试的，正确性有保证。

(3)提高效率

使用标准库中的类和函数能有效地提高代码的执行效率。

(4)良好的编程风格

采用行业中普遍的做法进行开发。

1.2 数据类型

01

C++中的数据类型主要包含两种：基本数据类型和自定义的数据类型(非基本数据类型)。

1.2.1 基本数据类型

C++的基本数据类型有 bool(布尔型)、char(字符型)、int(整型)、float(单精度浮点型)以及 double(双精度浮点型)。基本数据类型具体见表 1-1。

表 1-1 基本数据类型表

类型名	长度(字节)	取值范围
bool	1	false, true
char	1	-128 ~ 127
signed char	1	-128 ~ 127
unsigned char	1	0 ~ 255
short (signed short)	2	-32768 ~ 32767
unsigned short	2	0 ~ 65535
int(signed int)	4	-2147483648 ~ 2147483647
unsigned int	4	0 ~ 4294967295
long(signed long)	4	-2147483648 ~ 2147483647
unsigned long	4	0 ~ 4294967295
float	4	3.4×10^{-38} ~ 3.4×10^{38}
double	8	1.7×10^{-308} ~ 1.7×10^{308}
long double	8	1.7×10^{-308} ~ 1.7×10^{308}

关键字 signed 和 unsigned 以及关键字 short 和 long 被称为修饰符。类型修饰符 signed 和 unsigned、short 和 long 用于修饰字符型和整型。当用 signed 和 unsigned、short 和 long 修饰 int 整型时，int 可省略。long 还可以修饰 double。

两种浮点类型 float 和 double 除了取值范围不同之外，所取数据的精度也不同，float 可以保存 7 位有效数字，double 可以保存 15 位有效数字。

1.2.2　非基本数据类型

C++中的非基本数据类型主要包括：枚举类型、结构体类型、联合体类型、数组类型、指针类型以及类类型。

1. 枚举类型

将变量的可取值一一列举出来，便构成了一个枚举类型。枚举类型的声明形式为：

enum 枚举类型名　{变量值列表}；

例如：一场比赛的结果有胜、负、平局和取消四种，可以通过这种方式声明：

enum　game{win, lose, tie, cancel}；

枚举类型应用说明：

——对枚举元素按常量处理，不能对它们赋值。例如，不能写：win = 0；

——枚举元素具有默认值，它们依次为：0，1，2，…。

——也可以在声明时另行指定枚举元素的值，如：

enum　game{win =3, lose, tie =0, cancel}；

——枚举值可以进行关系运算。

——整数值不能直接赋给枚举变量，如需要将整数赋值给枚举变量，应进行强制类型转换。

2. 数组类型

数组是具有一定顺序关系的若干相同类型变量的集合体，组成数组的变量称为该数组的元素。

3. 结构体类型

由不同的数据类型构成的一种混合的数据结构，构成结构体的成员的数据类型一般不同，并且在内存中分别占据不同的存储单元。

4. 联合体类型

联合体类型类似于结构体的一种构造类型，与结构体不同的是构成联合体的数据成员共用同一段内存单元。

5. 指针类型

指针类型变量用于存储另一变量的地址，而不能用来存放基本类型的数据。它在内存中占据一个存储单元。

6. 类类型

类是体现面向对象程序设计的最基本特征，也是体现C++与C最大的不同之处。类是一个数据类型，它定义的是一种对象类型，由数据和方法组成，描述了属于该类型的所有对象的性质。

1.3　常量和变量

1.3.1　常量

在整个程序的运行过程中其值保持不变的量称为常量。常量包括整型常量、实型常量、字符常量、字符串常量以及布尔常量。

整型常量的表示形式有十进制、八进制和十六进制。

十进制整型常量的表示形式为：[+/-]+若干个0~9的数字，其中数字部分不能以0开头，正号可以省略；

八进制整型常量的表示形式为：0+若干个0~7的数字；

十六进制整型常量的表示形式为：0x+若干个0~9的数字及A~F的字母（大小写均可）。

例如：12，012，0x12都是合法的整型常量，但是代表不同的数据值。12为十进制数据，012为八进制数据，0x12为十六进制数据。

实型常量是以文字形式出现的实型数据，有一般形式和指数形式两种。

一般形式如：12.3f，-259.45等；

指数形式如：0.12e3表示0.12×10^3，字母e大小写均可。使用指数形式时，可以省略整数部分或小数部分，但不能全部省略。

默认情况下实型常量为double类型，可以通过在实型数据后面添加后缀f(F)的方式使其强制转换成float类型。

字符常量是通过单引号括起来的单个字符，如'a'、'1'等。需要说明的是，这个字符'1'和前面的整型常量1不是等价的。

除了这种显式字符，C++还提供了相应的转义字符，如表1-2所示。

表1-2　常见转义字符表

字符常量形式	ASCⅡ码（十六进制）	含义
\a	07	响铃
\n	0A	换行
\t	09	水平制表符
\v	0B	垂直制表符
\b	08	退格
\r	0D	回车
\v	0C	换页
\"	22	双引号
\'	27	单引号
\\	5C	字符\

字符串常量是用一对双引号引起来的字符序列。例如"hello"。

字符'a'和"a"在内存中的存储方式是不一样的，前者只占一个字节，后者要占两个字节，因为任何一个字符串串尾都要添加一个'\0'作为结束标志。

布尔型常量只有两个：true 和 false。

1.3.2　变量

变量指的是在程序执行过程中其值可以改变的量。变量名的命名规则遵循标识符的命名规则。

变量必须先声明后使用。和常量一样，变量也有相应的数据类型。同一语句中可以声明同一类型的多个变量。变量声明语句格式如下：

数据类型　变量名 1，变量名 2，…，变量名 n；

例如：int a，b，c；

float s，v；

声明了 3 个整型变量和 2 个单精度实型变量。

关于变量声明和定义的区别：变量的声明形式和定义形式是一致的，但是具体执行过程大不相同，声明一个变量只是告诉编译器认识这个标识符，并不为其分配相应内存。而定义一个变量意味着必须为该变量分配内存空间用于存放对应类型的数据。大多数情况下，变量声明的同时也完成了变量的定义。声明外部变量时除外。

在定义一个变量的同时，可以给它赋予初值，C + +提供了两种变量赋初值的方式：

一种是通过赋值运算符，如 int a =9；

还有另一种是通过()，如 int a(9)；

两种方式完全等价。

变量的存储类型有四种：auto，static，extern，register。

默认采用 auto 方式存储，即自动分配、自动回收。

1.4　运算符和表达式

C + +中定义了丰富的运算符，如算术运算符、关系运算符和逻辑运算符等。有的运算符需要一个操作数，称为单目运算符；有的需要两个操作数，称为双目运算符；有的需要三个操作数，称为三目运算符。运算符具有优先级和结合性。当一个表达式中存在多个运算符时，先比较其优先级，如果优先级相同，再考虑其结合性。

1.4.1　赋值运算符和赋值表达式

赋值运算符是 C + +中最简单、常用的运算符，用"="来描述。相异于数学中的等号，这是一个将右值赋给左值的过程，故为右结合性。除了这种最简单的赋值运算符，C + +中还提供了 10 种复合的赋值运算符，如 + =，－ =，* =，\ =，% =，< < =，> > =，& =，^ =，| =。这 10 种复合的赋值运算符都是双目运算符，结合性为自右向左。

由赋值运算符和操作数构成的表达式称为赋值表达式。

例如：a =3；就是一个将常量 3 赋值给变量 a 的赋值表达式，赋值后，a 的值为 5，整个表达式的值也为5。b+=3 等价于 b=b+3。

1.4.2 算术运算符和算术表达式

算术运算符包含基本的算术运算符(+、-、*、/、%)和自增自减运算符(++、--)。基本的算术运算符遵循先乘除后加减，同级自左至右的运算规则，“%”和“/”的优先级相同。“%”是求余数的运算符，只能用于整型操作数。需要强调的是，当用“/”运算符进行两个整型数据的运算时，结果只取商的部分，小数部分将被舍弃。

自增自减运算符包括前置和后置两种形式，作用都是使操作数的值增加或者减少1。如i++和++i，若只是单纯地做自增运算，前置和后置的区别不大，运算之后i的值都增加1，表达式的结果也增加1。但是，如果将自增运算参与到其他操作时，前置和后置的区别就很大了。例如：b=i++和b=++i，假设i的初值为2，前一个表达式中，i的值为3，b的值为2，后一个表达式中，i的值为3，b的值也为3。

正确地使用++和--，可以使程序简洁、清晰、高效。请注意：

①自增和自减运算符只能用于变量，不能用于常量或表达式。

②自增运算符(++)和自减运算符(--)使用十分灵活，但在很多情况下可能出现歧义性，产生“意想不到”的副作用，如a+++b，所以自增、自减运算符要慎用。

③自增(减)运算符在C++程序中是经常见到的，常用于循环语句中，使循环变量自动加1。也用于指针变量，使指针指向下一个地址。

1.4.3 关系运算符和关系表达式

关系运算是非常简单的一种运算形式，关系运算符及其优先次序如下：

< <= > >= == !=

前四个优先级相同；后两个优先级相同，但小于前四个优先级。

用关系运算符将两个表达式连接起来就构成了关系表达式。关系表达式的结果为布尔型，值为 true 或 false。关系运算符的优先级低于算术运算符，高于赋值运算符。

例如：a < b，y == 1

当 a<b 成立时，关系表达式结果为 true，否则为 false。

当 y 的值等于1时，表达式的值为 true，否则为 false。

c<a-b 等价于 c<(a-b)

a>b!=c 等价于(a>b)!=c

a==b>c 等价于 a==(b>c)

a=b>=c 等价于 a=(b>=c)

1.4.4 逻辑运算符和逻辑表达式

有时候参与判定的条件有多个时，需要通过逻辑运算符将其连接起来。C++中提供的逻辑运算符如下：

!(非) &&(与) ||(或)

优先次序：高→低

逻辑运算符中的“&&”和“||”低于关系运算符，“!”高于算术运算符。例如：

(a>b) && (x>=y)可写成 a>b && x>=y

(a<=b) || (x==y)可写成 a<=b || x==y

(! a) || (a>=b)可写成！a || a>=b

将两个关系表达式用逻辑运算符连接起来就构成了一个逻辑表达式，上面几个表达式就是逻辑表达式。逻辑表达式的一般形式为：

表达式1　逻辑运算符　表达式2

逻辑表达式的值是一个逻辑量，即“真”或“假”。在给出逻辑运算结果时，以数值1代表逻辑“真”，以0代表逻辑“假”，但是在判断一个逻辑量最终真假时，如果其值是0就认为是“假”，如果其值是非0就认为是“真”。例如：

①若 a=2，则！a 的值为0。因为a的值为非0值，被认作“真”，对它进行“非”运算，得“假“，“假”以0表示。

②若 a=3，b=9，则 a && b 的值为1。因为a和b均为非0，被认为是“真”。

③a，b值同前，a-b||a+b 的值为1。因为 a-b 和 a+b 的值都为非零值。

④a，b值同前，！a || b 的值为1。

⑤3 && 7|| 0 的值为1。

在C++中，整型数据可以出现在逻辑表达式中，在进行逻辑运算时，根据整型数据的值为0或非0，把它作为逻辑量假或真，然后参加逻辑运算。

通过上述举例可以发现：逻辑运算结果非0即1，不可能是其他数值。而在逻辑表达式中作为参加逻辑运算的运算对象可以是0(“假”)或任何非0的数值(“真”)。如果在一个表达式中的不同位置上出现数值，应区分哪些为数值运算或关系运算的对象，哪些为逻辑运算的对象。

实际上，逻辑运算符两侧的表达式不但可以是关系表达式或整数(0和非0)，也可以是任何类型的数据，如字符型、浮点型或指针型等。系统最终以0和非0来判定它们属于“真”或“假”。例如'a' && 'b'的值为1。

掌握C++的关系运算符和逻辑运算符后，可以用一个逻辑表达式来表示一个复杂的条件。例如，要判别某一年(year)是否为闰年。闰年的条件是符合下面两者之一：①能被4整除，但不能被100整除。②能被100整除，又能被400整除。可以用一个逻辑表达式来表示：

(year % 4 == 0 && year % 100 != 0) || year % 400 == 0

1.5　const 关键字

在C++中，const关键字的主要用途如下：

- 常变量：const 类型说明符变量名；
- 常引用：const 类型说明符 & 引用名；
- 常对象：类名 const 对象名；
- 常成员函数：类名::函数名(形参) const；
- 常数组：类型说明符 const 数组名[大小]；
- 常指针：const 类型说明符 * 指针名，类型说明符 * const 指针名。

在常变量(const 类型说明符变量名)、常引用(const 类型说明符 & 引用名)、常对象(类名 const 对象名)、常数组(类型说明符 const 数组名[大小])中，const 与“类型说明符”或“类名”的位置可以互换。例如：

“const int i=3;”与“int const i=3; ”等同；

类名 const 对象名与 const 类名对象名等同。

接下来详细介绍 const 关键字的用法。

用法 1：常变量

类似于 C 中的宏定义，在声明时必须进行初始化。const 限制了常量的使用方式，常变量在使用前一定要声明。例如，可以声明一件商品的价格为：

const float price=3.2;

常变量在声明时一定要赋值，并且在程序中不能改变其值。

用法 2：常指针(指针和常量)

常指针包含两种形式：一种是指向常量的指针；另一种是指针类型的常量。指向常量的指针不能通过指针来改变所指对象的值，但指针本身可以改变，可以指向另外的对象。指针类型的常量中指针本身的值不能改变。

在常指针的使用时涉及两个对象：指针本身和被它所指的对象。将一个指针的声明用 const“预先固定”将使那个对象而不是使这个指针成为常量(指向常量的指针)。要将指针本身而不是被指对象声明为常量，必须使用声明运算符 *const(指针类型的常量)。所以出现在*之前的 const 是作为数据类型的一部分：

```
char *const p; //到 char 的 const 指针，指针类型的常量
char const *p1; //到 const char 的指针，指向常量的指针
const char *p2; //到 const char 的指针(后面两种声明是等价的)
```

这个地方比较容易混淆，再举例说明。

例如：

```
const int *m1 = new int(10);
int   *const m2 = new int(20);
```

在上面的两个表达式中，最容易让人迷惑的是 const 到底是修饰指针还是指针指向的内存区域？其实，只要知道：const 只对它左边的量起作用，唯一的例外就是 const 本身就是最左边的修饰符，那么它才会对右边的量起作用。根据这个规则来判断，m1 应该是常量指针(即不能通过 m1 来修改它所指向的内容)；而 m2 应该是指针常量(即不能让 m2 指向其他的内存模块)。由此可见：

(1)对于常量指针，不能通过该指针来改变所指的内容。即下面的操作是错误的：

```
int i = 1;
const int *pi = &i;
*pi = 10;
```

此处错在你试图通过 pi 改变它所指向的内容。但是，并不是说该内存块中的内容不能被修改，我们仍然可以通过其他方式去修改其中的值。例如：

```
// 1：通过 i 直接修改。
i = 10;
// 2： 使用另外一个指针来修改。
int *p = (int*)pi;
*p = 10;
```

实际上，在将程序载入内存的时候，会有专门的一块内存区域来存放常量。但是，上面的 i 本身不是常量，是存放在栈或者堆中的，仍然可以修改它的值。而 pi 不能修改指向的值应该说是编译器的一个限制。

（2）根据上面 const 的规则，const int *m1 = new int(10)；也可写作：

```
int const *m1 = new int(10);
```

（3）在函数参数中使用指针常量时表示不允许将该指针指向其他内容。

```
void func_02(int *const p)
{
    int *pi = new int(100);
    //错误！p 是指针常量。不能对它赋值。
    p = pi;
}
int main()
{
    int *p = new int(10);
    func_02(p);
    delete p;
    return 0;
}
```

（4）在函数参数中使用常量指针时表示在函数中不能改变指针所指向的内容。

```
void func(const int *pi)
{
    //错误！不能通过 pi 去改变 pi 所指向的内容！
    *pi = 100;
}
int main()
{
    int *p = new int(10);
    func(p);
    delete p;
    return 0;
}
```

可以使用这样的方法来防止函数调用者改变参数的值。但是，这样的限制是有限的，作为参数调用者，不要试图去改变参数中的值。

用法 3：常函数

常函数是 C + +对常量的一个扩展，它很好地确保了 C + +中类的封装性。在 C + +中，为了防止类的数据成员被非法访问，将类的成员函数分成了两类：一类是常成员函数；另一类是非常成员函数。在一个函数名后面加上关键字 const 后该函数就成了常函数。对于常函数，最关键的不同是编译器不允许其修改类的数据成员。例如：

```
class Test
{
  public:
  void f() const;
  private:
  int i;
};
void Test::f() const
{
 i  = 100;
}
```


在上面的代码中，常函数 f 试图去改变数据成员 i 的值，因此将在编译的时候引发异常。

当然，对于非常成员函数，可以根据需要读取或修改数据成员的值。但是，这要依赖调用函数的对象是否为常量。通常，如果把一个类定义为常量，目的是希望其状态（数据成员）不会被改变，那么，如果一个常对象调用它的非常成员函数会产生什么后果呢？看下面的代码：

```
class T{
  public:
  void f1() const;
  void f2();
};
void TestCode(T& change, const T& unChange)
{
  change.f1(); // 正确,非常对象可以调用常函数
  change.f2(); // 正确,非常对象也允许调用非常成员函数修改数据成员
  unChange.f1(); // 正确,常对象只能调用常成员函数，因为不希望修改对象状态
  unChange.f2(); // 错误！常对象的状态不能被修改,而非常成员函数存在修改对象
  状态的可能
}
```

从上面的代码可以看出，由于常对象的状态不允许被修改，因此，通过常对象调用非常成员函数时将会产生语法错误。

用法 4：常引用（常量与引用）

常量与引用的关系比较简单。因为引用就是另一个变量的别名，它本身就是一个常量。也就是说不能再让一个引用成为另外一个变量的别名，那么它们只剩下其代表的内存区域是

否可变。即:

```
int i = 10;
// 表示不能通过该引用去修改对应的内存的内容
const int&ri = i;
// 错误! 写法不对
int& const ri = i;
```

由此可见，如果不希望函数的调用者改变参数的值，最可靠的方法应该是使用引用。下面的操作会存在编译错误:

```
void f(const int&ri)
{
  // 错误! 不能通过常引用 ri 去改变它所代表的内存区域
  ri = 5;
}
int main()
{
  int i = 1;
  f(i);
  return 0;
}
```

用法 5: 常对象(const 对象)

const 对象只能访问 const 成员函数，而非 const 对象可以访问任意的成员函数，包括 const 成员函数;

const 对象的成员是不能修改的，而通过指针维护的对象可以修改;

const 成员函数不可以修改对象的数据，不管对象是否具有 const 性质。编译时以是否修改成员数据为依据进行检查。

常数组用得比较少，就不详述了。

1.6　控制语句

1.6.1　if 语句

if 语句的 3 种形式:

(1) if(表达式) 语句。例如:

```
if(x < y) cout << x << endl;
```

(2) if(表达式) 语句 1 else 语句 2。例如:

```
if (x < y) cout << x;
 else   cout << y;
```

(3) if(表达式 1) 语句 1

else if(表达式 2) 语句 2

else if(表达式 3) 语句 3
⋮
else if(表达式 m) 语句 m
else 语句 n

说明：

3 种形式的 if 语句都是从一个入口进来，经过对“表达式”的判断，分别执行相应的语句，最后归到一个共同的出口。这种形式的程序结构称为选择结构。在 C++中 if 语句是实现选择结构主要的语句。

3 种形式的 if 语句中在 if 后面都有一个用括号括起来的表达式，它是程序编写者要求程序判断的“条件”，一般是逻辑表达式或关系表达式。

在第 2 种、第 3 种形式的 if 语句中，在每个 else 前面有一分号，整个语句结束处有一分号。

在 if 和 else 后面可以只含一个内嵌的操作语句，也可以含有多个操作语句，此时用花括号“{}”将几个语句括起来成为一个复合语句。

例 1.1 任意输入三角形的边长，求该三角形的面积。

```
#include <iostream>
#include <cmath> //使用数学函数时要包含头文件 cmath
#include <iomanip>  //使用 I/O 流控制符要包含头文件 iomanip
using namespace std;
int main( )
{
    double a,b,c;
    cout<<"please enter a,b,c:";
    cin>>a>>b>>c;
    if (a+b>c && b+c>a && c+a>b)
    {  //复合语句开始
        double s,area;//在复合语句内定义变量
        s=(a+b+c)/2;
        area=sqrt(s*(s-a)*(s-b)*(s-c));
        cout<<setiosflags(ios::fixed)<<setprecision(4); //指定输出的数包含 4 位小数
        cout<<"area="<<area<<endl;  //在复合语句内输出局部变量的值
    } //复合语句结束
    else cout<<"it is not a trilateral!"<<endl;
    return 0;
}
```

运行情况如下：

```
please enter a,b,c:3.5 6.5 7.6
area=11.3458
```

1.6.2　嵌套的 if 语句

在 if 语句中又包含一个或多个 if 语句称为 if 语句的嵌套。一般形式如下：

```
if( )
    if( ) 语句 1
    else  语句 2
else
    if( ) 语句 3
    else  语句 4
```

应当注意 if 与 else 的配对关系。else 总是与它最近的且未匹配过的 if 进行配对。假如写成：

```
if( )
    if( ) 语句 1
else
    if( ) 语句 2
    else  语句 3
```

第一个 else 虽然写在与第一个 if(外层 if) 同一列上，希望与第一个 if 进行配对，但实际上在编译时这个 else 会与第二个 if 配对，因为它们相距最近，而且第二个 if 并未与任何 else 配对。为了避免误用，最好使每一层内嵌的 if 语句都包含 else 子句，这样 if 的数目和 else 的数目相同，从内层到外层一一对应，不容易出错。

如果 if 与 else 的数目不一样，为明确程序间的层次关系，可以通过加花括号的方式来确定匹配关系。例如：

```
if( )
{
    if ( ) 语句 1
} //这个语句是上一行 if 语句的内嵌 if
else 语句 2//本行与第一个 if 配对
```

这时{ }限定了内嵌 if 语句的范围，{ }外的 else 不会与{ }内的 if 配对，关系清楚，不易出错。

1.6.3　switch 语句

switch 语句是多分支选择语句，用来实现多分支选择结构。一般形式如下：

```
switch(表达式)
{
    case 常量表达式 1：语句 1
    case 常量表达式 2：语句 2
    ⋮
    case 常量表达式 n：语句 n
    default：语句 n +1
}
```

例如，要求按照考试成绩的等级打印出百分制分数段，可以用 switch 语句实现：

```
switch(grade)
{
    case'A': cout<<"90~100\n";
    case'B': cout<<"80~89\n";
    case'C': cout<<"70~79\n";
    case'D': cout<<"<70\n";
    default: cout<<"work hard! \n";
}
```


说明：

①switch 后面括号内的表达式可以是整型、字符型和枚举类型。

②当 switch 表达式的值与某一个 case 子句中的常量表达式的值相匹配时，就执行此 case 子句中的内嵌语句，若所有的 case 子句中的常量表达式的值都不能与 switch 表达式的值匹配，则执行 default 子句的内嵌语句。

③每一个 case 表达式的值必须互不相同。

④各个 case 和 default 的出现次序不影响执行结果。

⑤执行完一个 case 子句后，流程控制转移到下一个 case 子句继续执行。“case 常量表达式”只是起语句标号作用，并不是在该处进行条件判断。在执行 switch 语句时，根据 switch 表达式的值找到与之匹配的 case 子句，就从此 case 子句开始执行下去，不再进行判断。例如，上面的例子中，若 grade 的值等于'C'，则将连续输出：

```
70~79
<70
work hard!
```

因此，应该在执行一个 case 子句后，使流程跳出 switch 结构，即终止 switch 语句的执行。可以通过 break 语句实现。将上面的 switch 结构改写如下：

```
switch(grade)
{
    case'A': cout<<"90~100\n"; break;
    case'B': cout<<"80~89\n"; break;
    case'C': cout<<"70~79\n"; break;
    case'D': cout<<"<70\n"; break;
    default: cout<<"work hard! \n";
}
```

最后一个子句(default)可以不加 break 语句。如果 grade 的值为'B'，则只输出“80~89”。

⑥多个 case 可以共用一组执行语句，如

```
case 'A':
case 'B':
case 'C':    cout<<">70\n"; break;
  ⋮
```

当 grade 的值为'A'、'B'或'C'时都执行同一组语句。

1.6.4　while 语句

while 语句的一般形式如下：

1. while **语句**

while（表达式）语句

其作用是：当指定的条件为真(表达式为非0)时，执行 while 语句中的内嵌语句。

其特点是：先判断表达式，后执行语句。while 循环称为当型循环。

例1.2　求100以内的奇数和。

```
#include <iostream>
using namespace std;
int main( )
{
   int i=1, sum=0;
   while (i<100)
   {
     sum=sum+i;
     i+=2;
   }
   cout<<"sum="<<sum<<endl;
}
```

运行结果为

sum=2500

注意：

①循环体如果包含一个以上的语句，应该用花括号括起来，构成一个复合语句。如果不加花括号，则 while 语句的范围只到 while 后面第一个分号处的语句。

②循环体中应该包含结束循环的语句，否则将进入死循环。

2. **用** do-while **语句构成循环**

do-while 语句的特点是先执行循环体，再判断循环条件是否成立。其一般形式为：

do
语句
while（表达式）；

它是这样执行的：先执行一次指定的语句(即循环体)，然后判别表达式，当表达式的值为非零值(“真”)时，返回循环体语句继续执行，直到表达式的值等于零为止，此时循环结束。

例1.3　用 do-while 语句求100以内的奇数和。

```
#include <iostream>
using namespace std;
int main( )
{
   int i=1, sum=0;
```

```
    do
    {
        sum = sum + i;
        i + =2;
    }
    while (i < 100);
    cout < < " sum = " < < sum < < endl;
    return 0;
}
```


运行结果与上例相同。

可以看到：对同一个问题可以用 while 语句处理，也可以用 do-while 语句处理。

1.6.5 for 语句

C++中的 for 语句使用最为广泛和灵活，不仅可以用于循环次数已经确定的情况，而且还可以用于循环次数不确定而只给出循环结束条件的情况，它完全可以代替 while 语句。

for 语句的一般格式为：

for(表达式1；表达式2；表达式3) 语句

for 语句执行过程如下：

①先求解表达式1。

②求解表达式2，若其值为真(值为非0)，则执行 for 语句中指定的内嵌语句，然后执行下面第③步。若为假(值为0)，则结束循环，转到第⑤步。

③求解表达式3。

④转回上面第②步继续执行。

⑤循环结束，执行 for 语句下面的一个语句。

for 语句最简单的形式也是最容易理解的格式如下：

for(循环变量赋初值；循环条件；循环变量增值) 语句

例如：

```
for(i = 1; i < 100; i + =2)   sum = sum + i;
```

它相当于以下语句：

```
i = 1;
while(i < 100)
{
  sum = sum + i;
  i + =2;
}
```

显然，用 for 语句书写程序相对简单、方便。

for 语句的使用有许多技巧，如果熟练地掌握和运用 for 语句，可以使程序精练简洁。

关于 for 语句的几点说明：

①for 语句的一般格式中的“表达式1”可以省略，此时应在 for 语句之前给循环变量赋

初值。

②如果表达式 2 省略，即不判断循环条件，循环无终止地进行下去。也就是认为表达式 2 始终为真。

③表达式 3 也可以省略，但此时程序设计者应另外设法保证循环能正常结束。

④可以省略表达式 1 和表达式 3，只有表达式 2，即只给循环条件。

⑤3 个表达式都可省略。

⑥表达式 1 可以是设置循环变量初值的赋值表达式，也可以是与循环变量无关的其他表达式。

⑦表达式一般是关系表达式（如 i < =10）或逻辑表达式（如 a <b && x <y），但也可以是数值表达式或字符表达式，只要其值为非零，就执行循环体。

C + +中的 for 语句比其他语言中的循环语句功能强得多。可以把循环体和一些与循环控制无关的操作也作为表达式 1 或表达式 3 出现，这样程序可以短小简洁。但过分地利用这一特点会使 for 语句显得杂乱，可读性降低，最好不要把与循环控制无关的内容放到 for 语句中。

1.7　类

1.7.1　类的定义

1. 类和对象的基本概念

为便于理解，我们将从现实生活中的实例入手。

我们知道，工业上使用的铸件（电饭锅内胆、汽车地盘、发动机机身等）都是由模具铸造出来的，一个模具可以铸造出许多相同的铸件，不同的模具则可以铸造出不同的铸件。这里的模具就是我们所指的“类”，铸件就是模具对应的“对象”。

类，是创建对象的模板，一个类可以创建多个相同的对象；对象，是类的实例，是按照类的规则创建的。

2. 属性和方法

由模具铸造出来的铸件（对象）有很多参数（长度、宽度、高度等），能完成不同的操作（煮饭、承重、保护内部零件等）。这些参数就是对象的“属性”，完成的操作就是对象的“方法”（成员函数）。

属性是一个变量，用来表示一个对象的特征，如形状、大小、时间日期等；方法是一个函数，用来表示对象的操作或行为，如奔跑、呼吸、跳跃等。

对象的属性和方法统称为对象的成员。

3. 类的继承

一个类（子类/派生类）可以继承另一个类（父类/基类）的特征，如同儿子继承父亲的 DNA、性格和财产。

子类可以继承父类的全部特征，也可以继承一部分，也可以新增自己的特性，由程序灵活控制。

4. C++类的声明和对象的定义

现实世界中每个实体都是对象。有一些对象是具有相同的结构和特性的。每个对象都属于一个特定的类型，这个特定的类型称为类(class)。

类代表了某一批对象的共性和特征。前面已说明：类是对象的模板，而对象是类的具体实例。

正如同结构体类型和结构体变量的关系一样，需要先声明一个结构体类型，然后用它去定义结构体变量。同一个结构体类型可以定义出多个不同的结构体变量。

在C++中也是先声明一个类类型，然后用它去定义若干个同类型的对象。对象就是类类型的一个变量。可以说类是对象的模板，是用来定义对象的一种抽象类型。

类是抽象的，不占用内存，而对象是具体的，占用存储空间。

5. 类的声明

类是用户自定义的类型。如果程序中要用到类类型，必须根据需要先声明，或者使用别人已设计好的类。C++标准本身并不提供现成的类的名称、结构和内容。

在C++中声明一个类类型和声明一个结构体类型是相似的。下面是声明一个结构体类型的方法：

```
struct Student //声明了一个名为 Student 的结构体类型
{
  char num[10];
  char name[20];
  char sex;
};
Student stud1, stud2;   //定义了两个结构体变量 stud1 和 stud2，它只包含数据，没有包含操作
```

现在声明一个类：

```
class Student //以 class 开头
{
   char num[10];
   char name[20];
   char sex; //以上 3 行是数据成员
   void display( ) //这是成员函数
   {
       cout<<"num: "<<num<<endl;
       cout<<"name: "<<name<<endl;
       cout<<"sex: "<<sex<<endl;
   }
};
Student stu1, stu2; //定义了两个 Student 类的对象 stu1 和 stu2
```

可以看到声明类的方法是由声明结构体类型的方法发展而来的。第1行"class Student"是类头，由关键字class与类名Student组成，class是声明类时必须使用的关键字，相当于声

明结构体类型时必须用 struct 一样。从第 2 行开头的左花括号起到倒数第 2 行的右花括号是类体。类体是用一对花括号括起来的。类的声明以分号结束。

类体中的内容是类的成员列表，列出类中的全部成员。可以看到除了数据部分以外，类还包括了对这些数据操作的函数。这就体现了把数据和操作封装在一起。display 是一个函数，对本对象中的数据进行操作，其作用是输出本对象中学生的学号、姓名和性别。

可以看到，类就是对象的类型。实际上，类是一种广义的数据类型。类这种数据类型中的数据既包含数据，也包含操作数据的函数。

现在封装在类对象 stu1 和 stu2 中的成员都对外界隐蔽，外界不能调用它们。只有本对象中的函数 display 可以引用同一对象中的数据。也就是说，在类外不能直接调用类中的成员。这样的话数据相对安全了，但是在程序中怎样才能执行对象 stu1 的 display 函数呢？它无法启动，因为缺少对外界的接口，外界不能调用类中的成员函数，完全与外界隔绝了。这样的类显然是无实际作用的。因此，不能把类中的全部成员与外界隔离，一般是把数据隐藏起来，而把成员函数作为对外界的接口。例如，可以从外界发出一个命令，通知对象 stu1 执行其中的 display 函数，输出某一学生的有关数据。

可以将上面类的声明改为：

```
class Student //声明类类型
{
private : //声明以下部分为私有的
    char num[10];
    char name[20];
    char sex;
public : //声明以下部分为公用的
    void display( )
    {
    cout<<"num: "<<num<<endl;
    cout<<"name: "<<name<<endl;
    cout<<"sex: "<<sex<<endl;
    }
};
Student stu1, stu2; //定义了两个 Student 类的对象
```

如果在类的定义中既不指定 private，也不指定 public，则系统就默认为是私有的。

归纳以上对类类型的声明，可得到其一般形式如下：

```
class 类名
{
  private :
  私有的数据和成员函数;
  public :
  公用的数据和成员函数;
  protected :
```

保护的数据和成员函数；
};

private、public 和 protected 称为成员访问限定符。用 private 声明的成员称为私有的成员，它不能被类外访问。用 public 声明的成员称为公有成员，能被类中和类外对象访问。用 protected 声明的成员称为受保护成员，不能被类外访问(这点与私有成员类似)，但可以被派生类成员函数访问。

声明类类型时，声明为 public 的成员和声明为 private 的成员的次序任意，既可以先出现 private 部分，也可以先出现 public 部分。如果在类体中既不写关键字 private，又不写 public，就默认为 private。

在一个类体中，关键字 private 和 public 可以分别出现多次。每个部分的有效范围到出现另一个访问限定符或类体结束时(最后一个右花括号)为止。但为了程序清晰，应该使每一种成员访问限定符在类定义体中只出现一次。

6. 对象的定义

在上面的程序中，最后一行用已声明的 Student 类来定义对象，这种方法是很容易理解的。经过定义后，stu1 和 stu2 就成为具有 Student 类特征的对象。stu1 和 stu2 这两个对象都分别包括 Student 类中定义的数据和函数。

定义对象也可以有以下几种方法。

(1)先声明类类型，然后再定义对象

前面用的就是这种方法，如 Student stu1，stu2；应该说明，在 C++中，在声明了类类型以后，定义对象有两种形式。

①class 类名对象名。

如 class Student stu1，stu2；

把 class 和 Student 合起来作为一个类名，用来定义对象。

②类名对象名。

如 Student stu1，stu2；

直接用类名定义对象。

这两种方法是等效的。

(2)在声明类类型的同时定义对象

```
class Student                          //声明类类型
{
  public :                             //先声明公用部分
  void display( )
  {
     cout<<"num: "<<num<<endl;
     cout<<"name: "<<name<<endl;
     cout<<"sex: "<<sex<<endl;
  }
private :                              //后声明私有部分
   char num[10];
```

```
    char name[20];
    char sex;
}stu1, stu2;                        //定义了两个 Student 类的对象
```

在定义 Student 类的同时，定义了两个 Student 类的对象。

(3)不出现类名，直接定义对象

```
class                               //无类名
{
    private :                       //声明以下部分为私有的
     ⋮
    public :                        //声明以下部分为公用的
     ⋮
}stu1, stu2;                        //定义了两个无类名的类对象
```

直接定义对象，在 C + + 中是合法的、允许的，但却很少用，也不提倡用。在实际的程序开发中，一般都采用第 1 种方法。在小型程序中或所声明的类只用于本程序时，也可以用第 2 种方法。在定义一个对象时，编译系统会为这个对象分配存储空间，以存放对象中的成员。

7. 类和结构体类型的异同

C + + 增加了 class 类型后，仍保留了结构体类型(struct)，而且把它的功能也扩展了。C + + 允许用 struct 来定义一个类型，如可以将前面用关键字 class 声明的类类型改为用关键字 struct 声明：

```
struct Student                      //用关键字 struct 来声明一个类类型
{
    private :                       //声明以下部分为私有的
     int num;                       //以下 3 行为数据成员
     char name[20];
     char sex;
    public:                         //声明以下部分为公用的
     void display( )                //成员函数
     {
        cout < < "num: " < < num < < endl;
        cout < < "name: " < < name < < endl;
        cout < < "sex: " < < sex < < endl;
     }
};
Student stu1, stu2;                 //定义了两个 Student 类的对象
```

为了使结构体类型也具有封装的特征，C + + 不是简单地继承 C 的结构体，而是使它也具有类的特点，以便于用于面向对象程序设计。用 struct 声明的结构体类型实际上也就是类。用 struct 声明的类，如果对其成员不作 private 或 public 的声明，系统将其默认为 public。

如果想分别指定私有成员和公用成员，则应用 private 或 public 作显式声明。

而用 class 定义的类，如果不作 private 或 public 声明，系统将其成员默认为 private，在需要时也可以显式声明改变。如果希望成员是公用的，使用 struct 比较方便，如果希望部分成

员是私有的，宜用 class。建议尽量使用 class 来建立类，写出完全体现 C + +风格的程序。

8. C + +类的成员函数

类的成员函数(简称类函数)是函数的一种，它的用法及作用和前面介绍过的函数基本雷同，有返回值和函数类型。类的成员函数与一般函数的区别在于：成员函数隶属于一个类的成员，出现在类体中，具有访问控制权限。

在使用类的成员函数时，要注意访问控制权限以及作用域范围。例如私有的成员函数只能被本类中的其他成员函数所调用，而不能被类外函数或对象调用。成员函数可以访问本类中任何成员，可以引用在本作用域中有效的数据。

一般情况下将需要被外界调用的成员函数指定为 public，它们是类提供的对外接口。但是，并非要求把所有成员函数都指定为 public。有的函数本身并不是准备为外界调用的，而是为本类中的成员函数所调用的，就应指定为 private。这种函数的作用是支持其他函数的操作，是类中其他成员的函数，类外用户不能调用这些私有的成员函数。

类的成员函数在类中十分重要。如果一个类中不包含成员函数，就相当于 C 语言中的结构体了，体现不出类在面向对象程序设计中的特点。

9. 在类外定义成员函数

前述成员函数是在类体中定义的。当然也可以在类体中只给出成员函数的声明，而在类外进行函数定义。如：

```
class Student
{
  public :
    void display( );                    //公有成员函数原型声明
    private :
    int num;
    string name;
    char sex;
};
void Student:: display( )               //类外定义 display 成员函数
{
  cout < <"num: " < <num < <endl;
  cout < <"name: " < <name < <endl;
  cout < <"sex: " < <sex < <endl;
}
Student stu1, stu2; //定义两个类对象
```

注意：在类体中直接定义函数时，无须在函数名前加类名，但是如果成员函数在类外定义时，必须在函数名前面加上类名予以限定。“::”是作用域限定符，用它声明函数是属于哪个类的。

类的成员函数必须先在类体中作原型声明，然后在类外定义，也就是说类体的位置应在函数定义之前，否则会编译出错。虽然函数在类的外部定义，但在成员函数调用时会根据其在类中声明的函数原型找到函数的定义，从而执行该函数。

01

在类的内部对成员函数作原型声明，而在类体外定义成员函数，这是良好的程序设计习惯。如果一个函数，其函数体只有2~3行，一般可在声明类时在类体中定义。多于3行的函数，一般在类体内声明，在类外定义。

10. 内联成员函数

类体中定义的成员函数的规模一般都很小，而系统调用函数所花费的时间和结构转移开销相对较大。调用一个函数的时间开销往往大于小规模函数体中全部语句的执行时间。为了减少这种开销，如果在类体中定义的成员函数中不包括循环等控制结构，C++系统自动将它们作为内联函数处理。也就是说，程序在调用这些成员函数时，并不是真正地执行函数的调用过程，而是把函数代码直接嵌入程序的调用点。这样可以大大减少调用成员函数的时间和结构转移开销。C++要求对一般的内置函数要用关键字 inline 声明，但对类内定义的成员函数，可以省略 inline，因为这些成员函数已被隐含地指定为内联函数，称为默认的内联函数。如：

```
class Student
{
   public :
      void display( )
      {
      cout < <"age: " < <age < <endl;
      cout < <"name: " < <name < <endl;
      }
   private :
      intage;
      string name;
};
```

其中第3行

void display( )

也可以写成：

inline void display( )

将 display 函数显式地声明为内联函数。

以上两种写法等效。在类体内定义的函数，一般都省略 inline 关键字，称为隐含的内联函数。如果成员函数不在类体内定义，而在类体外定义，系统并不把它默认为内联函数，调用这些成员函数的过程和调用一般函数的过程是相同的。如果想将这些成员函数指定为内置函数，应当用 inline 作显式声明。如：

```
class Student
{
   public :
      inline void display( );                    //声明此成员函数为内联函数
   private :
      int age;
```

```
    string name;
};
inline void Student::display( )                    // 在类外定义 display 函数为内联函数
{
    cout<<"age: "<<age<<endl;
    cout<<"name: "<<name<<endl;
}
```

注意：一般只在类外定义的成员函数规模很小且频繁调用时，才将此成员函数定义为内联函数。

11. C++对象成员的引用

在程序中访问对象成员的方法有3种：

- 通过对象名和成员运算符访问对象中的成员；
- 通过指向对象的指针访问对象中的成员；
- 通过对象的引用变量访问对象中的成员。

(1)通过对象名和成员运算符访问对象中的成员

例如在程序中可以写出以下语句：

```
stu1.age=21;                              //假设 age 已定义为公用的整型数据成员
```

表示将整数21赋给对象stu1中的数据成员age。其中"."是成员运算符，用来对成员进行限定，指明所访问的是哪一个对象中的成员。注意不能只写成员名而忽略对象名。

访问对象中成员的一般形式为：

对象名.成员名

不仅可以在类外引用对象的公用数据成员，而且还可以调用对象的公用成员函数，但同样必须指出对象名，如：

```
stu1.display( );                    //正确，调用对象 stud1 的公用成员函数
display( );                         //错误，没有指明是哪一个对象的 display 函数
```

由于没有指明对象名，编译时把display作为普通函数处理。应该注意所访问的成员是公用的还是私有的，类外对象只能访问public成员，而不能访问private或protected成员。如果已定义age为私有数据成员，下面的语句是错误的：

```
stu1.age=21;    //age 是私有数据成员，不能被外界引用
```

在类外只能调用公用的成员函数。一个类中至少应有一个公用的成员函数，作为对外的接口，否则就无法对对象进行任何操作。该类就失去存在的意义了。

(2)通过指向对象的指针访问对象中的成员

可以通过指针引用类体中的成员。用指针访问对象中的成员的方法与此类似。例如：

```
class  clock
{
   public :                                        //数据成员是公用的
      int hour;
      int minute;
      int second;
```

```
};
clock c, *p;                         //定义对象 c 和指针变量 p
p = &c;                              //使 p 指向对象 c
cout << p -> hour;                   //输出 p 指向的对象中的成员 hour
```

在 p 指向 c 的前提下，p - > hour，(* p). hour 和 c. hour 三者等价。

(3)通过对象的引用变量来访问对象中的成员

若为一个对象定义了引用变量，那么它们是共占同一存储单元的，事实上它们是同一个对象，只是用不同的名字(别名)表示而已。因此完全可以通过引用变量来访问对象中的成员。

如果已声明了 clock 类，并有以下定义语句：

```
clock c1;                            //定义对象 c1
clock &c2 = c1;                      //定义 clock 类引用变量 c2，并使之初始化为 c1
cout << c2. hour;                    //输出对象 c1 中的成员 hour
```

由于 c2 与 c1 共占同一段存储单元(即 c2 是 c1 的别名)，因此 c2. hour 就是 c1. hour。

1.7.2　类的继承

面向对象程序设计有 4 个主要特点：抽象、封装、继承和多态性。前面讲解了类的定义和对象，本节主要介绍有关继承的知识，多态性将在后一节中讲解。

1. 继承和派生的概念

继承性是面向对象程序设计重要的特征之一，如果没有掌握继承性，就等于没有掌握类和对象的精华，没有理解面向对象程序设计的真谛。在传统的程序设计中，人们往往要为每一个应用项目单独地进行一次程序的开发，因为每一种应用有不同的目的和要求，程序的结构和具体的编码是不同的，人们无法利用已有的项目资源。即使两种应用具有许多相同或相似的特点，程序设计者可以吸取已有程序的思路，作为自己开发新程序的参考，但是还是必须重写程序或者对已有的程序进行较大的改写。显然，这种方法的重复工作量是很大的。这是因为过去的程序设计方法和计算机语言缺乏软件重用的机制。人们无法利用现有的丰富的软件资源，这就造成软件开发过程中人力、物力和时间的巨大浪费，程序开发效率很低。

面向对象技术更多地是强调软件的可重用性。C + + 语言提供了类的继承机制，目的就是为了解决软件重用问题。在 C + + 中可重用性是通过继承机制来实现的。因此，继承是 C + + 的一个重要组成部分。

根据类的概念可知，一个类中包含了若干数据成员和成员函数。在不同的类中，数据成员和成员函数一般是不同的。但有时两个类的内容基本相同或部分相同，例如声明了学生基本数据的类 Student：

```
class Student
{
  public:
    void print( )                    //对成员函数 print 的定义
    {
    cout << "num: " << num << endl;
    cout << "name: " << name << endl;
```

```
    cout  < <"age: " < <age < <endl;
  }
private:
  int num;
  string name;
  int age;
};
```

如果学校的某一部门除了需要用到学号、姓名、年龄以外，还需要用到联系电话、地址等信息。当然可以重新声明另一个类 class Student2：


```
class Student2
{
  public:
    void print( )
    {
       cout< <"num: "  < <num< <endl;
       cout< <"name: "< < name  < <endl;
       cout  < <"age: " < <age< <endl;
       cout  < <"tele: " < <tele< <endl;
       cout  < <"address: " < <addr< <endl;
    }
  private:
    int num;
    string name;
    int age;
    char tele[15];
    char addr[20];
};
```

对比上面所定义的两个类，可以看到有一部分是原来类中已有的，可以利用原来声明的类 Student 作为基础，再加上新的内容即可，以减少重复的工作量。C + +提供的继承机制就是为了解决这个问题。在 C + +中，所谓“继承”就是在一个已存在的类的基础上建立一个新的类。已存在的类称为“基类”或“父类”，新建的类称为“派生类”或“子类”。

一个新定义的类从已有的类那里获得已有特性，称为类的继承。通过继承，一个新建子类从已有的父类那里获得父类的特性。从另一角度说，从已有的类(父类)产生一个新的子类，称为类的派生。类的继承是用已有的类来建立专用类的编程技术。派生类继承了基类所有的数据成员和成员函数，并可以对成员作必要的增加或调整。一个基类可以派生出多个派生类，每一个派生类又可以作为基类再派生出新的派生类，因此基类和派生类是相对而言的。一代一代地派生下去，就形成类的继承层次结构。相当于一个大的家族，有许多分支，所有的子孙后代都继承了祖辈的基本特征，同时又在原有的基础上延伸和发展。

一个派生类只从一个基类派生，称为单继承，这种继承关系所形成的层次是一个树形结构，一个派生类不仅可以从一个基类派生，也可以从多个基类派生。也就是说，一个派生类可以有一个或者多个基类。有两个或多个基类的派生类称为多重继承派生类。关于基类和派生类的关系，可以理解为派生类是基类的具体化，而基类则是派生类的抽象。此外，还有多重派生和多层派生。多重派生指的是由一个基类派生出多个不同的派生类，多层派生指的是派生类又作为基类，继承派生新的类。

2. 派生类的定义和使用

理解了类的继承和派生的概念，接下来重点讲解关于派生类的定义和使用。

派生类的声明形式如下：

```
class 派生类名：继承方式基类名1，继承方式基类名2，…，继承方式基类名n
{
  派生类成员声明；
};
```

一个派生类可以同时有多个基类，这种情况称为多重继承，派生类只有一个基类，称为单继承。

(1)派生类的继承方式

派生类的继承方式规定了如何访问基类继承的成员。继承方式有 public、private、protected。默认继承方式为 private 继承。继承方式指定了派生类成员以及类外对象对于从基类继承来的成员的访问权限。

①公有继承。当类的继承方式为公有成员继承时，基类的公有成员和保护成员的访问属性在派生类中不变，而基类的私有成员不可访问。即基类的公有成员和保护成员被继承到派生类中仍作为派生类的公有成员和保护成员。派生类的其他成员可以直接访问它们。无论派生类的成员还是派生类的对象都无法访问基类的私有成员。

②私有继承。当类的继承方式为私有继承时，基类中的公有成员和保护成员都以私有成员身份出现在派生类中，而基类的私有成员在派生类中不可访问。基类的公有成员和保护成员被继承后作为派生类的私有成员，派生类的其他成员可以直接访问它们，但是在类外部通过派生类的对象无法访问。无论是派生类的成员还是通过派生类的对象，都无法访问从基类继承的私有成员。通过多次私有继承后，对于基类的成员都会成为不可访问。建议尽量少用私有继承。

③保护继承。保护继承中，基类的公有成员和私有成员都以保护成员的身份出现在派生类中，而基类的私有成员不可访问。派生类的其他成员可以直接访问从基类继承来的公有成员和保护成员，但是类外部通过派生类的对象无法访问它们，无论派生类的成员还是派生类的对象，都无法访问基类的私有成员。

派生类继承基类中除构造函数和析构函数以外的所有成员。

(2)派生类的生成形式

派生类的生成形式有三种：

吸收基类成员(除构造函数、析构函数以外的所有成员)；

改造基类成员(根据继承方式调整基类成员的访问、函数在子类中的覆盖以及虚函数在子类中的覆盖)；

添加新的成员。

(3)派生类的构造函数和析构函数

①派生类的构造函数。生类中由基类继承而来的成员的初始化工作还是由基类的构造函数完成，然后派生类中新增的成员在派生类的构造函数中初始化。

派生类构造函数的语法：

派生类名::派生类名(参数总表):基类名1(参数表1),基类名2(参数表2),…,基类名n(参数表n),内嵌子对象1(参数表1),内嵌子对象2(参数表2),…,内嵌子对象n(参数表n)

{

派生类新增成员的初始化语句;

}

特别要注意的是：构造函数的初始化顺序并不以上面的顺序进行，而是根据声明时的顺序初始化。如果基类中没有不带参数的构造函数，那么在派生类的构造函数中必须调用基类构造函数，以初始化基类成员。

派生类构造函数执行的次序：

首先调用基类构造函数，调用顺序按照它们被继承时声明的顺序(从左到右)；

其次调用内嵌成员对象的构造函数，调用顺序按照它们在类中声明的顺序；

最后执行派生类的构造函数体中的内容。

举例说明：

```
#include <iostream>
using namespace std;
class Base1
{
  public:
    Base1(int i)
    {
      cout<<"constructing Base1 "<<i<<endl;
    }
};
class Base2
{
public:
   Base2(int j)
   {
      cout<<"constructing Base2 "<<j<<endl;
   }
};
class Base3
{
   public:
```

```
  Base3()
  {
      cout<<"constructing Base3"<<endl;
  }
};
classDerived: public Base3, public Base1, public Base2
{
  public:
   Derived(int i, int j, int k, int l): Base1(i), member2(k), member1(j), Base2(l)
  {}
private:
    Base1 member1;
    Base2 member2;
    Base3 member3;
};
int main()
{
  Derived  d(4, 5, 7, 8);
  return 0;
}
```

输出结果为：

```
constructing Base3
constructing Base1 4
constructing Base2 8
constructing Base1 5
constructing Base2 7
constructing Base3
```

②派生类的析构函数。

派生类的析构函数的功能是在该对象消亡之前进行一些必要的清理工作，析构函数没有类型也没有参数。析构函数的执行顺序与构造函数相反。

举例如下：

```
#include <iostream>
using namespace std;
class Base1
{
public:
  Base1(int i)
  {
    cout<<"constructing Base1 "<<i<<endl;
```

01

```
    }
    ~Base1()
    {
      cout<<"destructing Base1"<<endl;
    }
};
class Base2
{
public:
   Base2(int j)
   {
     cout<<"constructing Base2 "<<j<<endl;
   }
   ~Base2()
   {
    cout<<"destructing Base2"<<endl;
   }
};
class Base3
{
public:
   Base3()
   {
     cout<<"constructing Base3"<<endl;
   }
   ~Base3()
   {
     cout<<"destructing Base3"<<endl;
   }
};
class Derived: public Base3, public Base1, public Base2
{
public:
   Derived  (int i, int j, int k, int l):Base1(j), member2(i), member1(k),Base2(l)
   { }
private:
     Base1 member1;
     Base2 member2;
     Base3 member3;
```

```
};
int main()
{
   Derived   d(3,5,6,8);
   return 0;
}
```

输出结果为:

```
constructing Base3
constructing Base1 5
constructing Base2 8
constructing Base1 6
constructing Base2 3
constructing Base3
destructing Base3
destructing Base2
destructing Base1
destructing Base2
destructing Base1
destructing Base3
```

(4)派生类成员的标识和访问

①派生类成员属性分为四种:

不可访问的成员;私有成员;保护成员;公有成员;

②作用域限定符形式为:**基类名::成员数据名;基类名::成员函数名(参数表);**

如果某派生类的多个基类拥有同名的成员,同时,派生类又新增这样的同名成员,在这种情况下,派生类成员将覆盖所有基类的同名成员。此时需要通过使用作用域限定符这种方式才能调用基类的同名成员。

举例如下:

```
#include <iostream>
using namespace std;
class Base1
{
public:
   int i;
   void func()
   {
      cout<<"member of Base1 "<<i<<endl;
   }
};
class Base2
```

```
{
public:
  int i;
  void func()
{
  cout<<"member of Base2 "<<i<<endl;
}
};
class Derived: public Base1, public Base2
{
public:
  int i;
  void func()
  {
    cout<<"member of Derived  "<<i<<endl;
  }
};
int main()
{
    Derived d;
    d.i  = 3;
    d.func();
    d.Base1::i  = 4;
    d.Base1::func();
    d.Base2::i  = 5;
    d.Base2::func();
    return 0;
}
```


输出结果为：

member of Derived3

member of Base1 4

member of Base2 5

可以看到，通过作用域限定符解决了访问基类中被屏蔽的同名成员问题。

除了上述的同名问题，还有一种同名情况：如果某个派生类的部分或全部直接基类是从另一个共同的基类派生而来，在这些直接基类中，从上一级基类继承来的成员就拥有相同的名称，因此派生类中也就会产生同名现象，对这种类型的同名成员也要使用作用域分辨符来唯一标识，而且必须用直接基类进行限定。

举例如下：

```
#include <iostream>
using namespace std;
class Base
{
public:
    int Value;
    void func()
    {
      cout<<"member of Base  "<<Value<<endl;
    }
};
class Base1:public Base
{
public:
  int Value1;
};
class Base2:public Base
{
public:
  int Value2;
};
class Derived:public Base1, public Base2
{
public:
  int dValue;
  void fund()
  {
    cout<<"member of D1" <<endl;
  }
};
int main()
{
  Derived d;
  d.Base1::Value  = 15;
  d.Base1::func();
  d.Base2::Value  = 24;
  d.Base2::func();
  return 0;
}
```

输出结果为：
member of Base15
member of Base24

因为派生类是从两个直接基类 base1 和 base2 继承而来的，而这两个基类又是从一个共同基类 base 派生的，在这种情况下，派生类对象 d 在内存中就同时拥有 base 基类成员 Value 及 func 的两份拷贝。但是，有时我们只需要一份这样的数据拷贝，同一成员的多份拷贝增加了内存的开销。此时可以通过虚基类来解决这个问题。

为了解决上述的多重拷贝的问题，可以将共同基类设置为虚基类，这时从不同的路径继承过来的同名数据成员在内存中就只有一个拷贝，同一个函数也只有一个映射。

虚基类的声明是在派生类的声明时设定的，其一般语法形式为：

class 派生类名：：virtual 继承方式基类名；

举例如下：

```
#include <iostream>
using namespace std;
class Base
{
public:
   int Value;
   void func()
   {
      cout<<"member of Base "<<Value<<endl;
   }
};
class Base1: virtual public Base
{
   public:
   int Value1;
};
class Base2: virtual public Base
{
public:
   int Value2;
};
class Derived: public Base1, public Base2
{
public:
   int Valued;
   void funcd()
```

```
    {
        cout<<"member of Derived"<<endl;
    }
};
int main()
{
Derived d;
    d.Value = 6;
    d.func();
    return 0;
}
```

输出结果为:

member of Base6

由于将Base类设置为虚基类,那么派生类Derived中的Value和Base、Base1、Base2中的Value都指向同一个内存。

一般来说,派生类只对其直接基类的构造函数传递参数,但是在虚基类中,无论是直接或间接虚基类的所有派生类,都必须在构造函数的成员初始化列表中列出对虚基类的初始化。

举例如下:

```
#include <iostream>
using namespace std;
class Base
{
  public:
    Base(int i)
    {
        Value = i;
    }
    int Value;
    void func()
    {
        cout<<"member of Base "<<Value<<endl;
    }
};
class Base1: virtual public Base
{
public:
    Base1(int a): Base(a)
```

```
    {}
    int Value1;
};
class Base2: virtual public Base
{
public:
    Base2(int a): Base(a)
    {}
    int Value2;
};
class Derived: public Base1, public Base2
{
public:
    Derived(int a): Base(a), Base1(a), Base2(a)
    {}
    int Valued;
    void funcd()
    {
        cout<<"member of Derived"<<endl;
    }
};
int main()
{
    Derived d(3);
    d.Value = 5;
    d.func();
    return 0;
}
```

运行结果：

member of Base 5

以上例子看上去 Base 的构造函数好像被调用了三次，但是事实上只有 Derived 类中的构造函数 Derived(int a)：Base(a)，Base1(a)，Base2(a)才是真正地调用了 Base 构造函数。

(5)赋值兼容规则

赋值兼容规则是指在需要基类对象的任何地方都可以使用公有派生类的对象来替代。赋值兼容规则中所指的替代包括：

- 派生类的对象可以赋值给基类对象；
- 派生类的对象可以初始化基类的引用；
- 派生类对象的地址可以赋给指向基类的指针。

替代后，派生类对象可作为基类的对象使用，但只能使用从基类继承的成员，新增或修改后的成员不可使用。

举例如下：

```
#include <iostream>
using namespace std;
class Base
{
public:
    voidprint()
    {
      cout<<"Base::print()"<<endl;
    }
};
class Base1: public Base
{
public:
    voidprint()
    {
        cout<<"Base1::print()"<<endl;
    }
};
class Base2: public Base
{
public:
    voidprint()
    {
      cout<<"Base2::print()"<<endl;
    }
};
void func(Base *p)
{
  p->print();
}
int main()
{
  Base b;
  Base1 b1;
  Base2 b2;
  func(&b);
```

```
    b = b1;
    func(&b);
    b = b2;
    func(&b);
    return 0;
}
```

运行结果为:

Base::print()

Base::print()

Base::print()

可以看到,通过赋值兼容后,虽然将派生类的对象赋值给了基类对象,例如将d1赋值给了d,但每次调用的同名函数都是基类的同名函数。如果想调用派生类的,则需要使用虚函数来实现。为了说明两者之间的关系,后面的章节中还将联合虚函数讲解。

1.7.3 类的多态

什么是类的多态?使用多态的目的是什么呢?从前面的讲解可以知道,封装可以实现代码模块化,继承可以扩展已存在的代码,目的都是为了实现代码重用。而多态的目的则是为了实现接口重用。也就是说,不论传递过来的究竟是哪个类的对象,函数都能够通过同一个接口调用到适应各自对象的实现方法,根据不同的对象,寻找与之匹配的函数。举例来说,"打"是一个动作,可以理解为一个函数,如果是打篮球,我们会采用打篮球的动作和规则;如果是打排球,我们会遵守排球的比赛规则。这里有两个函数名都叫"打",根据对象的不同(篮球或者排球)选择不同的动作(函数)。

常见的用法是声明一个基类的指针,利用该指针指向任意一个子类对象,调用相应的虚函数,可以根据指向的子类对象的不同而实现不同的方法。如果没有使用虚函数的话,即没有利用C++多态性,则利用基类指针调用相应的函数的时候,将总被限制在基类函数的调用,无法调用到子类中被重写过的函数。因为没有多态性,函数调用的地址将是一定的,而固定的地址将始终调用到同一个函数,这就无法实现一个接口、多种方法的目的了。

所谓多态性是指向不同的对象发送同一个消息,不同对象对应同一消息产生不同行为。在程序中消息就是调用函数,不同的行为就是指不同的实现方法,即执行不同的函数体。也可以这样说就是实现了"一个接口、多种方法"。

从实现来看,多态可分为两类:编译时的多态性和运行时的多态性。前者是通过静态联编来实现的,比如C++中通过函数的重载和运算符的重载。后者则是通过动态联编来实现的,在C++中运行时的多态性主要是通过虚函数来实现的。

上一节中已经介绍了赋值兼容规则,为了更清楚地讲解虚函数,我们将两者联合起来进行学习。程序编写过程中当把整型数据赋值给双精度类型的变量时,在赋值之前,先把整型数据转换为双精度的,再把它赋值给双精度类型的变量。这种不同类型数据之间的自动转换和赋值,称为赋值兼容。同理,在基类和派生类之间也存在类似的赋值兼容关系,它是指需要基类对象的任何地方都可以使用公有派生类对象来代替。为什么只有公有继承的才可以呢?因为公有继承中派生类保留了基类中除构造和析构函数外的所有成员,基类的公有或保护成员的访问权限都被保留下来，在派生类外可以调用基类的公有函数来访问基类的私有成员。因此基类能实现的功能，派生类也可以。

具体实现方式有 4 种：(1)派生类对象直接向基类对象赋值，赋值结果是：基类数据成员和派生类中数据成员的值相同；(2)派生类对象可以初始化基类对象引用；(3)派生类对象的地址可以赋给基类对象的指针；(4)函数形参是基类对象或基类对象的引用，在调用函数时，可以用派生类的对象作为实参。

举例如下：

```
#include <iostream>
#include <string>
using namespace std;
 class Base
 {
     private:
     string a1;
     public:
         Base(string abc)
         {
            a1 = abc;
         }
         void print();
     };
    void Base::print()
    {
       cout << a1 << endl;
    }
    class Base1: public Base
    {
       public:
           Base1(string x): Base(x){}
     };
     void func(Base &base)
     {
        base.print();
     }
     int main()
     {
        Base base("hello");
        base.print();
        Base1 x("hi!");
```

```
        base = x;
        base. print( );
        Base &base1 = x;
        base1. print( );
        Base  * base2 = &x;
        base2 - > print( );
        func( x) ;
        return0;
    }
```


运行结果:

```
hello
hi!
hi!
hi!
```

特别要强调两点: 首先, 在实现基类和派生类对象的赋值时, 派生类必须公有继承基类。第二, 这种赋值是单向的, 只允许派生类对象向基类对象赋值, 反过来不允许。这就类似于前面的数据类型转换, 一般建议执行从低类型向高类型转换, 而不提倡高类型向低类型转换。可以将基类理解为高类型, 派生类理解为低类型。

对照上述的类型兼容规则, 接着来学习虚函数, 虚函数允许函数调用与函数体之间的联系在运行时才建立, 即在运行时才决定如何动作。可以看出, 动态联编是实现虚函数的基础。

虚函数的一般声明格式:

virtual 返回类型函数名(形参表)

{

函数体

}

举例如下:

```
#include  < iostream >
#include  < string >
using namespace std;
class animal{
    protected:
      double x;
    public:
      animal( double x) ;
      void print( ) ;
};
animal: : animal( double x)
{
```

```
    x = x;
  }
  void animal::print()
  {
    cout<<"动物体重"<<endl;
  }
  class cat:public animal
  {
    public:
      cat(double y):animal(x){x = y;}
      void print();
  };
  void cat::print()
  {
      cout<<"猫的体重为:"<<x<<endl;
  }
  class dog:public animal
  {
    public:
          dog(double y):animal(x){x = y;}
          void print();
  };
  void dog::print()
  {
      cout<<"狗的体重为:"<<x<<endl;
  }
  class pig:public animal
  {
    public:
          pig(double y):animal(x){x = y;}
          void print();
  };
  void pig::print()
  {
      cout<<"猪的体重为:"<<x<<endl;
  }
  int main()
  {
      animal *a;
```

```
    cat c(4);
    a=&c;
    a->print();
    dog d(6);
    a=&d;
    a->print();
    pig p(30);
    a=&p;
    a->print();
    return 0;
}
```

运行结果:
动物体重
动物体重
动物体重

结果和预期的不一致，既然动物类的对象指针 * a 分别指向了猫类对象、狗类对象和猪类对象，就应该执行相应的成员函数 print()，结果却是动物类的对象里的成员函数。这是什么原因呢？其实当基类对象指针指向公有派生类的对象时，它只能访问从基类继承下来的成员，而不能访问派生类中定义的成员。但是使用动态指针就是为了表达一种动态调用的性质，即当前指针指向哪个对象，就调用那个对象对应类的成员函数。那要怎么来解决呢？这时虚函数就体现出了它的作用。其实只需要对上一个示例代码中基类的 print()函数声明之前加一个关键字 virtual 就可以了。

```
#include <iostream>
#include <string>
using namespace std;
class animal{
protected:
    double x;
public:
   animal(double x);
   virtual void print();    //设定为虚函数
};
animal::animal(double x)
{
   x=x;
}
void animal::print()
{
   cout<<"动物体重"<<endl;
```

```
}
class cat: public animal
{
  public:
        cat(double y): animal(x){x=y;}
        void print();
};
void cat::print()
{
  cout<<"猫的体重为: "<<x<<endl;
}
class dog: public animal
{
  public:
        dog(double y): animal(x){x=y;}
        void print();
};
void dog::print()
{
  cout<<"狗的体重为: "<<x<<endl;
}
class pig: public animal
{
  public:
        pig(double y): animal(x){x=y;}
        void print();
};
void pig::print()
{
  cout<<"猪的体重为: "<<x<<endl;
}
int main()
{
    animal *a;
    cat c(4);
    a=&c;
    a->print();
    dog d(6);
    a=&d;
```

```
    a->print();
    pig p(30);
    a=&p;
    a->print();
    return 0;
}
```

其他代码原封不动，这样运行出来的结果就是我们所需要的：

猫的体重为：4

狗的体重为：6

猪的体重为：30

基类中的成员函数被声明为虚函数后，派生类中可以对该函数重新定义。但定义时，其函数原型，包括返回类型、函数名、参数个数、参数类型的顺序，都必须和基类中的原型完全相同。

对虚函数的使用做几点说明：

①因为虚函数使用的前提是赋值兼容，而赋值兼容成立的条件是派生类是从基类公有派生而来的。所以使用虚函数，派生类必须是基类公有派生的；

②定义虚函数，不一定要在最高层的类中，而是根据需要而定，在需要动态多态性的几个层次中的最高层类中声明虚函数即可；

③一个虚函数无论被公有继承了多少次，仍然是虚函数；

④虚函数必须是所在类的成员函数，而不能是友元函数，也不能是静态成员函数。因为虚函数调用要通过对象来调用；

⑤虚函数不能是内联函数，因为内联函数是不能在运行中动态确定其位置的。即使虚函数在类内部定义，编译时将其看作非内联函数；

⑥构造函数不能是虚函数，但析构函数可以是虚函数。

在 main()主函数中用 new 运算符建立一个派生类无名对象和定义一个基类对象指针，将无名对象的地址赋给基类对象指针时和当用 delete 运算符来撤销无名对象时，系统只执行基类析构函数，而不执行派生类析构函数。

举例如下：

```
#include <iostream>
#include <string>
using namespace std;
class animal{
protected:
    double x;
public:
    animal(double x);
    virtual void print();    //设定为虚函数
    ~animal();
};
```

```
animal::animal(double x)
{
  x=x;
}
void animal::print()
{
    cout<<"动物体重"<<endl;
}
animal::~animal()
{
   cout<<"析构动物类"<<endl;
}
class cat:public animal
{
    public:
        cat(double y):animal(x){x=y;}
        void print();
        ~cat();
};
void cat::print()
{
   cout<<"猫的体重为:"<<x<<endl;
}
cat::~cat()
{
   cout<<"析构猫!"<<endl;
}
int main()
{
     animal *a;
     a=new cat(3);
     a->print();
     delete a;
     return 0;
}
```

运行结果:

猫的体重为: 3

析构动物类

因为在撤销指针a所指的派生类对象，调用析构函数时，采用静态联编，只调用了动物类的析构函数。如果也想调用派生类 cat 类的析构函数的话，可将 animal 类的析构函数定义为虚析构函数。其定义的一般格式为：

```
virtual ~类名()
{
        函数体
};
```

虽然派生类的析构函数与基类的析构函数名字不同，但是如果将基类的析构函数定义为虚函数，由该基类派生而来的所有派生类的析构函数都自动成为虚函数。我们把上一示例中的 Graph 类的析构函数前加上关键字 virtual，代码如下：

```
#include <iostream>
#include <string>
using namespace std;
class animal{
protected:
  double x;
public:
   animal(double x);
   virtual void print();        //设定为虚函数
   virtual ~animal();           //定义为虚析构函数
};
animal::animal(double x)
{
  x=x;
}
void animal::print()
{
   cout<<"动物体重"<< endl;
}
animal::~animal()
{
   cout<<"析构动物类"<<endl;
}
class cat:public animal
{
  public:
        cat(double y):animal(x){x=y;}
        void print();
        ~cat();
};
```

```
void cat::print()
{
  cout<<"猫的体重为:"<<x<<endl;
}
cat::~cat()
{ cout<<"析构猫!"<<endl;}
int main()
{
    animal *a;
    a=new cat(3);
    a->print();
    delete a;
    return 0;
}
```

那么执行结果为:

猫的体重为:3

析构猫!

析构动物类

显然这个结果才是我们所需要的。

通过虚函数的几个例子可以看出,其实动物类中的虚函数的函数体基本没有被调用。该基类体现了动物类的抽象的概念,并不与具体事物相联系,所以基类中的虚函数也没有实质性的功能。因此我们只需要在基类中留下一个函数名,而具体的实现留给派生类去定义。在C++中就是用纯虚函数来说明的。

纯虚函数的一般形式:

virtual 返回类型函数名(形参表)=0;

这里的"=0"并不是函数的返回值等于零,它只是起到形式上的作用,告诉编译系统"这是纯虚函数"。纯虚函数不具备函数功能,不能被调用。

```
class animal{
protected:
  double x;
public:
  animal(double x);
  virtual void print()=0;   //设定为纯虚函数
};
animal::animal(double x)
{
  x=x;
}
```

如果一个类中至少有一个纯虚函数,那么就称该类为抽象类。所以上述中动物类就是抽

象类。对于抽象类作以下几点说明:

(1)抽象类只能作为其他类的基类来使用，不能建立抽象类对象;

(2)不允许从具体类中派生出抽象类(不包含纯虚函数的普通类);

(3)抽象类不能用作函数的参数类型、返回类型和显式转换类型;

(4)如果派生类中没有定义纯虚函数的实现，而只是继承了基类的纯虚函数，那么该派生类仍然为抽象类。一旦给出了对基类中虚函数的实现，那么派生类就不是抽象类了，而是可以建立对象的具体类。

1.7.4 运算符重载

所谓重载，就是重新赋予新的含义。函数重载是对一个已有的函数赋予新的含义，使之实现新功能，因此，一个函数名就可以用来代表多个不同功能的函数，即“一名多用”。运算符也可以重载，即一个名字的运算符可以实现不同的运算操作。例如，通常加法运算符“+”用来对整数、单精度数和双精度数进行加法运算，如5+2，5.4 +3.2等，其实计算机对整数、单精度数和双精度数的加法操作过程是不同的，但由于C++已经对运算符“+”进行了重载，所以就能适用于int，float，double类型的运算。当然，我们仍然可以根据自己的需要对其进行重载。

1.运算符重载的规则

运算符重载规则如下:

① C++中的运算符除了少数几个之外，全部可以重载，而且只能重载C++中已有的运算符。

②重载后运算符的优先级和结合性不会改变。

③运算符重载是针对新类型数据的实际需要，对原有运算符进行适当的改造。一般来说，重载的功能应当与原有功能相类似，能改变原运算符的操作对象个数，同时至少要有一个操作对象是自定义类型。

不能重载的运算符只有五个，它们是成员运算符“.”、指针运算符“*”、作用域运算符“::”、“sizeof”、条件运算符“?:”。

运算符重载形式有两种:重载为类的成员函数和重载为类的友元函数。

运算符重载为类的成员函数的一般语法形式为:

```
函数类型 operator 运算符(形参表)
{
  函数体;
}
```

运算符重载为类的友元函数的一般语法形式为:

```
friend 函数类型 operator 运算符(形参表)
{
  函数体;
}
```

函数类型指的是运算结果类型; operator是定义运算符重载函数的关键字; 运算符是所要重载的运算符名称。

当运算符重载为类的成员函数时，函数的参数个数比原来的操作个数要少一个; 当重载为类的友元函数时，参数个数与原操作数个数相同。原因是重载为类的成员函数时，如果某个对象使用重载了的成员函数，自身的数据可以直接访问，就不需要再放在参数表中进行传递，少了的操作数就是该对象本身。而重载为友元函数时，友元函数对某个对象的数据进行操作，就必须通过该对象的名称来进行，因此使用到的参数都要进行传递，操作数的个数就不会有变化。

运算符重载的主要优点就是允许改变使用于系统内部的运算符的操作方式，以适应用户自定义类型的类似运算。

2. 运算符重载为成员函数

对于双目运算符 B，如果要重载 B 为类的成员函数，使之能够实现表达式 oprd1 B oprd2，其中 oprd1 为 A 类的对象，则应当把 B 重载为 A 类的成员函数，该函数只有一个形参，形参的类型是 oprd2 所属的类型。两个操作数必须至少一个是自定义类型。经过重载后，表达式 oprd1 B oprd2 就相当于函数调用 oprd1. operator B(oprd2)。

一般而言，单目运算符的参数个数为0。例如，对于前置单目运算符 U，如"-"(负号)等，如果要重载 U 为类的成员函数，用来实现表达式 U oprd，其中 oprd 为 A 类的对象，则 U 应当重载为 A 类的成员函数，函数没有形参。经过重载之后，表达式 U oprd 相当于函数调用 oprd. operator U()。但有一种情况例外，后置运算符"++"和"--"，如果要将它们重载为类的成员函数，用来实现表达式 oprd++或 oprd--，其中 oprd 为 A 类的对象，那么运算符就应当重载为 A 类的成员函数，这时函数要带有一个整型形参。重载之后，表达式 oprd++和 oprd--就相当于函数调用 oprd. operator++(0)和 oprd. operator--(0)。

运算符重载就是赋予已有的运算符多重含义。通过重新定义运算符，使它能够用于特定类的对象执行特定的功能，从而增强 C++语言的扩充能力。

运算符重载可以使程序更加简洁、表达式更加直观，增加可读性。但是，运算符重载使用不宜过多，否则会带来一定的麻烦。

①重载运算符含义必须清楚。

②重载运算符不能有二义性。

这里先举一个关于给复数运算重载复数的四则运算符的例子。复数由实部和虚部构造，可以定义一个复数类，然后再在类中重载复数四则运算的运算符。先看以下源代码：

```
#include <iostream>
using namespace std;
class complex
{
  public:
   complex() { real = imag = 0; }
complex(double r, double i)
{
   real = r, imag = i;
}
complex operator +(const complex &c);
```

01

```
complex operator -(const complex &c);
complex operator *(const complex &c);
complex operator /(const complex &c);
friend void print(const complex &c);
private:
  double real, imag;
};
complex complex::operator +(const complex &c)
{
  return complex(real + c.real, imag + c.imag);
}
complex complex::operator -(const complex &c)
{
  return complex(real - c.real, imag - c.imag);
}
complex complex::operator *(const complex &c)
{
  return complex(real * c.real - imag * c.imag, real * c.imag + imag * c.real);
}
complex complex::operator /(const complex &c)
{
  return complex((real * c.real + imag + c.imag) / (c.real * c.real + c.imag * c.
imag), (imag * c.real - real * c.imag) / (c.real * c.real + c.imag * c.imag));
}
void print(const complex &c)
{
  if(c.imag <0)
    cout<<c.real<<c.imag<<'i';
  else
    cout<<c.real<<'+'<<c.imag<<'i';
}
void main()
{
  complex c1(6.5, 3.2), c2(5.8, -6.5), c3;
  c3 = c1 + c2;
  cout<<"\nc1+c2=";
  print(c3);
  c3 = .c1 - c2;
  cout<<"\nc1-c2=";
```

```
    print(c3);
    c3 = c1 * c2;
    cout << "\nc1 * c2 = ";
    print(c3);
    c3 = c1 / c2;
    cout << "\nc1/c2 = ";
    print(c3);
    cout << endl;
}
```

该程序的运行结果为：

c1 + c2 = 12.3 - 3.3i

c1 - c2 = 0.7 + 9.7i

c1 * c2 = 58.5 - 23.69i

c1/c2 = 0.453288 + 0.801291i

在程序中，类 complex 定义了 4 个成员函数作为运算符重载函数。从上面这个例子中，可以更为深刻地理解运算符重载的含义。

程序中出现的表达式：

c1 + c2

编译程序将解释为：

c1. operator + (c2)

其中，c1 和 c2 是 complex 类的对象。operator + ( )是运算符 + 的重载函数。

该运算符重载函数仅有一个参数 c2。可见，当重载为成员函数时，双目运算符仅有一个参数。对单目运算符，重载为成员函数时，不能再显式说明参数。重载为成员函数时，总是隐含了一个参数，该参数是 this 指针。this 指针是指向调用该成员函数对象的指针。

3. 运算符重载为友元函数

运算符重载函数还可以为友元函数。当重载为友元函数时，将不隐含参数 this 指针。这样，对双目运算符，友元函数有 2 个参数，对单目运算符，友元函数有一个参数。但是，有些运行符不能重载为友元函数，它们是 = , ( ), [ ] 和 - >。

重载为友元函数的定义格式如下：

friend <类型说明符> operator <运算符>(<参数表>)

{…}

下面用友元函数代替成员函数，重新编写上述例子：

```
#include <iostream>
using namespace std;
class complex
{
  public:
    complex() { real = imag = 0; }
    complex(double r, double i)
```

```
    {
      real = r; imag = i;
    }
    friend complex operator +(const complex &c1, const complex &c2);
    friend complex operator -(const complex &c1, const complex &c2);
    friend complex operator *(const complex &c1, const complex &c2);
    friend complex operator /(const complex &c1, const complex &c2);
    friend void print(const complex &c);
    private:
     double real, imag;
};
complex operator +(const complex &c1, const complex &c2)
{
  return complex(c1.real + c2.real, c1.imag + c2.imag);
}
complex operator -(const complex &c1, const complex &c2)
{
  return complex(c1.real - c2.real, c1.imag - c2.imag);
}
complex operator *(const complex &c1, const complex &c2)
{
  return complex(c1.real * c2.real - c1.imag * c2.imag, c1.real * c2.imag + c1.imag * c2.
  real);
}
complex operator /(const complex &c1, const complex &c2)
{
  return complex((c1.real * c2.real + c1.imag * c2.imag)/(c2.real * c2.real + c2.imag *
c2.imag), (c1.imag * c2.real - c1.real * c2.imag)/(c2.real * c2.real + c2.imag * c2.imag));
}
void print(const complex &c)
{
  if(c.imag <0)
  std::cout<<c.real<<c.imag<<'i';
  else
  std::cout<<c.real<<'+'<<c.imag<<'i';
}
void main()
{
  complex c1(6.5, 3.2), c2(5.8, -6.5), c3; c3 = c1 + c2;
```

01

```
    std::cout<<"\nc1+c2=";
    print(c3);
    c3=c1-c2;
    std::cout<<"\nc1-c2=";
    print(c3);
    c3=c1*c2;
    std::cout<<"\nc1*c2=";
    print(c3);
    c3=c1/c2;
    std::cout<<"\nc1/c2=";
    print(c3);
}
```

该程序的运行结果与上例相同。前面已讲过，对双目运算符，重载为成员函数时，仅一个参数，另一个被隐含；重载为友元函数时，有两个参数，没有隐含参数。因此，程序中出现的 c1+c2，编译程序解释为：

operator+(c1, c2)

调用如下函数，进行求值

complex operator +(const complex &c1, const complex &c2)

4. 两种重载形式的比较

一般说来，单目运算符最好被重载为类的成员函数；双目运算符最好重载为友元函数，双目运算符重载为友元函数比重载为成员函数更方便。但是，有的双目运算符还是重载为成员函数比较好，例如赋值运算符，因为它如果被重载为友元函数，将会出现与赋值语义不一致的地方。具体选择哪种重载方式要根据具体情况而定，不能一概而论。

为了让读者更为深刻地理解运算符重载的含义及使用，下以再以自增自减运算符的重载进行举例说明。

自增自减运算符是单目运算符。它们又有前缀和后缀运算两种。为了区分这两种运算，将后缀运算视为双目运算符。表达式为

obj++或 obj--

或表示为：

obj++0 或 obj--0

这里的0没有意义，只是为了和前置自增自减运算符的调用区分开来。

举例如下：

```
#include <iostream>
using namespace std;
class counter
{
public:
    counter() { value=0; }
    counter operator ++();
```

```
    counter operator + + (int );
    void print() { cout < < value < < endl; }
private:
    unsigned value;
};
counter counter:: operator + + ()
{
    value + + ;
    return *this;
}
counter counter:: operator + + (int)
{
    counter t;
    t. value = value + + ;
    return t;
}
void main()
{
    counter c;
    for(int i =0; i <10; i + + )
    c + + ;
    c. print();
    for(i =0; i <10; i + + )    + + c;
    c. print();
}
```

01

运行结果:

10

20

1.8 流类库

所谓流，指的是在主机与外部介质之间流动的字符序列。每个流都是一种与设备相联系的对象。与输入设备(如键盘等)相联系的流称为输入流；与输出设备(如屏幕、打印机等)相联系的流称为输出流；与输入输出设备(如磁盘等)相联系的流称为输入输出流。在 C + + 程序中的数据的输入和输出就是对流对象所进行的操作。在 C + + 语言中，数据的输入和输出包含如下 3 个方面:

①对标准输入设备和标准输出设备的输入输出称为标准 I/O;

②对外存磁盘上的文件的输入输出称为文件 I/O;

③对内存中指定的字符串存储空间的输入输出称为串 I/O。

1. **输入输出类库**

C++程序中要进行输入输出操作，就必须使用相应的流对象。而要建立流对象，首先应有相应的流类存在。C++流类库是用继承方法建立起来的一个输入输出类库，它有两个平行的基类：streambuf 类和 ios 类。C++中其他的流类都是从这两个基类中直接或间接地派生出来的。下面简单介绍这两个基类。

(1) streambuf 类：streambuf 类缓冲区由一个字符序列和两个指针组成(输入缓冲区指针和输出缓冲区指针)，这两个指针指向字符要被插入或提取的位置。streambuf 类提供物理设备的接口，对缓冲区进行低级操作，如设置缓冲区、对缓冲区指针进行操作、从缓冲区取字符、向缓冲区存储字符等。streambuf 类可以派生出三个类，即 filebuf 类、strstreambuf 类和 conbuf 类。filebuf 类使用文件来保存缓冲区中的字符序列。当写文件时，实际是将缓冲区的字符写到指定的文件中，之后刷新缓冲区；当读文件时，实际是将指定文件中的内容读到缓冲区中来。strstreambuf 类扩展了 streambuf 类的功能，它提供了在内存中进行提取和插入操作的缓冲区管理。conbuf 类扩展了 streambuf 类的功能，用于处理输出。它提供了控制光标、设置颜色、定义活动窗口、清屏、清一行等功能，为输出操作提供缓冲区管理。

(2) ios 类：ios 类有四个直接派生类，即输入流类(istream)、输出流类(ostream)、文件流类(fstreambase)和串流类(strstreambase)，以这四个基本流类为基础还可以派生出多个实用的流类。C++系统中的所有 I/O 类被包含在 iostream. h，fstream. h 和 strstream. h 这三个系统头文件中，各头文件包含的类如下：

iostream. h 包含有 ios，iostream，istream，ostream，iostream_withassign，istream_withassign，ostream_withassign 等。

fstream. h 包含有 fstream，ifstream，ofstream，fstreambase，以及 iostream. h 中的所有类。

strstream. h 包含有 strstream，istrstream，ostrstream，strstreambase，以及 iostream. h 中的所有类。

I/O 类的头文件的使用：程序中需要进行标准 I/O 操作时，则必须包含头文件 iostream. h，需要进行文件 I/O 操作时，则必须包含头文件 fstream. h，需要进行串 I/O 操作时，则必须包含头文件 strstream. h。

2. **标准流的含义**

C++预定义的几个流及所关联的具体设备为：

①标准输入流 cin：与标准输入设备相关联；

②标准输出流 cout：与标准输出设备相关联；

③非缓冲型的标准错误输出 cerr：与标准错误输出设备相关联(非缓冲方式)；

④缓冲型的标准错误输出流 clog：与标准错误输出设备相关联(缓冲方式)。

在缺省情况下，指定的标准输出设备是显示终端，标准输入设备是键盘。在任何情况下，指定的标准错误输出设备总是显示终端。

1.9　模板

模板是 C++支持参数化多态的工具，使用模板可以使用户为类或者函数声明一种一般模式，使得类中的某些数据成员或者成员函数的参数、返回值取任意类型。通常模板包含两种形式：函数模板和类模板。函数模板针对参数类型不同的函数；类模板针对数据成员和成员函数类型不同的类。使用模板的目的就是能够让程序员编写与类型无关的代码。比如编写了一个交换两个整型数据的交换函数(exchange)，这个函数就只能实现整型数据交换，对浮点型、字符型等这些类型则无法实现，要实现这些类型的交换就必须重新编写另一个函数。使用模板的目的就是要让这程序的实现与类型无关，比如一个交换数据的模板函数，既可以实现整型数据的交换，也可以实现浮点型数据的交换。模板可应用于函数和类，下面分别介绍。

注意：模板的声明或定义只能在全局、命名空间或类范围内进行，即不能在局部范围、函数内进行，比如不能在main函数中声明或定义一个模板。

01

1.9.1 函数模板

1.函数模板的声明

函数模板可以用来创建一个通用的函数，以支持多种不同的形参，避免重载函数的函数体重复设计。它的最大特点是把函数使用的数据类型作为参数。

函数模板声明的一般形式为：

```
template <typename 数据类型参数标识符>
 <返回类型><函数名>(参数表)
{
  函数体
}
```

其中，template是定义模板函数的关键字，template后面的尖括号不能省略；typename(或class)是声明数据类型参数标识符的关键字，用以说明它后面的标识符是数据类型标识符。这样，在以后定义的这个函数中，凡希望根据实参数据类型来确定数据类型的变量，都可以用数据类型参数标识符来说明，从而使这个变量可以适应不同的数据类型。例如：

```
template<typename T>
T func(T x, int y)
{
    T x;
    //……
}
```

如果主调函数中存在如下语句：

```
float f;
int i;
func(f, i);
```

系统将使用实参f的数据类型float去代替函数模板中的T生成函数，具体如下：

```
float func(float x, int y)
{
    float x;
    //……
}
```

函数模板只是声明了一个函数的描述，而不是一个可以直接执行的函数，只有根据实际情况用实参的数据类型代替类型参数标识符之后，才能产生真正的函数。

其中的关键字 typename 也可以使用关键字 class，这时数据类型参数标识符就可以使用所有的 C++数据类型，包括用户自定义的数据类型。

2. 模板函数的生成

函数模板的数据类型参数标识符实际上是一个类型形参，在使用函数模板时，要将这个形参实例化为确定的数据类型。将类型形参实例化的参数称为模板实参，用模板实参实例化的函数称为模板函数。模板函数的生成就是将函数模板的类型形参实例化的过程。

有几点注意事项需要说明：

①函数模板允许使用多个类型参数，但在 template 定义部分的每个形参前的关键字 typename 或 class 不能少，即：

```
template <class 数据类型参数标识符1，…，class 数据类型参数标识符n>
<返回类型> <函数名>(参数表)
{
  函数体
}
```

②在 template 语句与函数模板定义语句 <返回类型> 之间不允许有别的语句。如下面的声明是错误的：

```
template < class T >
int a;
T min(T x, T y)
{
  函数体
}
```

③模板函数功能类似于重载函数，但使用起来两者存在很大区别。具体表现在：函数重载时，每个函数体内可以执行不同的语句，但同一个函数模板实例化后的模板函数都必须执行相同的操作。

④函数模板中的模板形参可实例化为各种类型，但当实例化模板形参的各模板实参之间不完全一致时，就可能发生错误。

举例如下：

```
template < typename T >
void max(T & a, T & b)
{   return (a >b)? a: b;   }
void func(int m, char n)
{
   max(m, m);
   max(n, n);
   max(m, n);
   max(n, m);
}
```

例子中的后两个调用是错误的，出现错误的原因是：在调用时，编译器按最先遇到的实参的类型隐含地生成一个模板函数，并用它对所有模板函数进行一致性检查。例如对语句

max(m, n);

先遇到的实参 m 是整型的，编译器就将模板形参解释为整型，此后出现的模板实参 n 不能解释为整型而产生错误，此时没有隐含的类型转换功能。解决此种异常的方法可以采用强制类型转换，如将语句 max(m, n); 改写为 max(m, int(n));。

1.9.2　类模板

01

所谓类模板指的是允许用户为类定义一种模式，使得类中的某些数据成员、成员函数的参数、成员函数的返回值，能够取任意类型（包括系统预定义的和用户自定义的）。如果一个类中数据成员的数据类型不能确定，或者是某个成员函数的参数或返回值的类型不能确定，就必须将此类声明为模板，它的存在不是代表一个具体的、实际的类，而是代表着一类类。类模板是更高一级的类的抽象。

1. 类模板定义

定义一个类模板，包含以下几方面的内容：

①首先要定义类，其格式为：

```
template <class T>  //或用 template <typename T>
class 类名
{
    …
}
```

在类定义体中，通用类型 T 可以作为普通成员变量的类型，还可以作为 const 和 static 成员变量以及成员函数的参数和返回类型之用。例如：

```
template <class T>
class Test{
  private:
     T n;
     const T i;
     static T cnt;
  public:
     Test(): i(0){}
     Test(T k);
     ~Test(){}
     void print();
     T operator + (T x);
};
```

②在类定义体外定义成员函数时，若此成员函数中有模板参数存在，则除了需要和一般类的体外定义成员函数一样的定义外，还需在函数体外进行模板声明。

例如：

```
template <class T>
Test <T>::Test(T k): i(k){n = k; cnt++;}
```

如果函数是以通用类型为返回类型，则要在函数名前的类名后缀上“<T>”。

③在类定义体外初始化 const 成员和 static 成员变量的做法和普通类体外初始化 const 成员和 static 成员变量的做法基本上是一样的，唯一的区别是需对模板进行声明。

类模板的使用实际上是将类模板实例化成一个具体的类，它的格式为：

类名<实际的类型>

模板类是类模板实例化后的一个产物。说个形象点的例子吧。我们把类模板比作一个做饼干用的模子，而模板类就是用这个模子做出来的饼干，至于这个饼干是什么味道的就要看你自己在实例化时用的是什么材料了，你可以做巧克力饼干，也可以做豆沙饼干，这些饼干除了材料不一样外，其他的东西都是一样的了。

2. 类模板派生

可以从类模板派生出新的类，既可以派生类模板，也可以派生非模板类。派生方法：

(1)从类模板派生类模板

可以从类模板派生出新的类模板，它的派生格式如下例所示：

```
template <class T>
class base
{
    …
};
template <class T>
class derive: public base<T>
{
    …
};
```

与一般的类派生定义相似，只是在指出它的基类时要缀上模板参数，即 base<T>。

(2)从类模板派生非模板类

可以从类模板派生出非模板类，在派生中，作为非模板类的基类，必须是类模板实例化后的模板类，并且在定义派生类前不需要模板声明语句 template<class>。

1.10　例题解析

例题1　下列哪一项能用作用户自定义的标识符？(　　)

A. if　　B. 6num

C. my test　　D. stu2

解析：本题主要考查标识符命名规则。C++关键字不能用于用户自定义标识符：A 中 if 是关键字；第一个字符必须是字母或下划线：B 中 6num 是以数字开头的；不能含有空格：C 中 my test 含有空格。

答案为：D。

例题2　指出下列程序中的错误：____________________。

int main( )

```
{
        const int i;
        i = 100;
        return 0;
}
```

解析：本题主要考查对符号常量的理解。const 定义的符号常量必须初始化，由 const 定义的常量的值不可以改变。所以本题有两处错误：第一，没有对符号常量 i 进行初始化；第二，给符号常量赋值是错误的。

01

例题 3 下列选项中两个表达式的运算结果相同的是(　　)。

A. 5/2 和 5.0/2.0　　B. 5/2 和 5.0/2

C. 5/2.0 和 5.0/2.0　　D. 5/2.0 和 5/2

解析：本题考查数据类型及表达式中数据类型的隐式转换。5/2 中两个操作数都为整型，运算结果仍为整型即 2；5.0/2 和 5/2.0 中一个操作数为整型另一个为浮点型，运算时整型隐式转换为浮点型，运算结果也为浮点型即 2.5；5.0/2.0 两个操作数均为浮点型，结果也为浮点型即 2.5。

答案为：C。

例题 4 下列程序的运行结果为________。

```
#include <iostream>
using namespace std;
void main( )
{
    char c = '#' ;
    if (c >='A' && c <='Z')    cout <<"是大写字母 " ;
    else if (c >='a' && c <='z')    cout <<"是小写字母";
        else    cout <<"是其他字符";
}
```

解析：本题主要考查 if 语句的嵌套使用方法。首先判断字符变量 c 是否满足 c >='A' && c <='Z'，如果满足则输出“是大写字母”；否则判断 c 是否满足 c >='a' && c <='z'，如果满足则输出“是小写字母”，否则输出“是其他字符”。else 总是与离它最近的前一个 if 配对。

答案为：是其他字符。

例题 5 已定义：char grade；，若成绩为 A、B、C 时输出合格，成绩为 D 时输出不合格，其他情况提示重新输入。要完成以上功能，则下列 switch 语句正确的是(　　)。

```
A. switch(grade){
    case  'A':
    case  'B':
    case  'C': cout <<"合格"; break;
    case  'D': cout <<"不合格"; break;
    default: cout <<"请重新输入：";
```

```
    }
B. switch(grade){
    case  'A':
    case  'B':
    case  'C': cout < <"合格";
    case  'D': cout < <"不合格";
    default: cout < <"请重新输入: ";
    }
C. switch(grade){
    case 'A', 'B', 'C': cout < <"合格"; break;
    case 'D': cout < <"不合格"; break;
    default: cout < <"请重新输入: ";
    }
D. switch(grade){
    case  A:
    case  B:
    case  C: cout < <"合格"; break;
    case  D: cout < <"不合格"; break;
    default: cout < <"请重新输入: ";
    }
```

解析：本题主要考查 switch 语句的使用。在 switch 语句执行过程中，找到第一个相匹配的表达式后，转去执行该 case 后的语句，直到遇到 break 语句后跳出 switch 语句执行其后的语句。对于选项 B，若 grade 的值为 A 则执行结果为“合格不合格请重新输入”，不满足本题的要求；switch 语句多个 case 分支不能简写为多个表达式之间用逗号隔开的一个 case 分支，选项 C 错误；case 后的表达式只能是整型、字符型或枚举型常量表达式，选项 D 中 case 后的 A、B、C、D 是变量。

答案为：A。

例题 6　循环语句 for(int i =0; i < =5&&! i; i + +) cout < <i < <endl; 执行循环次数为(　　)。

A. 1 次　　　　B. 3 次

C. 5 次　　　　D. 6 次

解析：本题考查对 for 循环的理解以及表达式运算。执行 for 循环 i 的初值为 0，第一次循环时表达式 0 < =5&&! 0 结果为 1，所以执行循环体，输出为 0；然后 i 自加为 1，计算表达式 1 < =5&&! 1 结果为 0，所以退出循环。

答案为：A。

例题 7　以下程序的功能是判断一个数是否为素数。请填空。

```
#include <iostream.h>
void main()
{
```

```
    int num;
    cout < <"输入一个正整数:";
    ________①________;
    int isprime =1;
    for(int i =2; i < =num -1; i + +)
        if(________②________)
        {
            isprime =0;
            ________③________;
        }
    if(isprime)
        cout < <num < <"是一个素数。" < <endl;
    else
        cout < <num < <"不是一个素数。" < <endl;
}
```


解析:本题中变量 num 存放要判断的数,变量 isprime 用于记录该数是否为素数,当 isprime 为 1 时即该数为素数,否则为合数。判断思路为如果 num 能被 2 到 num -1 的任意一个数整除则该数不是素数。①处需要输入待判断的数,②处为判断条件,当检测到 2 到 num -1 中第一个能整除 num 的数时则可判断出该数不是素数,此时退出循环,故③为退出语句。

答案为:①cin > >num　　②num% i = =0　　③break

例题 8　下面的函数声明语句正确的是(　　)。

A. int fun(int var1 =1, char * var2 ="Beijing", double var3);

B. int fun(int var1 =1, char * var2 ="Beijing", double var3 =3. 14159);

C. int fun(int, char *, double var3 = 12. 34);

D. int fun(int var1 =1, char *, double var3 =3. 14159);

解析:本题主要考查带默认参数的函数原型声明方法。函数调用时实参与形参按照从左到右顺序匹配,在对默认值进行定义时应该从右向左定义。选项 A 和 D 都没有遵从对默认值定义时应该从右向左定义的原则,即对于第一个有默认值的参数而言,它后面还有参数没有定义默认值这是错误的。选项 C 对函数中第 3 个参数定义了两次,错误。

答案为:B

例题 9　对于定义 int *f(　　)中,标识符 f 代表的是(　　)。

A. 一个指向函数的指针　　B. 一个指针型函数,该函数返回值为指针

C. 一个指向整型数据的指针　　D. 一个指向数组的指针

解析:本题主要考查对指针函数和函数指针的理解。这里定义的是指针型函数,也就是说这个函数的返回值是指针。

答案为:B。

例题 10　对于下列函数的定义,说法正确的是(　　)。

```
void fun1(　　)
{
```

```
    int var1 = 2, var2 = 3;
    int *p = &var1, *q = &var2;
    p = q;
}
void fun2()
{
    int var1 = 2, var2 = 3;
    int &p = var1, &q = var2;
    p = q;
}
```

A. fun1 与 fun2 的作用完全相同

B. 运行 fun1 后 p、q 中均存放 var2 的地址；运行 fun2 后 p、q 均为 var2 的别名

C. 运行 fun1 后 p 中存放 var1 的地址，q 中存放 var2 的地址；运行 fun2 后 p 为 var1 的别名，q 为 var2 的别名

D. 运行 fun1 后 p、q 中均存放 var2 的地址；运行 fun2 后 p 为 var1 的别名，q 为 var2 的别名

解析：本题主要考查引用和指针的区别。对于函数 fun1()，p 和 q 为指向整型的指针，它们分别被初始化为 var1 和 var2 的地址，p = q 则使 p 中存放的地址为 q 中的地址即为 var2 的地址，所以最终 p，q 里都存放 var2 的地址。对于函数 fun2()，p 和 q 为引用，它们分别被初始化为 var1 和 var2 的别名，引用一旦被初始化，它们就不能再指向其他对象。p = q 的作用是让 var1 的值等于 var2 的值，即这个语句执行以后 var1 和 var2 的值都为 3，而 p 和 q 仍然分别为 var1 和 var2 的别名。引用必须被初始化，即指向一个对象，一旦初始化了它就不能再指向其他对象；指针可以指向一系列不同的对象也可以什么都不指向；如果一个参数可能在函数中指向不同的对象或者这个参数可能不指向任何对象则必须使用指针参数。

答案为：D。

例题 11　在下列函数原型中，可以作为类 student 的构造函数的说明的是(　　)。

A. void student(int age);　　B. int student();

C. student(int) const;　　D. student(int);

解析：本题主要考查对构造函数的特点的掌握情况。构造函数的名字必须与类的名字相同。构造函数没有返回值，不能定义返回类型，包括 void 型在内。构造函数可以是内联函数，可带有参数表，可带有默认的形参值，还可重载。选项 A、B 均有返回值类型，不能作为构造函数。选项 C 为常成员函数，构造函数不能为常成员函数。

答案为：D。

例题 12　下列说法正确的是(　　)。

A. 可以定义修改对象数据成员的 const 成员函数

B. 不允许任何成员函数调用 const 对象，除非该成员函数也声明为 const

C. const 对象可以调用非 const 成员函数

D. const 成员函数可以调用本类的非 const 成员函数

解析：C++编译器不允许任何成员函数调用 const 对象，除非该成员函数本身也声明为

const。声明 const 的成员函数不能修改对象，因为编译器不允许其修改对象。对 const 对象调用非 const 成员函数是个语法错误。定义调用同一类实例的非 const 成员函数的 const 成员函数是个语法错误。

答案为：B。

例题 13 运行下列程序后，" constructing A!" 和" destructing A!"分别输出几次（ ）。

```
#include <iostream.h>
class A
{
  int x;
  public:
  A()
  {cout << " constructing A!" << endl; }
  ~A()
  {cout << " destructing A!" << endl; }
};
void main()
{
  A a[2];
  A *p = new A;
  delete p;
}
```

A. 2 次，2 次　　B. 3 次，3 次

C. 1 次，3 次　　D. 3 次，1 次

解析：本题主要考查在什么情况下系统会调用构造函数与析构函数。在主函数中定义了一个对象数组，其中有两个元素，该数组中的每个元素都是一个类的对象，所以这里会调用 2 次构造函数；new A 时创建一个 A 类的对象，所以也会调用构造函数，因此一共调用 3 次构造函数。delete p；会撤消 new 运算分配的空间，它会调用 1 次析构函数。主函数结束时要释放数组所占空间，会调用 2 次析构函数，因此析构函数也调用了 3 次。

答案为：B

例题 14 读程序写结果。

```
#include <iostream.h>
class A
{
  const int i;
  int &j;
  public:
  A(int& var): i(10), j(var)
  {}
  void show()
```

```
    {
        cout<<"i: "<<i<<endl<<"j: "<<j<<endl;
    }
};
void main()
{
    int x=1;
    A a1(x);
    a1.show();
}
```

解析：本题主要考查对符号常量和引用的理解。常量是不能被赋值的，一旦初始化后，其值就永不改变，引用变量也是不可重新指派的，初始化后，其值就固定不变了。

结果为：

i：10

j：1

例题 15　若类 A 是类 B 的友元，类 B 是类 C 的友元，则下列说法正确的是(　　)。

A. 类 B 可以访问类 A 的私有成员　　B. 类 A 是类 C 的友元

C. 类 A，B，C 互为友元　　D. 以上说法都不对

解析：本题考查对友元关系的理解。友元关系是单向的，也是不能传递的。

答案为：A。

例题 16　请将下列类定义补充完整。

```
#include <iostream.h>
class base{
public:
    void fun( )
    {
        cout<<"base:: fun"<<endl;
    }
};
class derived : public base {
public:
    void fun( ) {
        ______________________//显式调用基类的 fun 函数
        cout<<"derived:: fun"<<endl;
    }
};
```

解析：本题考查在继承过程中，如果基类与子类有同名成员时，如何完成各自的引用问题。如果基类与子类有同名成员时，子类的同名成员会屏蔽基类的同名成员，所以要在自定义类型中引用该成员则需要使用作用域限定符确定要调用谁的成员。因此，本题答案为：

base::fun(　　)。

例题17　有如下程序:

```
#include <iostream.h>
class base
{
public:
  void show(){cout<<"base: public member"<<endl;}
protected:
  void show1(){cout<<"base: protected member"<<endl;}
private:
  void show2(){cout<<"base: private member"<<endl;}
};
class derived: protected base
{
public:
   void fn()
   {
     show1(); //①
     show2(); //②
   }
};

void main()
{
   derived a;
   a.fn();
   a.show(); //③
   a.show1(); //④
   show(); //⑤
}
```

有语法错误的语句是(　　)。

A. ①②③④　　B. ②③④⑤

C. ①③④⑤　　D. ①②④⑤

解析:本题主要考查各种派生中派生类的访问权限问题。这里 derived 采用保护继承的方式继承了 base 类。保护继承其访问权限有如下规则:

①继承后基类的公有成员和保护成员在派生类中均为保护成员,基类的私有成员在派生类中仍为私有成员。

②在派生类中可以直接访问基类的公有成员和保护成员,但对于私有成员的访问只能通过基类的非私有成员函数间接访问。

01

③在基类和派生类定义以外对基类的所有成员均无法直接访问也无法通过派生类的对象间接访问。

语句①②是在派生类内部访问基类的保护成员函数和私有成员函数，无论哪种继承方式，基类的私有成员都不能被基类定义以外的任何地方直接访问，所以语句②是错误用法；而在派生类定义的内部访问基类的公有成员和保护成员是允许的，所以语句①正确。语句③④是在类定义以外通过子类的对象访问基类的公有成员函数和保护成员函数，因为保护继承后基类的公有成员和保护成员在子类中均为保护成员，所以在类外通过对象不能对其直接进行访问，所以③④语句是错误的用法。语句⑤执行后找不到相应的函数定义，因此是错误的。

答案为：B。

例题 18　下列说法正确的是(　　)。

A. 基类的构造函数和析构函数不能被派生类继承

B. 在派生类中用户必须自定义派生类构造函数

C. 析构函数与构造函数被调用的顺序是一致的

D. 在多重继承中，多个基类的构造函数的调用顺序由定义派生类构造函数时指定的初始化表中的次序决定

解析：如果基类没有定义构造函数，派生类也可以不定义构造函数，全都采用缺省的构造函数。如果基类定义了带有形参表的构造函数，派生类就必须定义构造函数，保证在基类进行初始化时能获得所需的数据。析构函数与构造函数被调用的顺序正好相反。在多重继承中，多个基类的构造函数的调用顺序由在定义派生类时基类的声明顺序决定。

答案为：A。

例题 19　有如下程序：

```
#include <iostream.h>
class A {
  public:
    A( ) { cout << "A"; }
};
class B {
  public:
    B( ) { cout << "B"; }
};
class C : public A {
  B b;
  public:
    C( ) { cout << "C"; }
};
int main( )
{
  C obj;
```

```
return 0;
}
```

执行后的输出结果是(　　)。

A. CBA　　　　B. BAC

C. ACB　　　　D. ABC

解析：本题主要考查继承中构造函数的调用顺序问题。对于构造函数，先执行基类的，再执行对象成员的，最后执行派生类的。本程序中在主函数里创建 C 类对象 obj，则首先执行类 C 的基类 A 的构造函数，输出 A；然后调用其对象成员 b 所在的 B 类的构造函数，输出 B；最后执行类 C 自己的构造函数，输出 C。

01

答案为：D。

例题 20　有如下程序：

```
#include <iostream.h>
class base1
{public:
  base1(){cout<<"base1 constructing"<<endl;}
   ~base1(){cout<<"base1 destructing"<<endl;}
};
class base2
{public:
    base2(){cout<<"base2 constructing"<<endl;}
     ~base2(){cout<<"base2 destructing"<<endl;}
};
class base3
{public:
    base3(){cout<<"base3 constructing"<<endl;}
     ~base3(){cout<<"base3 destructing"<<endl;}
};
class derive: public base1, virtual public base2, virtual public base3
{
  public:
   derive(){cout<<"constructing derive"<<endl;}
    ~derive(){cout<<"destructing derive"<<endl;}
};
void main()
{
  derive d1;
}
```

运行该程序结果为______________________________。

解析：本题主要考查含虚基类的继承关系中构造函数的执行顺序问题。虚基类的构造函数在非虚基类的构造函数之前执行；若同一层次中包含多个虚基类，这些虚基类的构造函数按它们说明的先后次序执行。

答案为：

base2 constructing
base3 constructing
base1 constructing
constructing derive
destructing derive
base1 destructing
base3 destructing
base2 destructing

例题21　运行下列程序的结果为(　　)。

```
#include <iostream.h>
class A
{
  int a;
  public:
   A(int i) {a=i;}
   void print() {cout<<a;}
};
class B1: virtual public A
{
  int b1;
  public:
   B1(int i, int j): A(i)
   {b1=j;}
   void print()
   {
     cout<<b1;
   }
};
class B2: virtual public A
{
  int b2;
  public:
   B2(int i, int j): A(i)
   {b2=j;}
   void print()
   {
```

```
        cout < < b2;
    }
};
class C: public B1, public B2
{
    int c;
    public:
    C(int j, int k, int l, int m): A(l), B1(l, j), B2(k, l), c(m){}
    void print()
    {
        A:: print();
        B1:: print();
        B2:: print();
        cout < < c;
    }
};
void main()
{
    C c1(1, 2, 3, 4);
    c1. print();
}
```


A. 3124　　　　B. 3214

C. 1234　　　　D. 3134

解析：本题主要考查继承关系中对象数据的初始化问题。

C(int j, int k, int l, int m): A(l), B1(l, j), B2(k, l), c(m){}这条语句中，用l初始化类A的成员a；用j初始化类B1的成员b1；用l初始化类B2的成员b2，用m初始化类C的成员c。

答案为：D。

例题22　下面关于虚函数和函数重载的叙述不正确的是(　　)。

A. 虚函数不是类的成员函数

B. 虚函数实现了C + +的多态性

C. 函数重载允许非成员函数，而虚函数则不行

D. 函数重载的调用根据参数的个数、序列来确定，而虚函数依据对象确定

解析：函数重载和虚函数是C + +中实现多态性的两种手段，但是它们的实现机制是不一样的；函数重载依据调用时的参数进行区分，而虚函数则根据对象实际的指向确定调用的版本。

答案为：A。

例题23　(　　)是一个在基类中说明的虚函数，它在该基类中没有定义，但要求任何派生类都必须定义自己的版本。

A. 纯虚函数　　　　B. 虚析构函数
C. 虚构造函数　　　　D. 静态成员函数

解析：抽象类中的纯虚函数没有具体的定义，需要在抽象类的派生类中定义。因此，纯虚函数是一个在基类中说明的虚函数，它在该基类中没有定义，但要求任何派生类都必须定义自己的版本。

答案为：A。

例题 24　实现运行时的多态性要使用(　　)。

A. 构造函数　　　　B. 析构函数
C. 重载函数　　　　D. 虚函数

解析：动态联编要在程序运行时才能确定调用哪个函数。虚函数是实现动态联编的必要条件之一，没有虚函数一定不能实现动态联编。

答案为：D。

例题 25　运行下列程序的结果为＿＿＿＿＿＿＿＿＿＿。

```
#include <iostream.h>
class base
{
  public:
      void display1(){cout<<"base::display1()"<<endl;}
      virtual void display2(){cout<<"base::display2()"<<endl;}
};
class derived: public base
{
  public:
      void display1(){cout<<"derived::display1()"<<endl;}
      void display2(){cout<<"derived::display2()"<<endl;}

};
void main()
{
      base *pbase;
      derived d;
      pbase=&d;
      pbase->display1 ();
      pbase->display2();
}
```

解析：本题主要考查有关多态性的相关知识。在基类 base 中，定义了一个函数 display1()和虚函数 display2()；在派生类 derived 中，重写了函数 display1()，而且重新定义了虚函数 display2()。由于基类指针 pbase 指向的是派生类的一个对象，因而会调用派生类的 display2()版本，但是对于一般的成员函数 display1()，仍然遵循一般的调用规则，只调用基类的 display1()版本。

答案为：

base::display1()

derived::display2()

例题 26　下面的程序的输出结果为 an animal　a person　an animal　a person，请将程序补充完整。

```
#include <iostream.h>
class animal{
  public:
    ______①______ void speak(){cout<<"An animal"<<"  ";}
};
class person: public animal{
  public:
    void speak(){cout<<"a person"<<"  ";}
};
void main()
{
    animal a, ______②______;
    person p;
    a.speak();
    p.speak();
    pa=&a;
    pa->speak();
    ______③______;
    pa->speak();
}
```

解析：本题主要考查对多态性的理解与应用。本题通过虚函数实现多态性，所以在基类中应定义虚函数；为了实现多态性，必须定义基类的指针，然后将它指向各个派生类的对象。

答案为：①virtual　②*pa　③pa=&p

例题 27　有如下函数模板定义：

```
template <class T>
T func(T x, T y) { return x*x*x+y*y*y; }
```

在下列对 func 的调用中，错误的是(　　)。

A. func(3, 5);　　　　B. func(3.0, 5.5);

C. func (3, 5.5);　　　　D. func<int>(3, 5.5);

解析：本题主要考查函数模板的使用方法。这里选项 A 是将函数模板中的类型形参实例化为 int 型。选项 B 是将函数模板中的类型形参实例化为 double 型。选项 C 中函数 func 的两个实参一个为 int 型，一个为 double 型，无法使用该函数模板。选项 D 中模板实参被显式指定，显示指定模板实参的方法是用尖括号< >将实参类型括起来紧跟在函数模板实例的名字后面。如选项 D 将实参类型指定为 int 型。

答案为：C。

例题 28　有如下程序：

```
template <class T>
class Array
{
  protected:
      int num;
      T *p;
  public:
      Array(int);
      ~Array();
};
Array::Array(int x)//①
{
   num = x; //②
   p = new T[num]; }//③
Array::~Array()//④
{
   delete []p; //⑤
}
void main()
{
   Array a(10); //⑥
}
```

其中有错误的语句为____________，应改正为____________________。

解析：本题主要考查类模板的定义和使用。如果类中的成员函数要在类的声明之外定义，则它必须是模板函数。其定义形式为：

template <class　数据类型参数标识符>

函数返回类型类名 <数据类型参数标识符> :: 函数名(数据类型参数标识符形参 1，…，数据类型参数标识符形参 n)

{

　函数体

}

本程序中类的构造函数和析构函数均在类中声明、类外定义。所以①④语句关于这些函数的定义均错误，应遵循上边所述形式。由类模板生成模板类的一般形式为：

类名 <模板实参表> 对象名 1，对象名 2，…，对象名 n；

⑥语句对类模板的使用错误。

答案为：①④⑥

改正程序:

```
①template < class T >
Array < T > :: Array( int x)
④template < class T >
Array < T > :: ~Array( )
⑥Array < int > a(10);
```

例题 29 运行下列程序，其结果为____________。

```
#include < iostream. h >
#include < string. h >
template < class T, class U >
T add(T a, U b)
{
    return(a + b);
}
char *add(char *a, char *b )
{
    return strcat(a, b);
}
void main( )
{
    int x = 1, y = 2;
    double x1 = 1.1, y1 = 2.2;
    char p[10] = "C + +";
    cout < < add(x, y) < < ", ";
    cout < < add(x1, y1) < < ", ";
    cout < < add(x1, y) < < ", ";
    cout < < add(p, " program") < < endl;
}
```

解析：本题主要考查对函数模板的定义与使用以及重载模板函数的理解。在 C + + 中，函数模板与同名的非模板函数重载时，应遵循下列调用原则：

首先寻找一个参数完全匹配的函数，若找到就调用它。若找不到，则寻找一个函数模板，将其实例化生成一个匹配的模板函数，若找到就调用它。若找不到，则从第一步中通过类型转换产生参数匹配，若找到就调用它。否则调用失败。本题中主函数对函数 add 的四次调用中前三次都是未找到参数完全匹配的函数，于是找到一个函数模板，将该函数模板实例化为模板函数。第四次调用时找到了参数完全匹配的函数，于是调用了该函数。

答案为：3, 3.3, 3.1, C + + program。

第 2 篇　数据结构与算法基础

第2章　线性表

线性表是一种最基本、最简单，也是最常用的一种数据结构，数据元素之间仅有单一的前驱和后继关系。线性表具有广泛的应用，并且是其他数据结构的基础，特别是单链表，它是贯穿整个数据结构课程的基本技术。

2.1　基础知识

线性表是n(n≥0)个数据元素 a_1, a_2, …, a_n 组成的有限序列。其中n称为数据元素的个数或线性表的长度，当n=0时称为空表，n>0时称为非空表。通常将非空的线性表记为(a_1, a_2, a_3, …, a_n)。典型的线性表的逻辑结构如图2-1所示：

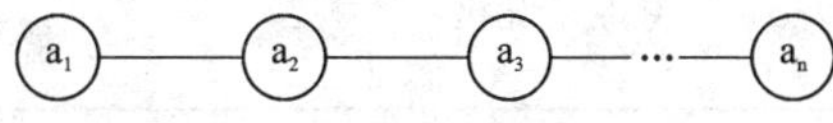

图2-1　线性表的逻辑结构

线性表的特性有如下方面：

①元素类型相同性：线性表中每个元素的类型都相同。

②元素个数有限性：线性表中元素的个数是有穷的。

③元素顺序性：线性表中相邻的数据元素 a_{i-1} 和 a_i 之间存在顺序关系(a_{i-1}, a_i)，即 a_{i-1} 是 a_i 的前驱，a_i 是 a_{i-1} 的后继；a_1 无前驱，a_n 无后继，其他元素有且仅有一个前驱和一个后继。

2.2　存储结构和基本运算

2.2.1　顺序表——线性表的顺序存储结构

1. 顺序表的存储结构

线性表的顺序存储方式为：首先要在内存中开辟一片连续存储空间，通常用一维数组来实现，假设记为Base[Max]，其中Max为数组的长度。Max的值要大于或等于顺序表的长度(n)，然后让顺序表的第1个元素存放在连续存储空间的第1个位置，第2个元素紧跟着第1个之后，其余依此类推，用length表示顺序表的长度。**注意**：数组下标从0开始编号，而本书中的线性表的编号从1开始，顺序表的存储结构如图2-2所示。

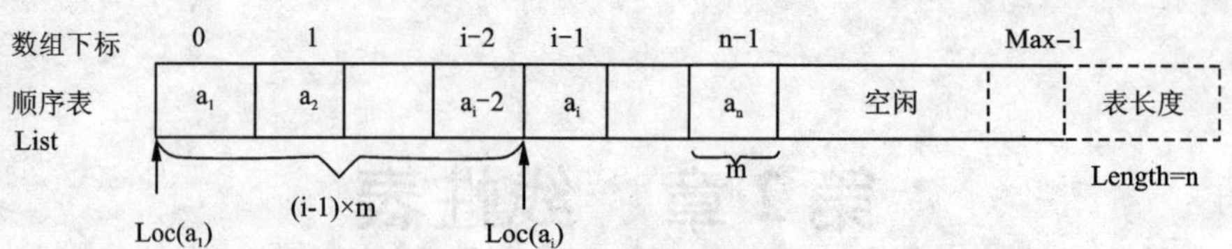

图 2 – 2　顺序表的存储结构

假设顺序表中的每个元素占用 m 个存储单元，则第 i 个元素的存储地址为：

$$Loc(a_i) = Loc(a_1) + (i-1) \times m$$

2. 顺序表的基本运算

(1)顺序表的初始化操作

①如果初始化为空顺序表，则表中的元素个数为 0，记为 Length = 0。

②若用一维数组 a[n]初始化顺序表，其中 n 为数组 a 的长度，初始化后 Length = n，具体如图 2 – 3 所示。(限于篇幅，本章的每个操作算法实现均以函数的形式在本章的例题与解答中出现)

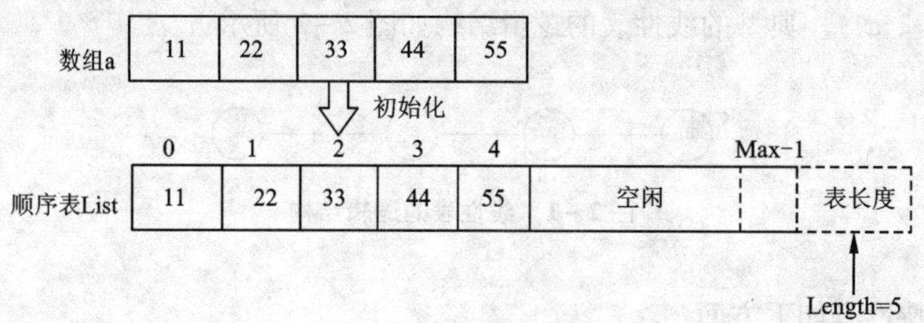

图 2 – 3　顺序表的初始化

(2)元素的插入操作

顺序表的插入是指在顺序表的第 i(1≤i≤n + 1)个位置插入一个新的数据元素(如：x)，使长度为 n 的线性表变成长度为 n + 1 的线性表。例如在顺序表的第 3 个位置插入一个新元素 66，如图 2 – 4 所示。

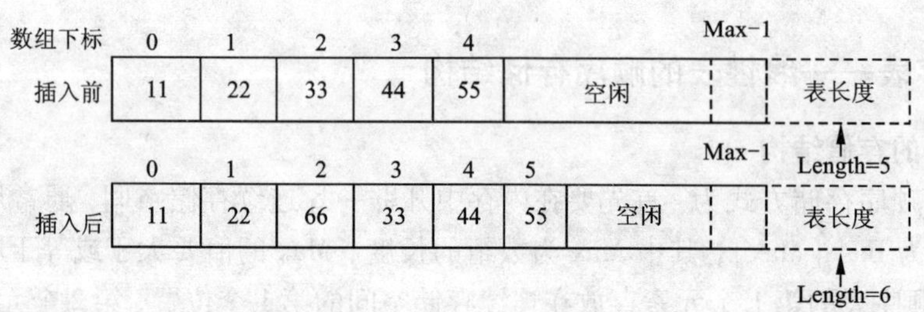

图 2 – 4　顺序表的插入操作

注意：若插入前 length≥Max，则表满，此时不能插入。

正确的插入位置为：1≤i≤length + 1(i 指的是顺序表元素序号位置，length 为插入前的长度)。

(3)元素的删除操作

顺序表的删除操作与插入运算相反，将表的第 i 个元素删除的操作是使长度为 n 的线性表变成长度为 n - 1 的线性表。例如删除顺序表中的第 2 个元素，如图 2 - 5 所示。

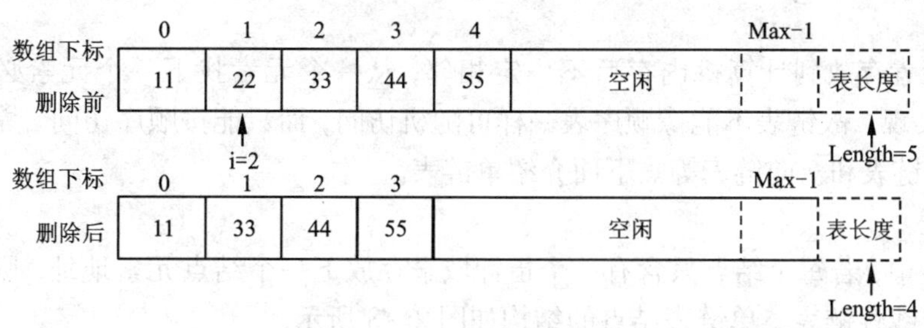

图 2 - 5　顺序表的删除操作

(4)元素的按位查找操作

顺序表的按位查找是指查找顺序表中序号为 i 的元素，因为第 i 个元素存储在数组的第 i - 1个位置，所以很容易实现查找，若成功找到则返回相关元素数值，否则返回失败，比如查找顺序表中的第 4 个元素，如图 2 - 6 所示。

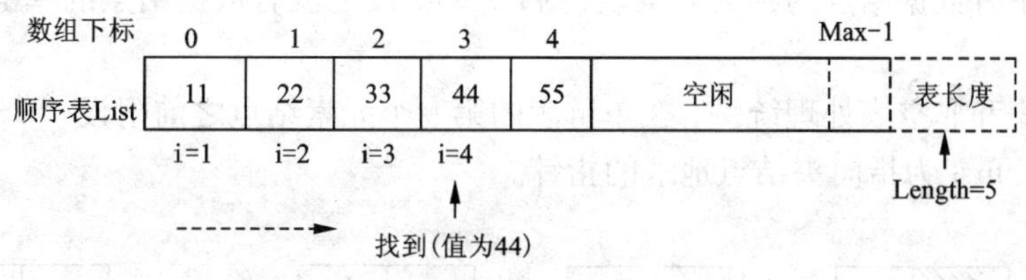

图 2 - 6　顺序表的按位查找

(5)元素的按值查找操作

顺序表的按值查找需要对顺序表中的元素从左向右依次进行比较，如果找到了相关值，则返回元素的序号(注意不是数组下标)，否则返回失败。比如在顺序表中查找值为 55 的元素下标，如图 2 - 7 所示。

(6)顺序表元素的输出操作

该操作只需利用循环语句依次将对应的数组元素输出即可，例如顺序表的长度 length = 5，则只需要将数组中下标从 0 到 4 的元素依次输出即可。

2.2.2　链表——线性表的链式存储结构

线性表的链式存储结构，也称为链表。其存储方法为：在内存中利用特定存储单元存放某元素的值及其后继存储单元的内存地址(指针域)，这组存储单元可以是不连续的。原来逻

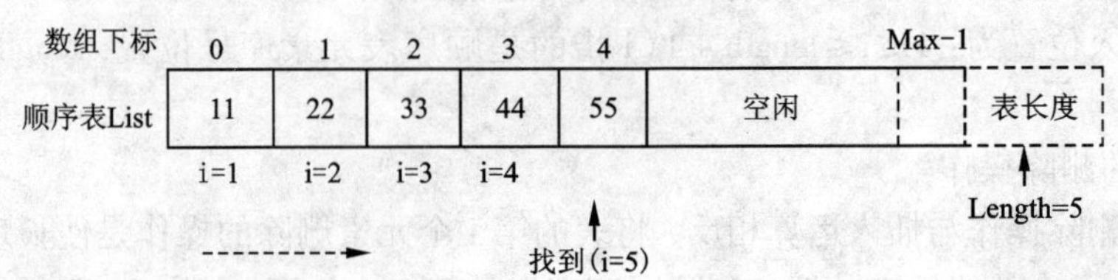

图 2 - 7　顺序表的按值查找

辑上相邻的元素存放到计算机内存后不一定相邻，从一个元素找下一个元素必须通过地址（指针）才能实现。故链表不能像顺序表一样可随机访问，而只能按顺序访问。常用的链表有单链表、循环链表和双向链表等。下面介绍单链表。

1. **单链表**

在链式表中，若每个结点只含有一个指针域来存放下一个结点元素地址，则称这样的链表为单链表或线性链表。单链表结点的结构如图 2 - 8 所示。

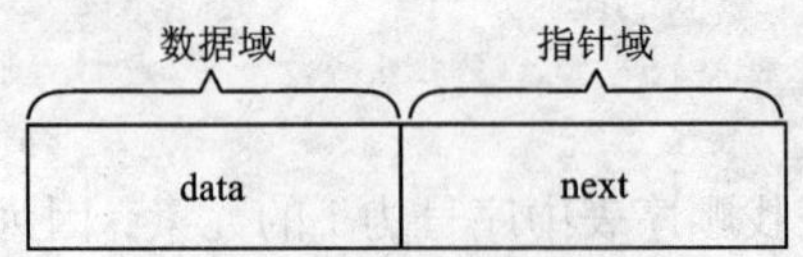

图 2 - 8　单链表的结点结构

若单链表中有数据结点的则为非空表（图 2 - 9），反之没有数据结点的单链表为空表（图 2 - 10）。

为便于空表和非空表处理统一，在单链表的第一个元素结点之前附设一个类型相同的结点成为头结点。first 为指向头结点地址的指针。

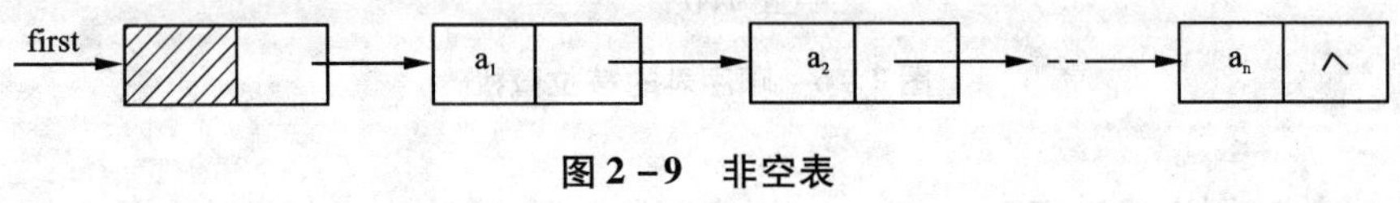

图 2 - 9　非空表

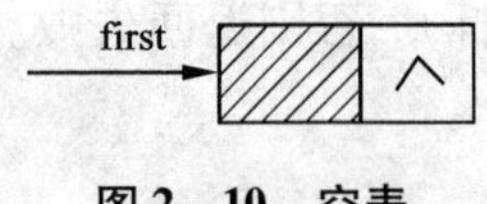

图 2 - 10　空表

2. **单链表的基本运算**

（1）单链表的初始化

头插入法：将待插入结点依次插在头结点的后面。假如待插入单链表的数据元素为数组 a 中的元素，其中 s 为指向当前被插结点的指针，图 2 - 11 所示为头插法的实现步骤。

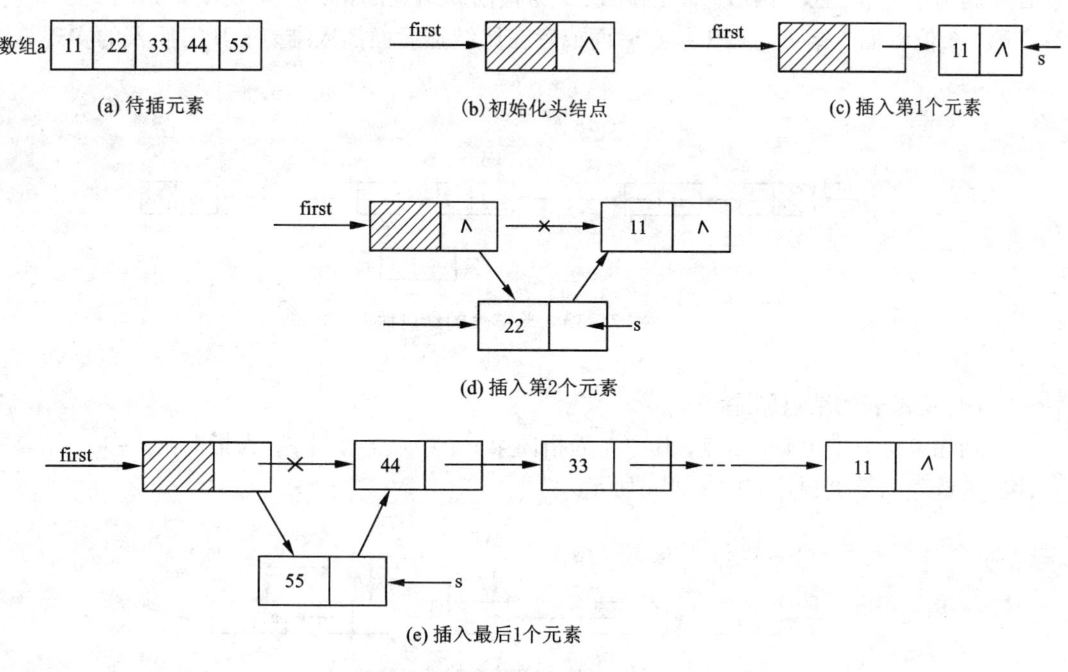

图 2-11　单链表的头插法

尾插入法：将待插入结点插在链表终端结点的后面。假如待插入单链表的数据元素为数组 a 中的元素，其中 s 为指向当前被插结点的指针，rear 为指向链表尾结点的指针，图 2-12 所示为尾插法的实现步骤。

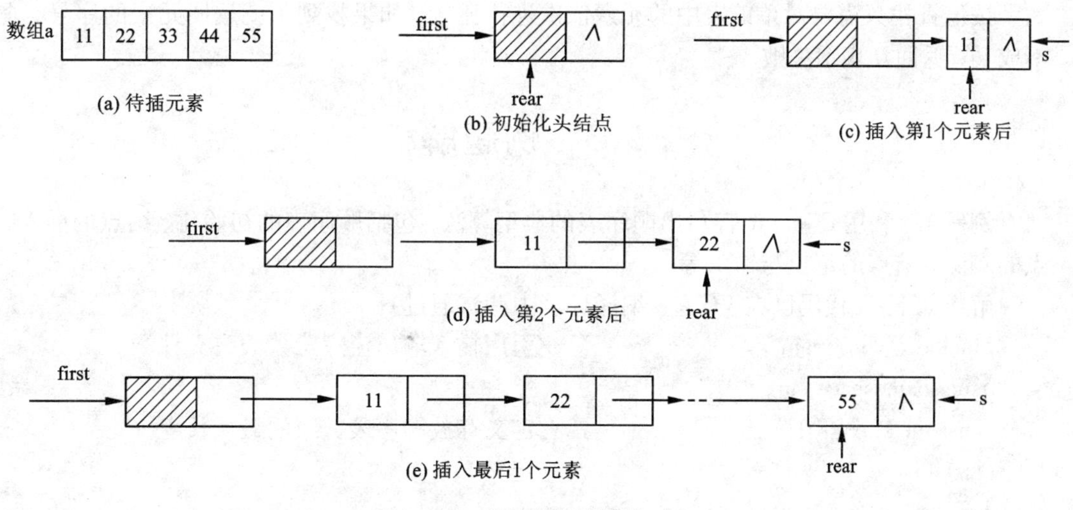

图 2-12　单链表的尾插法

(2)单链表的结点插入

将值为 x 的新结点插入到链表的第 i 个位置，其实也就是要插入到 a_{i-1} 与 a_i 之间，因此必须利用指针 p 先找到第 i - 1 个位置，s 为指向新结点的指针。实现步骤如图 2 - 13 所示。在第 i 个位置插入结点与在头结点后面或者在尾结点后面插入结点，其实插入的实现算法是一致的。

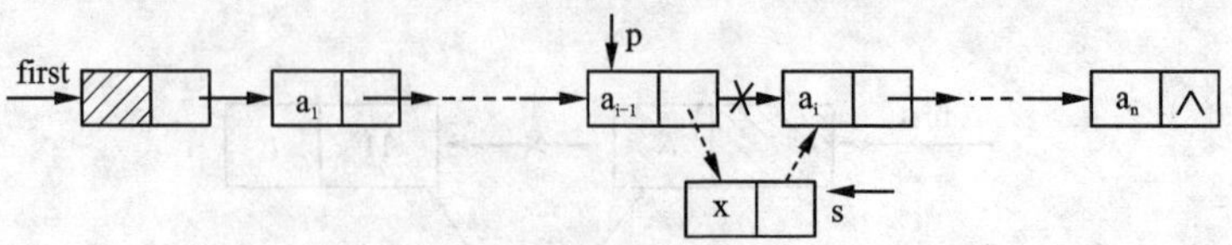

图 2 - 13　单链表的结点插入

(3)单链表的结点删除

删除单链表中第 i 个结点，其中 q 为指向第 i 个结点的指针，p 为指向第 i - 1 个结点的指针。单链表的结点删除如图 2 - 14 所示。

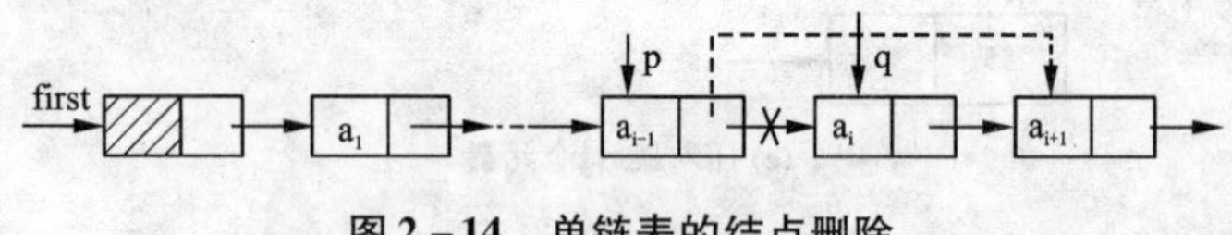

图 2 - 14　单链表的结点删除

(4)单链表的按位查找

查找方法是利用指针 p 后移即可。比如查找第 i 个元素，只需将指针 p 从头结点开始向后移动 i 次就可以。

(5)单链表的按值查找

按值查找只需要对单链表中的元素依次进行比较，如果找到了就返回元素的序号，查找不成功，返回 0 表示失败。

2.3　例题解析

例题 1　利用 C + +语言写出顺序表的典型算法，包括顺序表的初始化、结点的插入、结点的删除、结点的定位与输出等。

解析如下：(代码已在 VC + +编译环境中调试通过)

```
#include <iostream>                    //引用输入输出流库函数的头文件
using namespace std;
const int Max = 10;                    //定义存放顺序表数组的最大长度
class List                             //定义 List 类
{
public:
    List( ){length = 0; }              //无参构造函数，创建一个空表
    List(int a[ ], int n);             //有参构造函数
    void Insert(int i, int x);         //在线性表中第 i 个位置插入值为 x 的元素
```

```
   int Delete(int i);              //删除线性表的第i个元素
   int Locate(int x);              //按值查找，求线性表中值为x的元素序号
   void PrintList( );              //遍历线性表，按序号依次输出各元素
private:
   int base[Max];                  //存放顺序表数据元素的数组
   int length;                     //记录顺序表的长度
};
List::List(int a[ ], int n)
{
        if (n>Max) cout<<"参数非法，无法容纳初始化元素";
        for (int i=0; i<n; i++)
        base[i]=a[i];
        length=n;
}
void List::Insert(int i, int x)
{
        if (length>=Max) cout<<"插入位置超出范围";
        if (i<1 || i>length+1) cout<<"插入位置非法";
        for (int j=length; j>=i; j--)
        base[j]=base[j-1];                 //第j个元素存放在第j-1个数组元素中
        base[i-1]=x;
        length++;
}

int List::Delete(int i)
{
        if (length==0) cout<<"表空，无元素可删";
        if (i<1 || i>length) cout<<"待删元素位置非法，无法执行删除动作";
        int x=base[i-1];
        for (int j=i; j<length; j++)
        base[j-1]=base[j];                 //注意此处j已经是元素所在的数组下标
        length--;
        return x;
}

int List::Locate(int x)
{
        for (int i=0; i<length; i++)
        if (base[i]==x)   return i+1 ;    //下标为i的元素等于x，返回其序号i+1
```

```
        return 0;    //退出循环，查找失败
}

void List::PrintList( )
{
    for (int i=0; i<length; i++)
    cout<<base[i]<<"  ";
    cout<<endl;
}
void main( )
{
        int a[5]={11, 22, 33, 44, 55};
        List SeqList(a, 5);
        cout<<"新建顺序表的元素如下:"<<endl;
        SeqList.PrintList( );                    //输出当前表中所有元素
        cout<<"=========================="<<endl;
        SeqList.Insert(2, 33);
        cout<<"在位置2处插入数据33结果为:"<<endl;
        SeqList.PrintList( );                    //输出当前表中所有元素
        cout<<"============================="<<endl;
        cout<<"值为33的元素位置为:";
        cout<<SeqList.Locate(33)<<endl;   //查找元素33,并返回在单链表中位置
        cout<<"============================="<<endl;
        SeqList.Delete(4);
        cout<<"删除表中第4个元素结果为:"<<endl;
        SeqList.PrintList( );                    //输出当前表中所有元素
        cout<<"=========================="<<endl;
        //如果函数中参数非法，则要用异常俘获处理，否则程序报错
        //如下删除第8个位置的数据，是非法动作，同学们可自行测试
        /*开始
        try
        {
         SeqList.Delete(8);                      //删除第8个元素，该删除位是非法的
        }
        catch (char *s)
        {
          cout<<s<<endl;
        }
        cout<<"删除后数据为:"<<endl;
```

02

```
        SeqList.PrintList( ); //输出所有元素
        结束 */
}
```

例题2　利用C++语言写出单链表的典型算法，包括顺序表的初始化、结点的插入、结点的删除、结点的定位与输出等。

解析如下：(代码已在VC++编译环境中调试通过)

```
#include <iostream>
using namespace std;
struct Node                              //定义单链表结点的结构体类型
{
      int data;
      Node *next;
};

class Link                    //定义单链表的类
{
public:
  Link( );                    //无参构造函数，建立只有头结点的空链表
  Link(int a[ ], int n);      //有参构造函数，建立具有n个元素的单链表
  ~Link( );                   //析构函数，释放链表所占用的内存
  int Locate(int x);          //按值查找，在链表中查找值为x的元素序号
  void Insert(int i, int x);  //插入操作，在第i个位置插入值为x的结点
  int Delete(int i);          //删除操作，在单链表中删除第i个结点
  void PrintList( );          //遍历操作，按序号依次输出各结点元素
private:
  Node   *first;              //单链表的头指针
};
Link::Link( )
{
  first=new Node;             //生成头结点
  first->next=NULL;           //头结点的指针域置空
}
Link::Link(int a[ ], int n)
{
    Node *r, *s;              //r为指向链表尾部的指针，s为指向新申请结点的指针
    first=new Node ;          //生成头结点
    r=first;                  //尾指针初始化
    for (int i=0; i<n; i++)
    {
```

02

```
        s = new Node; s - > data = a[i];
                                        //s指向新申请结点，并将数组元素赋予其数据域
        r - > next = s; r = s;          //将结点s插入到终端结点之后
    }
    r - > next = NULL;                  //单链表建立完毕，将终端结点的指针域置空
}

Link:: ~Link( )
{
    Node  * q;
    while (first!  = NULL)
    {
        q = first;                      //暂存被释放结点
        first = first - > next;         //first指向被释放结点的下一个结点
        delete q;
    }
}
void Link:: Insert(int i, int x)
{
    Node  * p = first, * s;             //指针p应指向头结点
    int count = 0;
    while (p!  = NULL && count < i - 1) //定位第i-1个结点
    {
        p  =  p - > next;               //指针p后移
        count + +;
    }
    if (p = = NULL) cout < < "插入位置非法";   //无法找到第i-1个结点
    else {
        s = new Node; s - > data = x;          //申请一个结点s，并将x值赋予其数据域
        s - > next = p - > next; p - > next = s;  //将结点s插入到结点p之后
    }
}
int Link:: Delete(int i)
{
    Node * p, * q;
    int x;
    int count = 0;
    p = first;                          //指针p指向头结点
    while (p!  = NULL&&count < i - 1)   //查找第i-1个结点
```

```
    {
      p = p - > next;
      count + + ;
    }
    if (p = = NULL || p - > next = = NULL)   //结点p不存在或p的后继结点不存在
      cout < < "位置非法";
    else {
      q = p - > next; x = q - > data;        //暂存被删结点
      p - > next = q - > next;               //摘链
      delete q;                              //删除被删结点所占用的存储空间
      return x;                              //返回被删结点的数值
    }
}
int Link:: Locate(int x)
{
    Node * p = first - > next;               //指针p指向头结点
    int count = 1;                           //累加器count初始化
    while(p! = NULL)
    {
      if(p - > data = = x) return count;     //查找成功,返回结点序号
      p = p - > next;                        //指针p后移
      count + + ;
    }
    return 0;                                //退出循环,查找失败
}
void Link:: PrintList( )
{
    Node * p = first - > next;               //指针p初始化
    while (p ! = NULL)
    {
      cout < < p - > data < < "  ";
      p = p - > next;                        //指针p后移
    }
    cout < < endl;
}
void main( )
{
  int a[5] = {11, 22, 33, 44, 55};
  Link LinkList(a, 5);
```

02

```
cout<<"新建单链表的元素如下:"<<endl;
LinkList.PrintList( );    //输出链表中所有元素
cout<<"================================"<<endl;
LinkList.Insert(2, 66); //在链表中的第2个位置插入数据元素66
cout<<"在表中第2个位置插入数据66后结果为:"<<endl;
LinkList.PrintList( );
cout<<"================================"<<endl;
LinkList.Delete(1);     //删除链表中的第1个元素
cout<<"删除链表中第1个元素后的结果为:"<<endl;
LinkList.PrintList( );
cout<<"==============================="<<endl;
cout<<"值为33的元素位置为:";
cout<<LinkList.Locate(33)<<endl;    //查找元素33,并返回在单链表中位置
//如果函数中参数非法,则要用异常俘获处理,否则程序报错
//如下删除第8个位置的数据,是非法动作,同学们可自行测试
/*开始
    try
    {
        LinkList.Delete(8);   //删除第8个元素,该删除位是非法的
    }
    catch (char *s)
    {
      cout<<s<<endl;
    }
    cout<<"删除后数据为:"<<endl;
    LinkList.PrintList( );
结束 */
}
```

2.4 习题1

1. 从顺序表中删除具有最小值的元素(假设唯一),并返回被删除的元素的值。空出的位置由最后一个元素填补,若顺序表为空则显示出错误信息并退出运行。

2. 从顺序表中删除所有值重复的元素,使得表中的所有元素的值均不同。

3. 设计一个高效的算法,将顺序表的所有元素逆置,要求算法的空间复杂度为O(1)。

4. 将两个有序的顺序表合并为一个新的顺序表,并返回结果顺序表。

5. 设L为带头结点的单链表,编写算法实现从尾到头反向输出每个节点的值。

第 3 章　栈与队列

3.1　基础知识

栈和队列是两种常用的数据结构，广泛应用在操作系统、编译程序等各种软件系统中。从数据结构角度看，栈和队列是操作受限的线性表，栈和队列的数据元素具有单一的前驱和后继的线性关系；从抽象数据类型角度看，栈和队列又是两种重要的抽象数据类型。

3.2　存储结构和基本运算

1. 栈的定义

栈(stack)是限定仅在表尾进行插入和删除操作的线性表，允许插入和删除的一端称为栈顶，另一端称为栈底，不含任何数据元素的栈称为空栈。

如图 3-1 所示，栈中有三个元素，插入元素(也称进栈、压栈)的顺序是 a_1、a_2、a_3，当需要删除元素(也称出栈、弹栈)时只能删除 a_3。换言之，在任何时候出栈的元素都只能是栈顶元素，即最后入栈者最先出栈。所以栈中元素除了具有线性关系外，还具有后进先出(last in first out)的特性。

在日常生活中，有很多栈的例子。例如，一叠摆在一起的盘子，要从这叠盘子中取出或放入一个盘子，只有在其顶部操作才是最方便的。早在计算机出现之前，会计就使用栈来记账；火车扳道站、单车道死胡同等也使用栈。在程序设计语言中，也有很多栈应用的例子，例如，在对高级语言编写的源程序进行编译时类似于表达式括号匹配问题就是用栈来解决的；计算机系统在处理子程序之间的调用关系时，用栈来保存处理执行过程中的调用次序；等等。

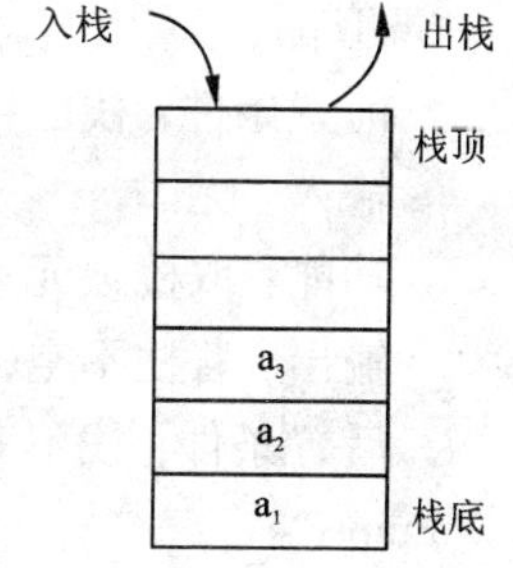

图 3-1　栈的示意图

2. 栈的抽象数据类型定义

虽然对插入和删除操作的位置限制减少了栈操作的灵活性，但同时也使得栈的操作更有效更容易实现。其抽象数据类型定义为：

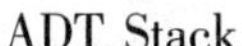
ADT Stack

Data

栈中元素具有相同类型及后进先出特性，相邻元素具有前驱和后继关系

Operation

InitStack

前置条件：栈不存在

输入：无

功能：栈的初始化

输出：无

后置条件：构造一个空栈

DestroyStack

前置条件：栈已存在

输入：无

功能：销毁栈

输出：无

后置条件：释放栈所占用的存储空间

Push

前置条件：栈已存在

输入：元素值 x

功能：入栈操作，在栈顶插入一个元素 x

输出：如果插入不成功，则抛出异常

后置条件：如果插入成功，则栈顶增加了一个元素

Pop

前置条件：栈已存在

输入：无

功能：出栈操作，删除栈顶元素

输出：如果删除成功，返回被删元素值，否则，抛出异常

后置条件：如果删除成功，则栈顶减少了一个元素

GetTop

前置条件：栈已存在

输入：无

功能：取栈顶元素，读取当前的栈顶元素

输出：若栈不空，返回当前的栈顶元素值

后置条件：栈不变

Empty

前置条件：栈已存在

输入：无

功能：判空操作，判断栈是否为空

输出：如果栈为空，返回 1，否则返回 0

后置条件：栈不变

endADT

3. 队列的定义

队列(queue)是只允许在一端进行插入操作，在另一端进行删除操作的线性表。允许插入(也称入队、进队)的一端称为队尾，允许删除(也称出队)的一端称为队头。图3－2所示是一个有5个元素的队列，入队的顺序为 a_1、a_2、a_3、a_4、a_5，即最先入队者最先出队。所以队列中的元素除了具有线性关系外，还具有先进先出(first in first out)的特性。

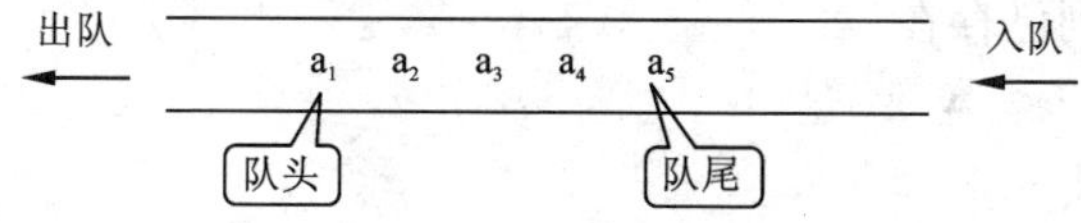

图3－2　队列的示意图

现实世界中有许多问题可以用队列描述。例如，对顾客服务部门(例如银行)的工作往往是按队列方式进行的，这类系统称作排队系统。在程序设计中，也经常使用队列记录按先进先出的方式处理数据，例如键盘缓冲区、操作系统中的作业调度等。

4. 队列的抽象数据类型定义

队列的抽象数据类型定义如下：

ADT Queue

Data

队列中的元素具有相同类型及先进先出特性，相邻元素具有前驱和后继关系

Operation

InitQueue

前置条件：队列不存在

输入：无

功能：初始化队列

输出：无

后置条件：创建一个空队列

DestroyQueue

前置条件：队列已存在

输入：无

功能：销毁队列

输出：无

后置条件：释放队列所占用的存储空间

EnQueue

前置条件：队列已存在

输入：元素值 x

功能：入队操作，在队尾插入一个元素 x

输出：如果插入不成功，则抛出异常

后置条件：如果插入成功，队尾增加了一个元素

DeQueue

前置条件：队列已存在

输入：无
功能：出队操作，删除队头元素
输出：如果删除成功，返回被删元素值，否则，抛出删除异常
后置条件：如果删除成功，队头减少了一个元素

GetQueue
前置条件：队列已存在
输入：无
功能：读取队头元素
输出：若队列不空，返回队头元素
后置条件：队列不变

Empty
前置条件：队列已存在
输入：无
功能：判空操作，判断队列是否为空
输出：如果队列为空，返回1，否则返回0
后置条件：队列不变

endADT

3.2.1 栈的顺序存储结构

1. 栈的顺序存储结构——顺序栈

栈的顺序存储结构称为顺序栈(sequential stack)。

顺序栈本质上是顺序表的简化，唯一需要确定的是用数组的哪一端表示栈底。通常把数组中下标为0的一端作为栈底，同时附设指针top指示栈顶元素在数组中的位置。设存储栈元素的数组长度为StackSize，则栈空时栈顶指针top = －1；栈满时栈顶指针top = StackSize－1。入栈时，栈顶指针top加1；出栈时，栈顶指针top减1。图3－3是栈操作的示意图。

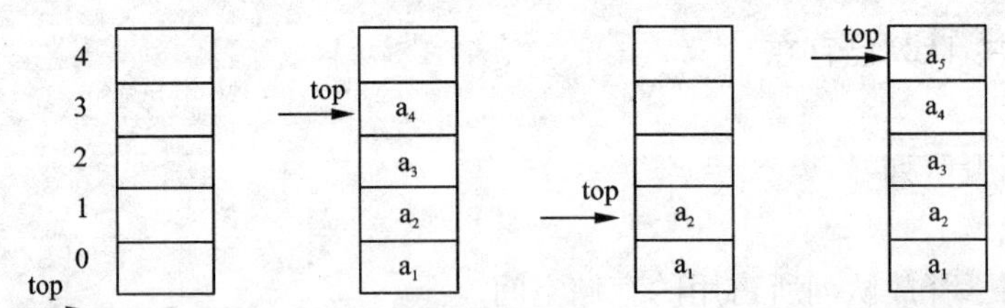

(a) top=-1栈空 (b) a_1、a_2、a_3、a_4依次入栈 (c) a_4、a_3 依次出栈 (d) top=4栈满

图3－3 栈的操作示意图

2. 顺序栈的实现

将栈的抽象数据类型定义在顺序栈存储结构下用C + +中的类实现。由于栈元素的数据类型不确定，因此采用C + +的模板机制。

```
const int StackSize = 10;
template <class DataType>
class SeqStack
{public:
    SeqStack( ){top = -1; }
    ~SeqStack( ){ }
    void Push(DataType x);
    DataType Pop( );
    DataType GetTop( ){ if(top! =1) return data[top]; }
    int Empty( ){top = = -1? return 1; return 0; }
  private:
    DataType data[StackSize];
    int top;
};
```

根据顺序栈的操作定义，很容易写出顺序栈的基本操作的算法，并且其时间复杂度均为O(1)。

(1)栈的初始化

初始化一个空栈只需将栈顶指针 top 置为 -1。

(2)入栈操作

在栈中插入一个元素 x 只需将栈顶指针 top 加 1，然后在 top 指向的位置填入元素 x，算法如下：

顺序栈入栈算法 Push

```
template <class DataType>
void SeqStack <DataType>::Push(DataType x)
{
  if (top = =StackSize -1) throw"上溢";
  data[ + +top] =x;
}
```

(3)出栈操作

删除栈顶元素只需取出栈顶元素，然后将栈顶指针 top 减 1，算法如下：

顺序栈出栈算法 Pop

```
template <class DataType>
DataType SeqStack <DataType>::Pop( )
{
  if (top = = -1) throw"下溢";
  x =data[top - -];
  return x;
}
```

(4)取栈顶元素

取栈顶元素只是将 top 指向的栈顶元素取出，并不修改栈顶指针。

(5)判空操作

顺序栈的判空操作只需判断 top = = -1 是否成立，如果成立，则栈为空，返回1；如果不成立，则栈非空，返回0。

3.2.2 栈的链式存储结构

1. 栈的链接存储结构——链栈

栈的链接存储结构称为链栈(linked stack)。

通常链栈用单链表表示，因此其结点结构与单链表的结点结构相同。因为只能在栈顶执行插入和删除操作，显然以单链表的头部作栈顶是最方便的，而且没有必要像单链表那样为了运算方便附加一个头结点。通常将链栈表示成如图 3-4 所示的形式。

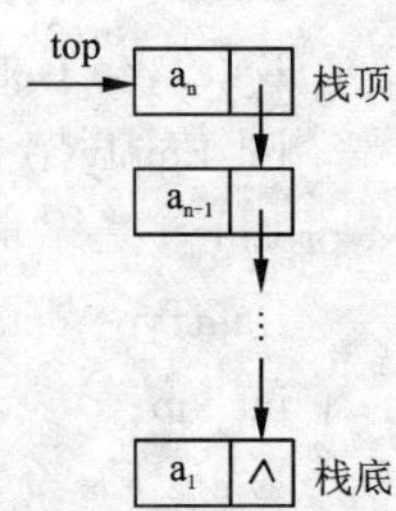

图 3-4 链栈示意图

2. 链栈的实现

链栈的结点结构可以复用单链表的结点结构。将栈的抽象数据类型定义在链栈存储结构下用 C++中的类实现。

```
template <class DataType>
class LinkStack
{
  public:
    LinkStack(){top = NULL}
    ~LinkStack();
    void Push(DataType x);
    DataType Pop();
    DataType GetTop() { if (top! =NULL) return top->data; }
    int Empty() {top = =NULL? return 1: return 0; }
  private:
    Node<DataType> *top;
};
```

链栈基本操作的实现本质上是单链表基本操作的简化，并且除析构函数外，算法的时间复杂度均为 O(1)。

(1)构造函数

构造函数的作用是初始化一个空链栈，由于链栈不带头结点，因此只需将栈顶指针 top 置为空。

(2)入栈操作

链栈的插入操作只需处理栈顶即第一个位置的情况，而无需考虑其他位置的情况，其操作示意图如图 3-5 所示，算法如下：

链栈入栈算法 Push

```
template <class DataType>
void LinkStack <DataType>::Push(DataType x)
{
   s = new Node;
   s->data = x;
   s->next = top;
   top = s;
}
```

(3)出栈操作

链栈的删除操作只需处理栈顶即第一个位置的情况，而无需考虑其他位置的情况，其操作示意图如图3-6所示，算法如下：

链栈出栈算法 Pop

```
template <class DataType>
DataType LinkStack <DataType>::Pop()
{
   if (top == NULL) throw"下溢";
   x = top->data;
   p = top;
   top = top->next;
   delete p;
   return x;
}
```

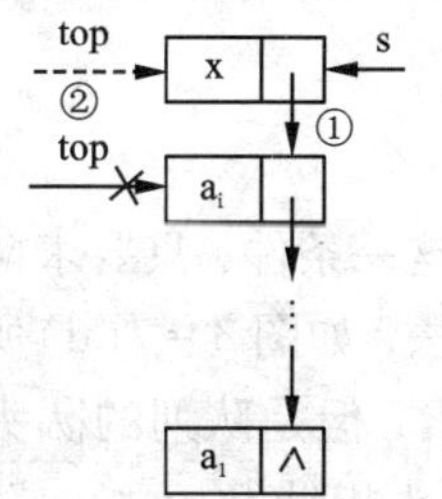

图3-5　链栈插入操作示意图

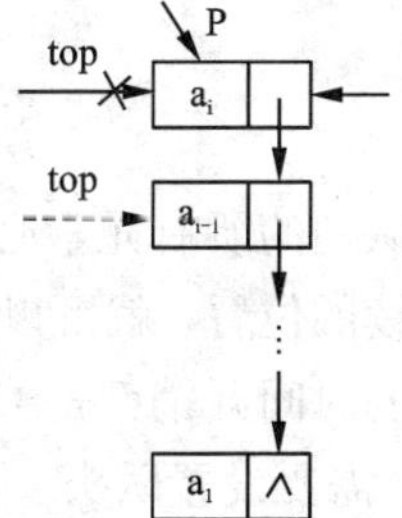

图3-6　链栈删除操作示意图

(4)取栈顶元素

取栈顶元素只需返回栈顶指针 top 所指结点的数据域。

(5)判空操作

链栈的判空操作只需判断 top == NULL 是否成立。如果成立，则栈为空，返回1；如果不成立，则栈非空，返回0。

(6)析构函数

链栈的析构函数需要将链栈中所有结点的存储空间释放，算法与单链表类的析构函数类似。

顺序栈和链栈的比较：实现顺序栈和链栈的所有基本操作的算法都只需要常数时间，因此唯一可以比较的是空间性能。初始时顺序栈必须确定一个固定的长度，所以有存储元素个数的限制和空间浪费的问题。链栈没有栈满的问题，只有当内存没有可用空间时才会出现栈满，但是每个元素都需要一个指针域，从而产生了结构性开销。所以当栈的使用过程中元素个数变化较大时，用链栈是适宜的；反之，应该采用顺序栈。

3.2.3 队列的顺序存储结构

1. 队列的顺序存储结构——循环队列

队列是特殊的线性表，从这个出发点来考虑队列的顺序存储问题。

假设线性表有 n 个数据元素，顺序表要求把表中的所有元素都存储在数组的前 n 个单元。假设队列有 n 个元素，顺序存储的队列也应该把队列的所有元素都存储在数组的前 n 个单元。如果把队头元素放在数组中下标为 0 的一端，则入队操作的时间开销仅为 O(1)，此时的入队操作相当于追加，不需要移动元素；但是出队操作的时间开销为 O(n)，因为要保证剩下的 n－1 个元素仍然存储在数组的前 n－1 个单元，所有元素都要向前移动一个位置，如图 3－7(c)所示。

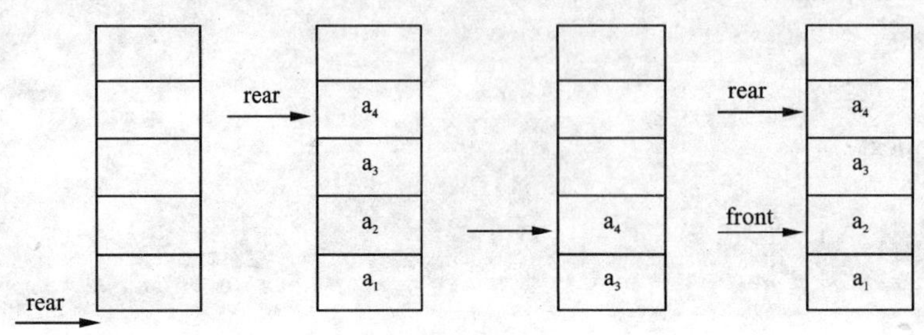

图 3－7　顺序队列的操作示意图

如果放宽队列的所有元素必须存储在数组的前 n 个单元这一条件，只要求队列的元素存储在数组中连续的位置，就可以得到一种更为有效的存储方法，如图 3－7(d)所示。此时入队和出队操作的时间开销都是 O(1)，因为没有移动任何元素，但是队列的队头和队尾都是活动的，因此，需要设置队头、队尾两个指针，并且约定：队头指针 front 指向队头元素的前一个位置，队尾指针 rear 指向队尾元素。

但是这种方法有一个新的问题。随着队列的插入和删除操作的进行，整个队列向数组中下标较大的位置移过去，从而产生了队列的"单向移动性"。当元素被插入到数组中下标最大的位置上之后，队列的空间就用尽了，尽管此时数组的低端还有空闲空间，这种现象叫作"假溢出"，如图 3－8(a)所示。

解决假溢出的方法是将存储队列的数组看成是头尾相接的循环结构，即允许队列直接从数组中下标最大的位置延续到下标最小的位置，如图 3－8(b)所示。这通过取模操作很容易实现。队列的这种头尾相接的顺序存储结构称为循环队列(circular queue)。

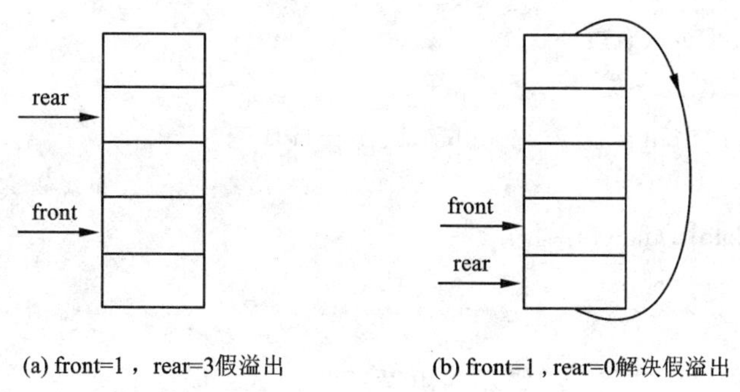

图3－8　循环队列的假溢出及其解决方法

在循环队列中还有一个很重要的问题：队空和队满的判定问题。如图3－9(a)所示，队列中只有一个元素，执行出队操作，则队头指针加1后与队尾指针相等，即队空的条件是front = rear；图3－9(c)和(e)所示数组中只有一个空闲单元，执行入队操作，则队尾指针加1后与队头指针相等，即队满的条件也是front = rear。如何将队空和队满的判定条件区分开呢？可以浪费一个数组元素空间，把图3－9(c)和(e)所示的情况视为队满，此时队尾指针和队头指针正好差1，即队满的条件是：(rear＋1)% QueueSize = front。

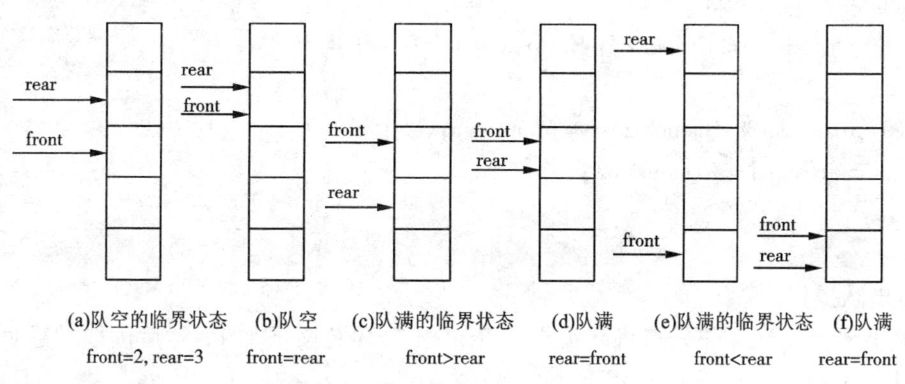

图3－9　循环队列队空和队满的判定

2. 循环队列的实现

将队列的抽象数据类型定义在循环队列存储结构下用C＋＋中的类实现。因为队列元素的数据类型不确定，所以采用C＋＋的模板机制。

```
const int QueueSize = 100;
template <class DataType>
class CirQueue
{
  public:
    CirQueue( ) {front = rear = QueueSize - 1; }
    ~CirQueue( ) { }
```

```
        void EnQueue( DataType x) ;
        DataType DeQueue( ) ;
        DataType GetQueue( ) ;
        int Empty( ) {front = =rear? return 1; return 0; }
    private:
        DataType data[ QueueSize] ;
        int front, rear;
};
```


根据循环队列的操作定义，很容易写出循环队列基本操作的算法。循环队列基本操作的实现非常简单，且时间复杂度均为 O(1)。

(1)构造函数

构造函数的作用是初始化一个空的循环队列，只需将队头指针和队尾指针同时指向数组的某一个位置，一般是数组的高端，即 rear = front = QueueSize - 1。

(2)入队操作

循环队列的入队操作只需将队尾指针 rear 在循环意义下加 1，然后将待插元素 x 插入队尾位置。算法如下：

循环队列入队算法 EnQueue

```
template <class DataType>
void CirQueue <DataType>:: EnQueue( DataType x)
{
    if ((rear +1)% QueueSize = =front) throw "上溢";
    rear = (rear +1) % QueueSize;
    data[ rear] =x;
}
```

(3)出队操作

循环队列的出队操作只需将队头指针 front 在循环意义下加 1，然后读取并返回队头元素。算法如下：

循环队列出队算法 DeQueue

```
template <class DataType>
DataType CirQueue <DataType>:: DeQueue( )
{
    if (rear = =front) throw"下溢";
    front = (front +1) % QueueSize;
    return data[front];
}
```

(4)读取队头元素

读取队头元素与出队操作类似，唯一的区别是不改变队头指针，算法如下：

读取队头元素算法 GetQueue

```
template <class DataType>
DataType CirQueue<DataType>::GetQueue()
{
  if (rear==front) throw"下溢";
  i=(front +1)%QueueSize;
  return data[i];
}
```

(5)判空操作

循环队列的判空操作只需判断 front = = rear 是否成立。如果成立，则队列为空，返回1；如果不成立，则队列非空，返回0。

3.2.4　队列的链式存储结构

1. 队列的链接存储结构——链队列

队列的链接存储结构称为链队列(linked queue)。

链队列是在单链表的基础上做了简单的修改，为了使空队列和非空队列的操作一致，链队列也加上头结点。根据队列的先进先出特性，为了操作上的方便，设置队头指针指向链队列的头结点，队尾指针指向终端结点，如图3－10所示。

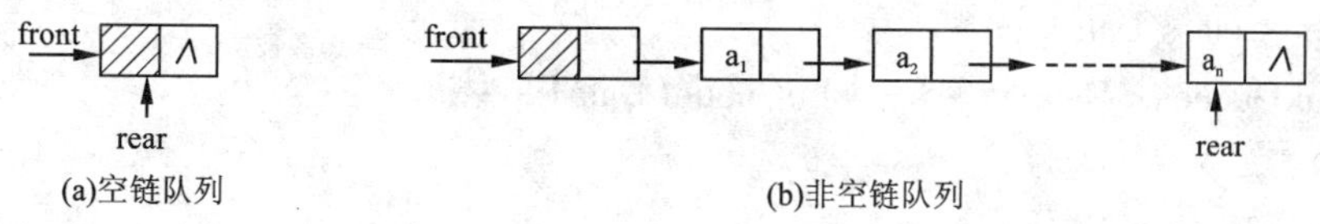

图3－10　链队列示意图

2. 链队列的实现

链队列的结点可以复用单链表的结点，将队列的抽象数据类型定义在链队列存储结构下用C++中的类实现。因为队列元素的数据类型不确定，所以采用C++的模板机制。

```
template <class DataType>
class LinkQueue
{
 public:
   LinkQueue();
   ~LinkQueue();
   void EnQueue(DataType x);
   DataType DeQueue();
   DataType GetQueue();
   int Empty() {front==rear? return 1: return 0;}
 private:
```

```
    Node<DataType> *front, *rear;
};
```

链队列基本操作的实现本质上也是单链表操作的简化，除析构函数外，算法的时间复杂度均为O(1)。

(1)构造函数

构造函数的作用是初始化一个空的链队列，只需申请一个头结点，然后让队头指针和队尾指针均指向头结点，算法如下：

链队列构造函数算法 LinkQueue


```
template <class DataType>
LinkQueue <DataType> :: LinkQueue()
{
   s=new Node;
   s->next=NULL;
   front=rear=s;
}
```

(2)入队操作

链队列的插入操作只考虑在链表的尾部进行，由于链队列带头结点，空链队列和非空链队列的入队操作语句一致，其操作过程如图3-11所示，算法如下：

链队列入队算法 EnQueue

```
template <class DataType>
void LinkQueue <DataType> :: EnQueue(DataType x)
{
   s=new Node;
   s->data=x;
   s->next=NULL;
   rear->next=s;
   rear=s;
}
```

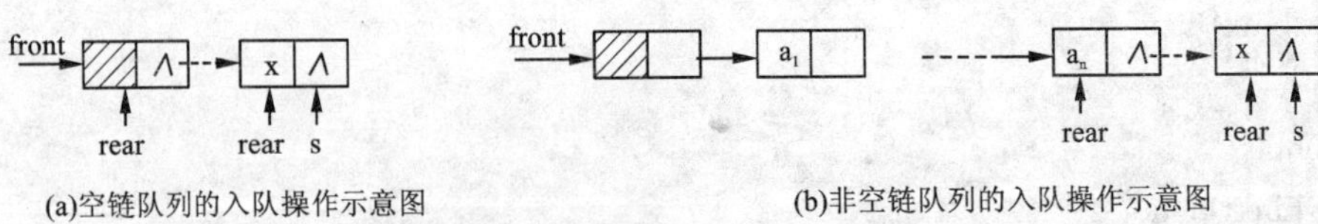

图3-11 链队列的入队操作

(3)出队操作

链队列的删除操作只考虑在链队列的头部进行，需要注意队列长度等于1的特殊情况，其操作示意图如图3-12所示，算法如下：

链队列出队算法 DeQueue

```
template <class DataType >
DataType LinkQueue <DataType > :: DeQueue( )
{
  if (rear = =front) throw"下溢";
  p = front - >next;
  x = p - >data;
  front - >next = p - >next;
  if (p - >next = =NULL) rear = front;
  delete p;
  return x;
}
```

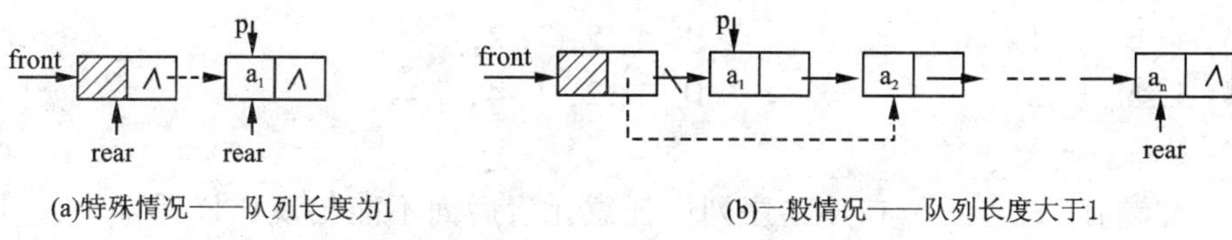

图 3－12　链队列出队操作

(4)取队头元素

取链队列的队头元素只需返回第一个元素结点的数据域，即返回 first - >next - >data。

(5)判空操作

链队列的判空操作只需判断 front = =rear 是否成立。如果成立，则队列为空，返回1；如果不成立，则队列非空，返回0。

(6)析构函数

链队列的析构函数需要将链队列中所有结点的存储空间释放，算法与单链表的析构函数同。

循环队列和链队列的比较：实现循环队列和链队列的基本操作的算法都需要常数时间O(1)。循环队列和链队列的空间性能的比较与顺序栈和链栈的空间性能的比较类似。

3.3　例题解析

1. 填空题

(1)设有一个空栈，栈顶指针为1000H，每个元素需要1个单位的存储空间，则执行push，push，pop，push，pop，push，push后，栈顶指针为(　　)。

答案：1003H

(2)栈结构通常采用的两种存储结构是(　　　　)；其判定栈空的条件分别是(　　　　)，判定栈满的条件分别是(　　　　)。

答案：顺序存储结构和链接存储结构(或顺序栈和链栈)　栈顶指针 top = －1 和 top =

NULL　栈顶指针 top 等于数组的长度和内存无可用空间

(3)(　　)可作为实现递归函数调用的一种数据结构。

答案：栈

分析：递归函数的调用和返回正好符合后进先出性。

(4)表达式 a*(b+c)-d 的后缀表达式是(　　)。

答案：abc+*d-

分析：将中辍表达式变为后缀表达式有一个技巧：将操作数依次写下来，再将算符插在它的两个操作数的后面。

(5)栈和队列是两种特殊的线性表，栈的操作特性是(　　　　)，队列的操作特性是(　　　　)，栈和队列的主要区别在于(　　　　)。

答案：后进先出　先进先出　对插入和删除操作限定的位置不同

2. 单项选择题

(1)一个栈的入栈序列是 1, 2, 3, 4, 5，则栈的不可能的输出序列是(　　)。

A. 5, 4, 3, 2, 1　　B. 4, 5, 3, 2, 1

C. 4, 3, 5, 1, 2　　D. 1, 2, 3, 4, 5

答案：C

分析：此题有一个技巧：在输出序列中任意元素后面不能出现比该元素小并且是升序(指的是元素的序号)的两个元素。

(2)若一个栈的输入序列是 1, 2, 3, …, n，输出序列的第一个元素是 n，则第 i 个输出元素是(　　)。

A. 不确定　　B. n-i

C. n-i-1　　D. n-i+1

答案：D

分析：此时，输出序列一定是输入序列的逆序。

(3)若一个栈的输入序列是 1, 2, 3, …, n，其输出序列是 p_1, p_2, …, p_n，若 $p_1=3$，则 p_2 的值(　　)。

A. 一定是 2　　B. 一定是 1

C. 不可能是 1　　D. 以上都不对

答案：C

分析：由于 $p_1=3$，说明 1, 2, 3 均入栈后 3 出栈，此时当前栈顶元素 2 可能会出栈，也可以继续执行入栈操作，因此 p_2 的值可能是 2，但一定不是 1，因为 1 不是栈顶元素。

(4)设计一个判别表达式中左右括号是否配对的算法，采用(　　)数据结构最佳。

A. 顺序表　　B. 栈

C. 队列　　D. 链表

答案：B

分析：每个右括号与它前面的最后一个没有匹配的左括号配对，因此具有后进先出性。

(5)在解决计算机主机与打印机之间速度不匹配问题时通常设置一个打印缓冲区，该缓冲区应该是一个(　　)结构。

A. 栈　　B. 队列

C. 数组　　　　　　　　　　　　　　D. 线性表

答案：B

分析：先进入打印缓冲区的文件先被打印，因此具有先进先出性。

3. 判断题

(1)有 n 个元素依次进栈，则出栈序列有(n－1)/2 种。

答案：错

分析：应该有(2n)！/(n＋1)(n!)2 种。

(2)栈可以作为实现过程调用的一种数据结构。

答案：对

分析：只要操作满足后进先出性，都可以采用栈作为辅助数据结构。

(3)在栈满的情况下不能做进栈操作，否则将产生“上溢”。

答案：对

(4)在循环队列中，front 指向队头元素的前一个位置，rear 指向队尾元素的位置，则队满的条件是 front = rear。

答案：错

分析：这是队空的判定条件，在循环队列中要将队空和队满的判定条件区别开。

(5)循环队列中至少有一个数组空间是空闲的。

答案：错

分析：如果假定循环队列满足条件(rear＋1) % Maxsize = = front 时为队满，则循环队列中至少有一个数组空间是空闲的。

4. 简答题

(1)设有一个栈，元素进栈的次序为 A，B，C，D，E，能否得到如下出栈序列，若能，请写出操作序列，若不能，请说明原因。

①C，E，A，B，D

②C，B，A，D，E

答案：①不能。因为在 C、E 出栈的情况下，A 一定在栈中，而且在 B 的下面，不可能先于 B 出栈。

②可以。

(2)举例说明顺序队列的“假溢出”现象。

答案：假设有一个顺序队列，如图 3－13 所示，队尾指针 rear = 4，队头指针 front = 1，如果再有元素入队，就会产生“上溢”，此时的“上溢”又称为“假溢出”，因为队列并不是真的溢出了，存储队列的数组中还有 2 个存储单元空闲，其下标分别为 0 和 1。

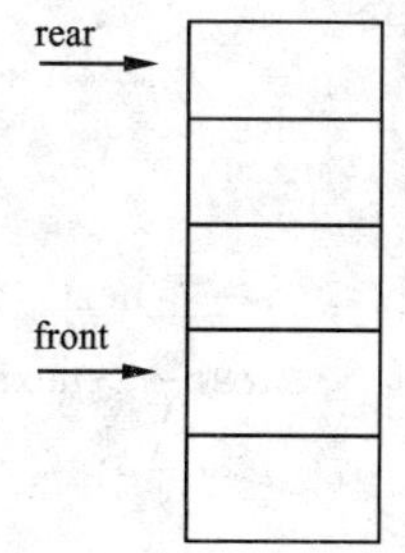

图 3－13　顺序队列的假溢出

(3)在操作序列 push(1)，push(2)，pop，push(5)，push(7)，pop，push(6)之后，栈顶元素和栈底元素分别是什么？

提示：push(k)表示整数 k 入栈，pop 表示栈顶元素出栈。

答案：栈顶元素为 6，栈底元素为 1。其执行过程如图 3－14 所示。

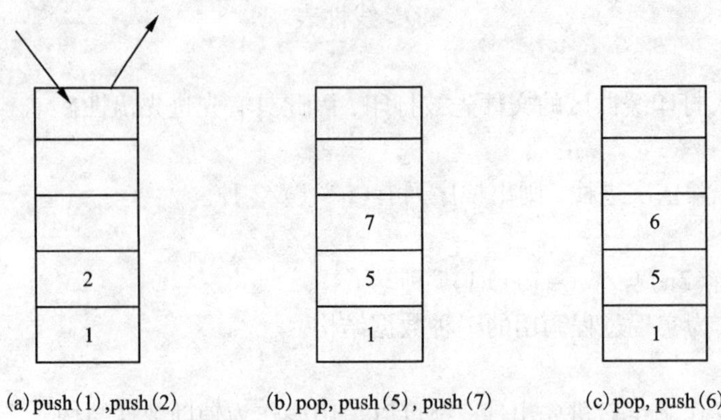

图 3-14 栈的执行过程示意图

03

5. 算法设计题

(1)假设以不带头结点的循环链表表示队列，并且只设一个指针指向队尾结点，但不设头指针。试设计相应的入队和出队算法。

答案：出队操作是在循环链表的头部进行，相当于删除开始结点，而入队操作是在循环链表的尾部进行，相当于在终端结点之后插入一个结点。由于循环链表不带头结点，有需要处理空表的特殊情况。入队和出队算法如下：

循环队列入队算法 Enqueue

```
template <class T>
void Enqueue(Node <T> *rear, T x)
{
  s = new Node <T>;
  s->data = x;
  if (rear == NULL)
  {
    rear = s;
    rear->next = s;
  }
  else
  {
    s->next = rear->next;
    rear->next = s;
    rear = s;
  }
}
```

循环队列出队算法 Dequeue

```
T Dequeue(Node <T> *rear)
{
```

```
    if (rear = =NULL) throw"underflow";
    else
    {
      s = rear - >next;
      if (s = =rear) rear = NULL;
      else rear - >next = s - >next;
      delete s;
    }
  }
```

(2)设计算法，把十进制整数转换为二进制至九进制之间的任一进制输出。

分析：算法基于原理：N =(N div d) * d + N mod d(div 为整除运算，mod 为求余运算)，先得到的余数为低位后输出，后得到的余数为高位先输出，因此，将求得的余数放入栈中，再将栈元素依次输出即可得到转换结果。

答案：假设采用顺序栈存储转换后的结果，算法如下：

进制转换算法 Decimaltor

```
void Decimaltor(int num, int r)
{
  SeqStack s;
  top = -1;
  while (num! =0)
  {
    k = num % r;
    s[ + +top] =k;
    num = num/r;
  }
  while (top! = -1)
  printf(s[top - -]);
}
```

3.4　栈与队列实践

1.顺序栈的实现

(1)实验内容

建立一个空栈；对已建立的栈进行插入、删除、取栈顶元素等基本操作。

(2)实验程序

在 VC + +编程环境下新建一个工程“顺序栈验证实验”，在该工程中新建一个头文件 SeqStack.h，该头文件包括顺序栈类 SeqStack 的定义，范例程序如下：

03

```
#ifndef SEQSTACK_H
#define SEQSTACK_H
const int StackSize=10;          //10 只是示例性的数据，可以根据实际问题具体定义
template <class DataType>        //定义模板类 SeqStack
class SeqStack
{
  public:
    SeqStack( ) ;                //构造函数，栈的初始化
    ~SeqStack( );                //析构函数
    void Push(DataType x);       //将元素 x 入栈
    DataType Pop( );             //将栈顶元素弹出
    DataType GetTop( );          //取栈顶元素(并不删除)
    int Empty( );                //判断栈是否为空
  private:
    DataType data[StackSize];    //存放栈元素的数组
    int top;                     //栈顶指针，指示栈顶元素在数组中的下标
};
#endif
```

在工程“顺序栈验证实验”中新建一个源程序文件 SeqStack.cpp，该文件包括类 SeqStack 中成员函数的定义，范例程序如下：

```
#include <iostream>
using namespace std;
#include "SeqStack.h"
template <class DataType>
SeqStack<DataType>::SeqStack( )
{
  top=-1;
}
template <class DataType>
void SeqStack<DataType>::Push(DataType x)
{
  if (top==StackSize-1) throw "上溢";
  top++;
  data[top]=x;
}
template <class DataType>
DataType SeqStack<DataType>::Pop( )
{
  DataType x;
```

```
    if (top = = -1) throw "下溢";
    x = data[top - -];
    return x;
}
template <class DataType>
DataType SeqStack <DataType> :: GetTop( )
{
    if (top! = -1)
    return data[top];
}
template <class DataType>
int SeqStack <DataType> :: Empty( )
{
    if(top = = -1) return 1;
    else return 0;
}
```

在工程“顺序栈验证实验”中新建一个源程序文件 SeqStack_main. cpp，该文件包括主函数，范例程序如下：

```
#include <iostream>                                //引用输入输出流
using namespace std;
#include "SeqStack. cpp"                           //引入成员函数文件
void main( )
{
    SeqStack <int> S;                              //创建模板类的实例
    if (S. Empty( ) = =1)
        cout < <"栈为空" < <endl;
    else
        cout < <"栈非空" < <endl;
    cout < <"对 15 和 10 执行入栈操作" < <endl;
    S. Push(15);
    S. Push(10);
    cout < <"栈顶元素为：" < <endl;                //取栈顶元素
    cout < <S. GetTop( ) < <endl;
    cout < <"执行一次出栈操作" < <endl;
    S. Pop( );                                     //执行出栈操作
    cout < <"栈顶元素为：" < <endl;
    cout < <S. GetTop( ) < <endl;
}
```

2. 链队列的实现

(1)实验内容

建立一个空队列；对已建立的队列进行插入、删除、取队头元素等基本操作。

(2)实验程序

在 VC++编程环境下新建一个工程"链队列验证实验"，在该工程中新建一个头文件 LinkQueue.h，该头文件包括链队列类 LinkQueue 的定义，范例程序如下：

```
#ifndef LinkQueue_H
#define LinkQueue_H
template <class DataType>
struct Node
{
  DataType data;
  Node<DataType> *next;
};
template <class DataType>
class LinkQueue
{
  public:
    LinkQueue( );                    //构造函数，初始化一个空的链队列
    ~LinkQueue( );                   //析构函数，释放链队列中各结点的存储空间
    void EnQueue(DataType x);        //将元素 x 入队
    DataType DeQueue( );             //将队头元素出队
    DataType GetQueue( );            //取链队列的队头元素
    int Empty( );                    //判断链队列是否为空
  private:
    Node<DataType> *front, *rear;
                                     //队头和队尾指针，分别指向头结点和终端
结点
};
#endif;
```

在工程"链队列验证实验"中新建一个源程序文件 LinkQueue.cpp，该文件包括类 LinkQueue 中成员函数的定义，范例程序如下：

```
#include <iostream>                  //引用输入输出流
using namespace std;
#include "LinkQueue.h"
template <class DataType>
LinkQueue<DataType>::LinkQueue( )
{
  Node <DataType> *s;
```

```
    s = new Node < DataType > ;
    s - > next = NULL;
    front = rear = s;
}
template  < class DataType >
LinkQueue < DataType > : :  ~ LinkQueue(  )
{
    Node  < DataType >   * p;
    while( front !   = NULL)
    {
        p = front  -  > next;
        delete front;
        front = p;
    }
}
template  < class DataType >
void LinkQueue < DataType > : :  EnQueue( DataType  x)
{
    Node < DataType >   * s;
    s = new Node < DataType > ;
    s - > data = x;                                  //申请一个数据域为 x 的结点 s
    s - > next = NULL;
    rear - > next = s;                               //将结点 s 插入到队尾
    rear = s;
}
template  < class DataType >
DataType LinkQueue < DataTypc > : :  DeQueue( )
{
    Node  < DataType >   * p;
    int x;
    if ( rear =  = front)  throw " 下溢" ;
    p = front  -  > next;
    x = p  -  > data;                                //暂存队头元素
    front  -  > next = p  -  > next;                 //将队头元素所在结点摘链
    if ( p  -  > next =  = NULL)  rear = front;      //判断出队前队列长度是否为 1
    delete p;
    return x;
}
template  < class DataType >
```

```
DataType LinkQueue < DataType > : : GetQueue( )
{
    if (front!  = rear)
    return front - > next - > data;
}
template  < class DataType >
int LinkQueue < DataType > : : Empty( )
{
    if (front = = rear)
     return 1;
    else
     return 0;
}
```


在工程“链队列验证实验”中新建一个源程序文件 LinkQueue_main. cpp，该文件包括主函数，范例程序如下：

```
#include  < iostream >                                  //引用输入输出流
using namespace std;
#include " LinkQueue. cpp"                               //引入成员函数文件
void main( )
{
   LinkQueue < int >  Q;                                 //创建模板类的实例
   if (Q. Empty( ))
      cout < < "队列为空" < < endl;
   else
      cout < < "队列非空" < < endl;
   cout < < "元素 10 和 15 执行入队操作: " < < endl;
   try
   {
      Q. EnQueue(10);                                    //入队操作
      Q. EnQueue(15);
   }
   catch (char *  wrong)
   {
      cout < < wrong < < endl; ;
   }
      cout < < "查看队头元素: " < < endl;
      cout < < Q. GetQueue( ) < < endl;                  //读队头元素
      cout < < "执行出队操作: " < < endl;                //出队操作
      try
```

```
    {
        Q.DeQueue( );
    }
    catch (char * wrong)
    {
        cout< <wrong< <endl;
    }
    cout< <"查看队头元素:"< <endl;
    cout< <Q.GetQueue( )< <endl;
}
```

3.5 习题2

1.填空题

对于栈和队列，无论它们采用顺序存储结构还是链接存储结构，进行插入和删除操作的时间复杂度都是(　　)。

2.单项选择题

(1)在一个具有n个单元的顺序栈中，假定以地址低端(即下标为0的单元)作为栈底，以top作为栈顶指针，当出栈时，top变化为(　　)。

A.不变　　B. top =0

C. top = top -1　　D. top = top +1

(2)一个栈的入栈序列是a，b，c，d，e，则栈的不可能的出栈序列是(　　)。

A. edcba　　B. cdeba

C. debca　　D. abcde

3.简答题

(1)设元素1，2，3，P，A依次经过一个栈，进栈次序为123PA，在栈的输出序列中，有哪些序列可作为C++程序设计语言的变量名?

(2)如果进栈序列为A、B、C、D，则可能的出栈序列是什么?

4.算法设计题

假设一个算术表达式中可以包含三种括号：圆括号"("和")"，方括号"["和"]"以及花括号"{"和"}"，且这三种括号可按任意次序嵌套使用。编写算法判断给定表达式中所含括号是否配对出现。

第4章 串

字符串通常简称为串，串是一种特殊的线性表，其特殊性在于组成线性表的数据元素是一个字符。字符串在计算机处理实际问题中使用非常广泛，比如姓名、货物名、地名等均可用串处理。同样在文字编辑、符号处理和词法扫描等方面，都离不开串的处理。

4.1 基础知识

1. 串的基本定义

串(string)是由零个或多个字符组成的有限序列。例如串 s，记作 s =“$a_1a_2\cdots a_n$”，其中 s 为串名，双引号是定界符，不属于串的内容，双引号括起来的字符序列为串的值，其中 ai(1≤i≤n)可以是字母、数字或其他字符，n 为串中字符的个数，称为串的长度，n = 0 的串为空串。

串中任意个连续的字符组成的子序列称为子串；包含子串的串称为主串；子串的第一个字符在主串中的序号称为子串的位置。

由一个或多个空格字符组成的串称为空格串，空格串的长度为串中所含空格字符的个数。在串操作中不要将空格串和空串相混淆。

2. 串的比较

如果两个串的长度相等且对应位置上的字符相同，则称这两个串相等。两个串 A、B 的比较过程是：从左往右逐个比较对应位置上的字符的 ASCII 码值，直到不相等或有一个字符串结束为止，此时的情况有以下几种：

①两个串同时结束，表示 A 等于 B；

②A 中字符的 ASCII 码值大于 B 中相应位置上字符的 ASCII 码值或 B 串先结束，表示 A 大于 B；

③B 中字符的 ASCII 码值大于 A 中相应位置上字符的 ASCII 码值或 A 串先结束，表示 A 小于 B。

例如：

“xyz” = “xyz”，“abc” < “abcd”，“abdd” > “abcdefg”，“133” > “123456”

“ABCD” < “abCD”，“3 + 2” > “2 + 3”。

4.2 串的存储结构和基本运算

串是线性表的特例，所以线性表的顺序存储结构与链式存储结构对于串也是适用的。但考虑到算法的简便性与存储效率，串多采用顺序存储结构。在C，C++，JAVA等语言中，字符串都是采用顺序存储结构。

1. 串的顺序存储结构

通常用一组地址连续的存储单元存储串值的字符序列，按照预定义的大小，为每个定义的串变量分配一个固定长度的存储区，则可用定长数组实现。

在C++运行环境中，定长顺序存储结构定义为：

```
#define MAXLEN 255                    //定义串的最大长度
typedef struct{
  charch[MAXLEN+1];                  //存储串的一维数组
  int length;                         //串当前的长度
}SString;                             //定义定长顺序存储类型SString
```

2. 串的链式存储结构

在串的链式存储结构中，串中的每个数据元素是一个字符，在用链表存储串值时，存在一个“结点大小”的问题，即每个结点最多可以存放多少个串中字符。对于串“abcdefghijk”，如果采用每个结点存放一个字符的链表结构存储，其存储方式如图4-1(a)所示；如果采用每个结点存放三个字符的链表结构存储，其存储方式如图4-1(b)所示。由于串长不一定是结点大小的整数倍，所以在链表的最后一个结点不一定能被串中的字符占满，此时可补上若干个非串值字符“#”(或其他非串值字符)。

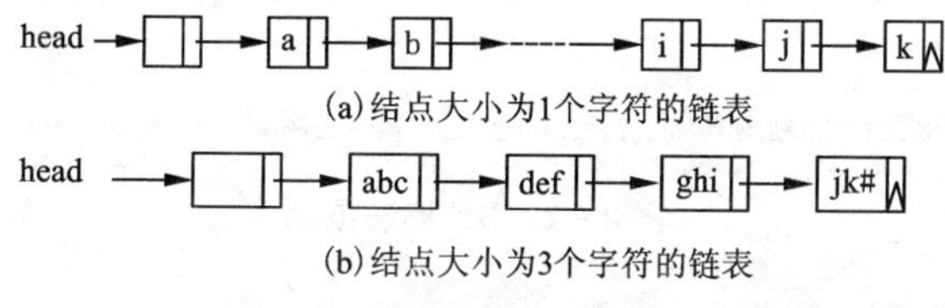

图4-1　串的链式存储结构

为了便于进行串的操作，当以链表存储串值时，除了头指针head外还可以附设一个指向尾结点的指针tail，并给出当前串的长度。

在C++运行环境中，可将链式(每个结点有多个字符)存储结构表示如下：

```
#define MaxSize 60                    //定义每个结点的大小
struct Chunk
{
    char ch[MaxSize];                 //存放每个结点的字符数组
    Chunk *next;                      //指向下一个结点的指针
};
struct LString
{
    Chunk *head, *tail;               //串的头指针和尾指针
    int  length;                      //串的长度
};
```

在一般情况下，对串的操作只需要从前向后扫描即可，设尾指针的目的是为了便于进行串的连接操作，在串连接时需要处理第一个串尾结点中的无效字符。

4.3 串的典型算法（模式匹配算法）

设S和T是两个给定的串，在串S中寻找串值等于T的子串的过程称为模式匹配。其中，串S称为主串，串T称为模式。如果在串S中找到等于串T的子串，则称匹配成功；否则匹配失败。

04

1. BF算法

BF算法的基本思想是：从主串S的第1个字符起和模式T的第1个字符比较，若相等，则继续逐个比较后面的字符；否则从主串S的下1个字符起再重新和模式T的第1个字符开始逐个比较。以此类推，直至模式T中的每个字符依次和主串S中的一个连续的字符序列相等，则称匹配成功，函数返回T的第一个字符在S中的位置，否则匹配不成功，函数返回0值。匹配的一般过程如图4-2所示。

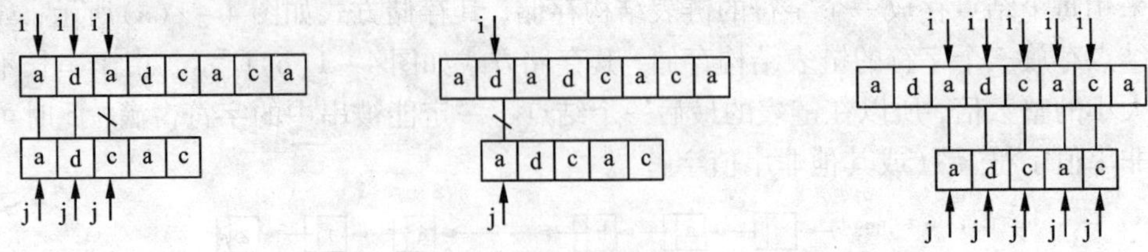

(a) i=2, j=2匹配失败, i回溯到1, j回溯到0口 (b) i=1, j=0匹配失败, i回溯到2, j回溯到0口 (c) i=6, j=4匹配成功

图4-2 BF算法范例

BF算法的C++代码描述如下：

```
int BF(char S[ ], char T[ ]) //其中S为主串，T为模式串
{
    i=0; j=0;
    while(S[i]! ='\0'&&T[i]! ='\0')
    {
        if(S[i]==T[j]){
            i++;    j++;
        }
        else {
            i=i-j+1;      j=0; //主串和模式串分别回溯
        }
    }
    if(T[j]=='\0') return (i-j+1);
    else return 0;
}
```

2. KMP 算法

KMP 算法是一种改进的模式匹配算法，每当一趟匹配比较过程中出现字符不相同的情况时，不需要回溯指针 i，而是利用已经得到的“部分匹配”的结果将模式 T 向右“滑动”尽可能远的一段距离后，再继续进行比较。为此需要引入一个有关模式串 T 的整型数组 next，其中第 j 个元素 next[j-1]表示当模式串 T 中的第 j 个字符与主串 S 中相应字符匹配失败时，求解模式 T 中需要重新和主串 S 中该字符(指针 i 所指字符)进行比较的字符的下标值是问题的关键。

next 数组定义为：

$$next[j]=\begin{cases}-1 & \text{当 } j=0 \text{ 时}\\ \max\{k \mid 0<k<j \text{ 且 } T[0]T[1]\cdots T[k-1]=T[j-k]T[j-k+1]\cdots T[j-1]\}\\ 0 & \text{其他情况}\end{cases}$$

其中：next[j] = k 表明，存在整数 k 满足条件 $0<k<j$，并且在模式 T 中存在下列关系：

“T[0]T[1]…T[k-1]” = “T[j-k]T[j-k+1]…T[j-1]”，

而对任意的整数 k_1 ($0<k<k_1<j$)都有：

“T[0]T[1]…T[k_1-1]” ≠ “T[j-k_1]T[j-k_1+1]…T[j-1]”

例如：

①模式 T =“ababc”的 next 数组为 next = { -1, 0, 0, 1, 2}；

②模式 T =“abaabcac”的 next 数组为 next = { -1, 0, 0, 1, 1, 2, 0, 1}；

③模式 T =“ababcabcacbab”的 next 数组为 next = { -1, 0, 0, 1, 2, 0, 1, 2, 0, 1, 0, 0, 1}。

next 数组的算法描述如下：

由定义可知，next[0] = -1，next[1] = 0，假设现已求得 next[0]，next[1]，…，next[j]，那么可以采用以下递推的方法求出 next[j+1]。

令 k = next[j]，

①如果 k = -1 或 T[j] = T[k]，则转入步骤③；

②取 k = next[k]，再重复操作①②；

③next[j+1] = k+1。

next 数组算法对应的 C++代码描述如下：

```
void Next(char *T, int *next)
{
   int i = 0, k = -1, n = 0;
   next[0] = -1;
   while(T[n])      n++;     //求模式串 T 的长度 n
   while(i < n-1)
   {
      if(k == -1 || T[i] == T[k])
      next[++i] = ++k;
      else
      k = next[k];
   }
}
```

在设计好求解 next 数组的函数后，则完整的 KMP 模式匹配算法的 C++语言描述如下：

```
int KMP(SString S, SString T, int pos)
{
  int i = pos - 1, j = 0;              // i 指定 S 中第 1 个比较字符，j 指定 T 中第 1 个字符
  int m = T.Length, n = S.Length;
   while(i < n&&j < m)
  { if(j == -1||S[i] == T[j])
   {
    j++;   i++;
   }                                  //比较后继字符
  else   j = next[j];                 //回溯模式指针 j
  }
  if(j >= m) return(i - m + 1);       //匹配成功，返回起始位置
  else return 0;
}
```


4.4 例题解析

例题 利用C++语言编写求串的长度，拼接与比较大小等功能的程序。

```
#include <iostream>
using namespace std;
int strlen(char *s);
char *strcat(char *s1, char *s2);
int strcmp(char *s1, char *s2);
int strlen(char *s)
{
     char *p = s;
     int len = 0;
     while (*p != '\0')
     {
       len++;
       p++;
     }
     return len;
}
char *strcat(char *s1, char *s2)
{
     char *p = s1, *q = s2;
     while (*p != '\0')
```

```
        p + + ;
      while ( * q ! = '\0')
      {
        * p = * q;
        p + + ; q + + ;
      }
      * p = '\0';
      return s1 ;
}
int strcmp(char * s1, char * s2)
{
      char * p = s1, * q = s2;
      while ( * p ! = '\0' && * q ! = '\0')
      {
        if ( * p > * q)
          return 1;
        else if ( * p < * q)
          return -1;
        else {p + + ; q + + ; }
      }
      if ( * p = = '\0' && * q = = '\0')
        return 0;
      if ( * p ! = '\0')
        return 1;
      if ( * q ! = '\0')
        return -1;
}
void main( )
{
      char ch[20] = "It my", * str = " dream!";
      cout < < strlen(ch) < < endl;
      cout < < strlen(str) < < endl;
      cout < < strcmp(ch, str) < < endl;
      cout < < strcmp(str, ch) < < endl;
      strcat(ch, str);
      for (int i = 0; ch[i] ! = '\0'; i + + )
      cout < < ch[i];
      cout < < endl;
}
```

4.5 习题 3

1. 设串以定长顺序存储，设计一个串复制操作的算法 CopyStr(S, T)，将 T 的内容复制到 S。

2. 设计在顺序存储结构上实现求子串的算法。

3. 编写一个算法 SubsNum(S, T)，返回串 T 在 S 中重复出现的次数(子串不能重叠)。

第 5 章　多维数组

5.1　基础知识

1. 数组的定义

数组是由一组类型相同的数据元素构成的有序集合，每个数据元素称为一个数组元素（简称为元素），每个元素受 n（n≥1）个线性关系的约束，每个元素在 n 个线性关系中的序号 i1、i2、…、in 称为该元素的下标，并称该数组为 n 维数组。

数组的特点：元素本身可以具有某种结构，属于同一数据类型；数组是一个具有固定格式和数量的数据集合，如图 5 - 1 所示。

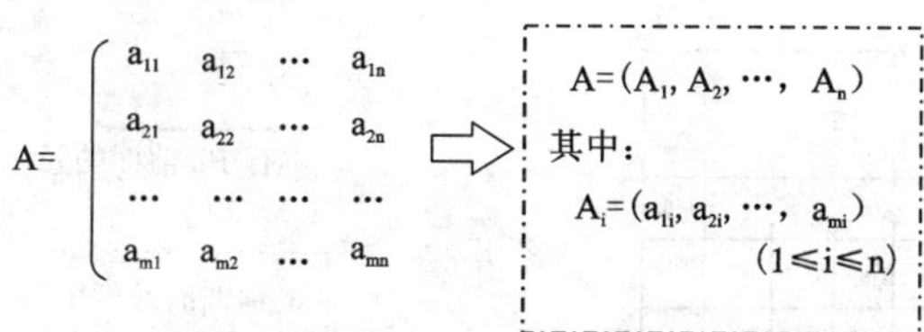

图 5 - 1　数组是线性表的推广

二维数组是其数据元素为线性表的线性表。

数组的基本操作：

①存取：给定一组下标，读出对应的数组元素；

②修改：给定一组下标，存储或修改与其相对应的数组元素。

2. 矩阵

特殊矩阵：矩阵中有很多值相同的元素并且它们的分布有一定的规律。

稀疏矩阵：矩阵中有很多零元素。

压缩存储的基本思想是：

①为多个值相同的元素只分配一个存储空间；

②对零元素不分配存储空间。

5.2 存储结构和基本运算

5.2.1 数组

1. **一维数组的存储结构与寻址**

设一维数组的下标的范围为闭区间[l, h]，每个数组元素占用 c 个存储单元，则其任一元素 a_i 的存储地址可由下式确定：$Loc(a_i) = Loc(a_l) + (i-l) * c$。一维数组存储结构如图 5-2所示。

2. **二维数组的存储结构与寻址**

二维数组常用的映射方法有两种：

①按行优先：先行后列，先存储行号较小的元素，行号相同者先存储列号较小的元素，如图 5-3 所示。

②按列优先：先列后行，先存储列号较小的元素，列号相同者先存储行号较小的元素。

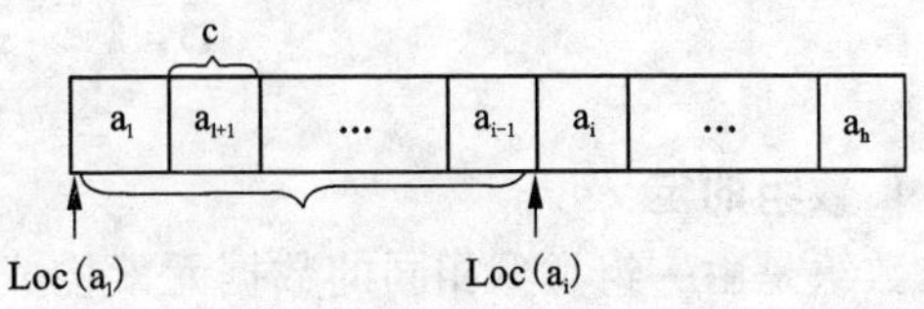

图 5-2 一维数组存储结构图

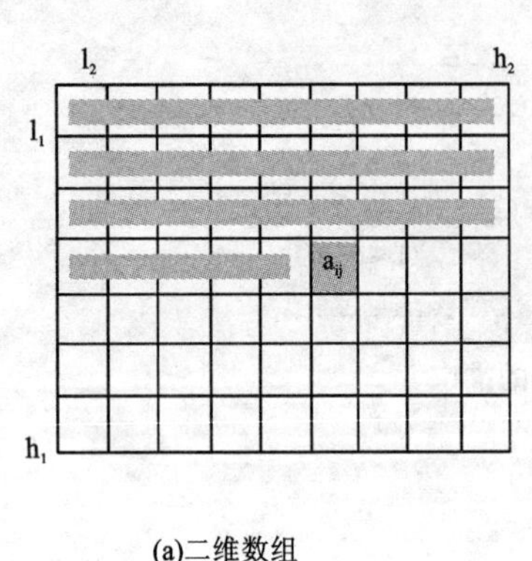

(a)二维数组

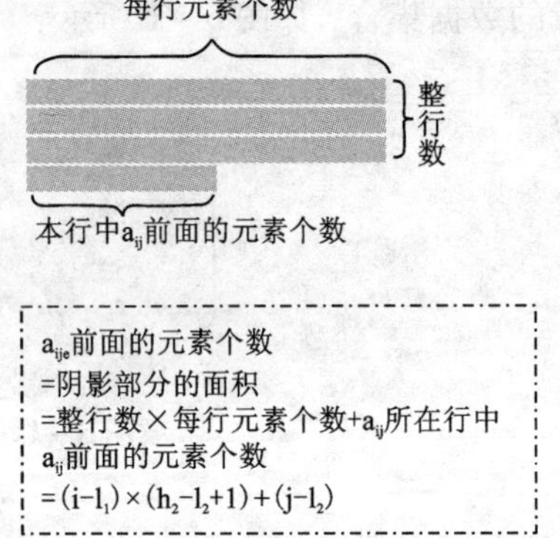

(b)寻址的计算方法

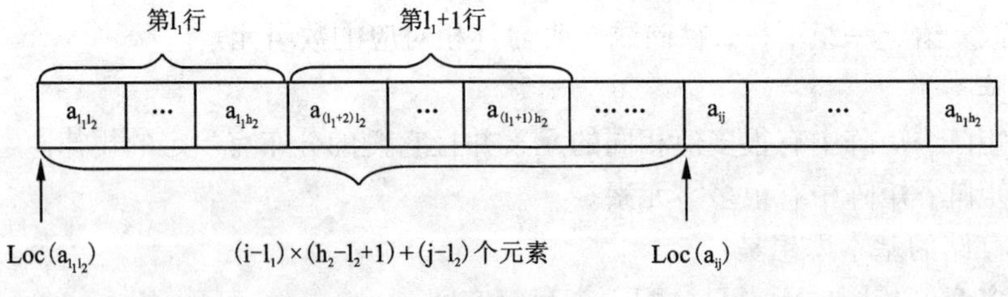

(c)二维数组按行优先存储

图 5-3 二维数组按行优先存储的寻址示意图

按行优先存储地址：$Loc(a_{ij}) = Loc(a_{l_1l_2}) + ((i-l_1) * (h_2-l_2+1) + (j-l_2)) * c$。

按列优先存储的寻址方法与此类似。

3. 多维数组的存储结构及寻址

n(n>2)维数组一般也采用按行优先和按列优先两种存储方法。三维数组结构如图5-4所示。

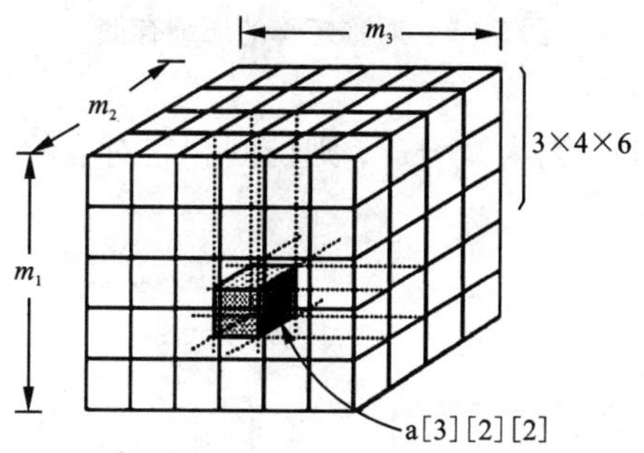

图5-4　三维数组结构

三维数组按行优先存储地址：$Loc(a_{ijk}) = Loc(a_{000}) + (i*m_2*m_3+j*m_3+k)\times c$。

5.2.2　矩阵

1. 对称矩阵

一个5阶对称矩阵如图5-5所示。

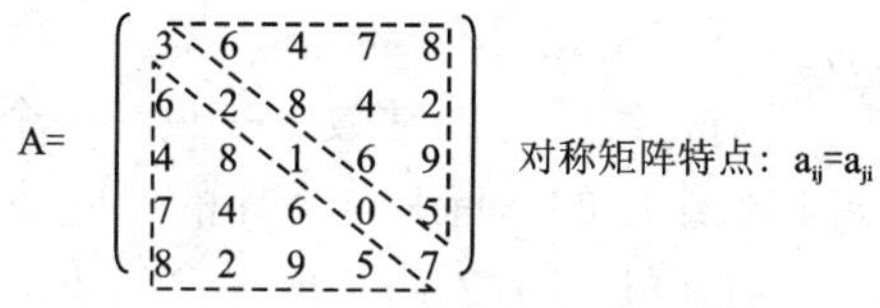

图5-5　5阶对称矩阵

压缩存储：只存储下三角部分的元素。

对称矩阵按行优先存储的寻址示意图如图5-6所示。

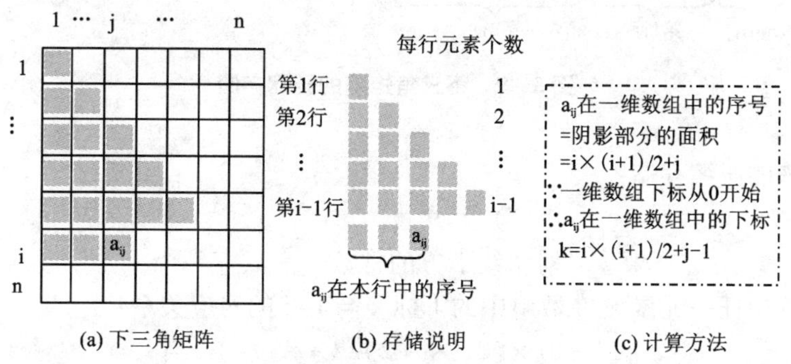

图5-6　对称矩阵按行优先存储的寻址示意图

对于下三角中的元素 $a_{ij}(i\geqslant j)$，在数组SA中的下标k与i、j的关系为：$k=i*(i+1)/2+j-1$，如图5-7所示。

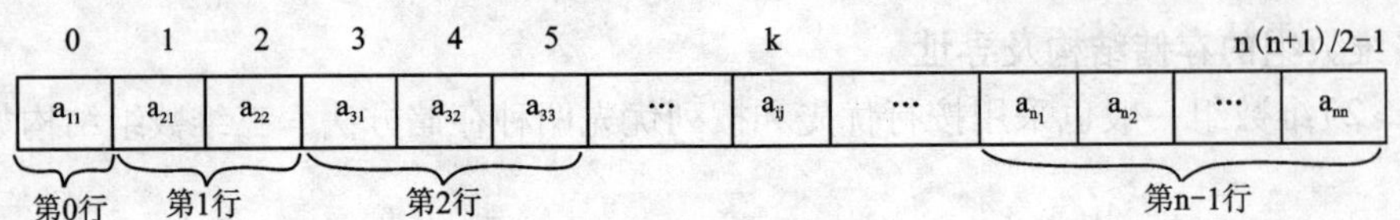

图 5-7 对称矩阵的压缩存储

上三角中的元素 a_{ij} ($i<j$)，因为 $a_{ij}=a_{ji}$，则访问和它对应的元素 a_{ji} 即可，即：$k=j*(j+1)/2+i-1$。

2. 三角矩阵

三角矩阵如图 5-8 所示。

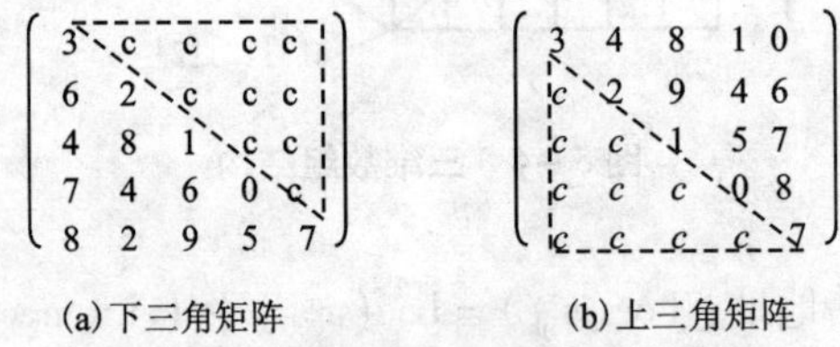

(a) 下三角矩阵　(b) 上三角矩阵

图 5-8 三角矩阵

压缩存储：只存储上三角(或下三角)部分的元素。

下三角矩阵的压缩存储：

存储 $\begin{cases}\text{下三角元素}\\ \text{对角线上方的常数——只存一个}\end{cases}$

下三角矩阵中任一元素 a_{ij} 在数组中的下标 k 与 i、j 的对应关系(图 5-9)：

$$k=\begin{cases}i\times(i+1)/2+j-1 & \text{当 } i\geqslant j\\ n\times(n+1)/2 & \text{当 } i<j\end{cases}$$

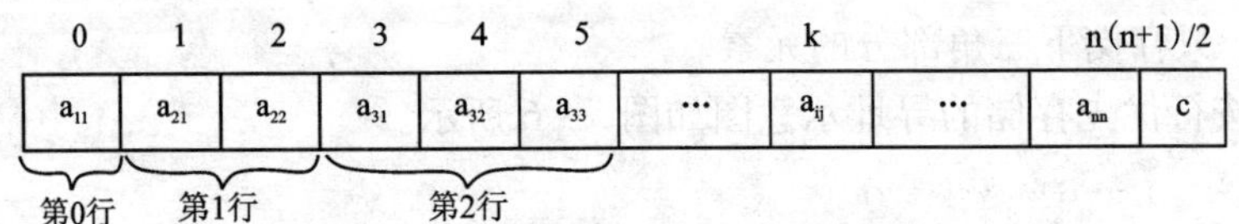

图 5-9 下三角矩阵的压缩存储

上三角矩阵的压缩存储：

存储 $\begin{cases}\text{上三角元素}\\ \text{对角线下方的常数——只存一个}\end{cases}$

上三角矩阵中任一元素 a_{ij} 在数组中的下标 k 与 i、j 的对应关系：

$$k=\begin{cases}(i-1)\times(2n-i+2)/2+j-1 & \text{当 } i\geqslant j\\ n\times(n+1)/2 & \text{当 } i<j\end{cases}$$

3. 对角矩阵

所有非零元素都集中在以主对角线为中心的带状区域中，除了主对角线和它的上下方若干条对角线的元素外，所有其他元素都为零，如图 5-10 所示。对角矩阵的压缩存储如图 5

-11 所示。

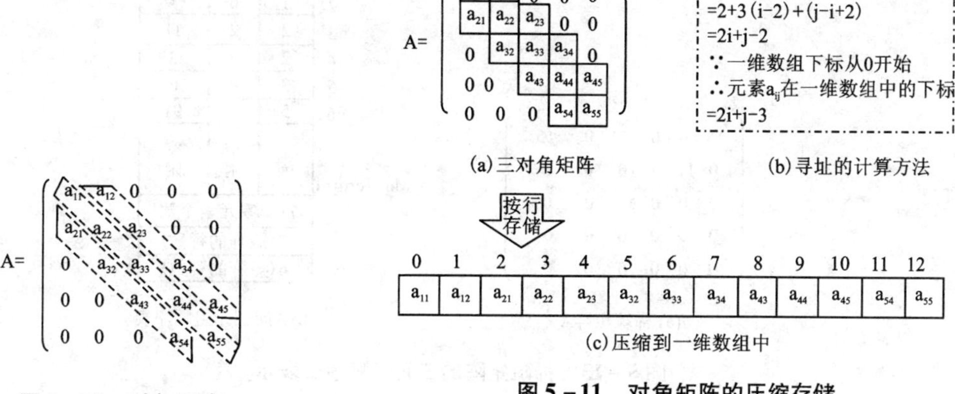

图5-10 对角矩阵

图5-11 对角矩阵的压缩存储

4. **稀疏矩阵**

稀疏矩阵如图5-12所示。

$$A=\begin{pmatrix} 15 & 0 & 0 & 0 & 0 & 0 \\ 0 & 11 & 0 & 0 & 0 & 0 \\ 0 & 0 & 0 & 0 & 0 & 0 \\ 0 & 0 & 0 & 0 & 0 & 0 \\ 9 & 0 & 0 & 0 & 0 & 0 \end{pmatrix}$$

图5-12 稀疏矩阵

稀疏矩阵中零元素居多，且非零元素的分布没有规律。稀疏矩阵的压缩存储只存储非零元素。

将稀疏矩阵中的每个非零元素表示为三元组(行号、列号、非零元素值)。

三元组定义如下：

```
template <class DataType >
struct element
{
  int row, col;                        //行号、列号
  DataType item                        //非零元素值;
};
```

三元组表：将稀疏矩阵的非零元素对应的三元组所构成的集合，按行优先的顺序排列成的一个线性表。

三元组顺序表：采用顺序存储结构存储的三元组表。如图5-13所示。

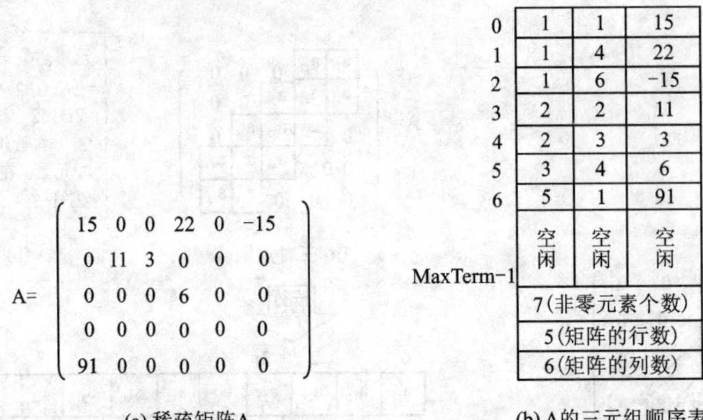

图 5-13　稀疏矩阵的三元组顺序表表示

三元组顺序表存储结构定义：

```
const int MaxTerm = 100;
template <class DataType >
struct SparseMatrix
{
  DataType data[MaxTerm];                    //存储非零元素
  int mu, nu, tu;                            //行数、列数、非零元素个数
};
```

十字链表：采用链接存储结构存储三元组表，每个非零元素对应的三元组存储为一个链表结点。如图 5-14 所示。

<table>
<tr><td>row</td><td>col</td><td>item</td></tr>
<tr><td colspan="2">down</td><td>right</td></tr>
</table>

图 5-14　十字链表的结点结构

row：存储非零元素的行号；
col：存储非零元素的列号；
item：存储非零元素的值；
right：指针域，指向同一行中的下一个三元组；
down：指针域，指向同一列中的下一个三元组。
稀疏矩阵的十字链表表示如表 5-15 所示。

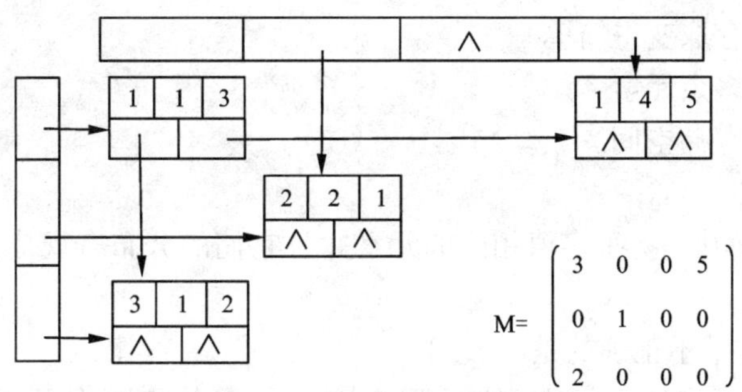

图 5-15　稀疏矩阵的十字链表表示

5.3　例题解析

1. 填空题

(1)数组通常只有两种运算：(　　)和(　　)，这决定了数组通常采用(　　　)结构来实现存储。

答案：存取　修改　顺序存储

分析：数组是一个具有固定格式和数量的数据集合，在数组上一般不能做插入、删除元素的操作。除了初始化和销毁之外，在数组中通常只有存取和修改两种操作。

(2)二维数组 A 中行下标是 10 ~ 20，列下标是 5 ~ 10，按行优先存储，每个元素占 4 个存储单元，A[10][5]的存储地址是 1000，则元素 A[15][10]的存储地址是(　　)。

答案：1140

分析：数组 A 中每行共有 6 个元素，元素 A[15][10]的前面共存储了(15 - 10) * 6 + 5 个元素，每个元素占 4 个存储单元，所以，其存储地址是 1000 + 140 = 1140。

(3)设有一个 10 阶的对称矩阵 A，采用压缩存储，A[0][0]为第一个元素，其存储地址为 d，每个元素占 1 个地址空间，则元素 A[8][5]的存储地址为(　　　)。

答案：d + 41

分析：元素 A[8][5]的前面共存储了：(1 + 2 + … + 8) + 5 = 41 个元素。

(4)稀疏矩阵的压缩存储方法有两种，分别是(　　　)和(　　　)。

答案：三元组顺序表　十字链表

2. 单项选择题

(1)将数组称为随机存取结构是因为(　　)。

A. 数组元素是随机的

B. 对数组任一元素的存取时间是相等的

C. 随时可以对数组进行访问

D. 数组的存储结构是不定的

答案：B

(2)对特殊矩阵采用压缩存储的目的主要是为了(　　)。

A. 表达变得简单

B. 对矩阵元素的存取变得简单

C. 去掉矩阵中的多余元素

D. 减少不必要的存储空间

答案：D

分析：在特殊矩阵中，有很多值相同的元素并且它们的分布有规律，没有必要为值相同的元素重复存储。

(3)下面的说法中，不正确的是(　　)。

A. 对称矩阵只需存放包括主对角线元素在内的下(或上)三角的元素即可

B. 对角矩阵只需存放非 0 元素即可

C. 稀疏矩阵中值为 0 的元素较多，因此可以采用三元组表方法存储

D. 稀疏矩阵中大量值为 0 的元素分布有规律，因此可以采用三元组表方法存储

答案：D

分析：稀疏矩阵中大量值为 0 的元素分布没有规律，因此采用三元组表存储。

如果 0 元素的分布有规律，就没有必要存储非 0 元素的行号和列号，只需要按其压缩规律找出相应的映像函数。

3. 判断题

(1)数组是一种复杂的数据结构，数组元素之间的关系既不是线性的，也不是树型的。

答案：错

分析：例如，二维数组可以看成是数据元素为线性表的线性表。

(2)使用三元组表存储稀疏矩阵的元素，有时并不能节省存储空间。

答案：对

分析：因为三元组表除了存储非 0 元素值外，还需要存储其行号和列号。

(3)稀疏矩阵压缩存储后，必会失去随机存取功能。

答案：对

分析：因为压缩存储后，非 0 元素的存储位置和行号、列号之间失去了确定的关系。

4. 简答题

(1)对于一个 n 行 m 列的上三角矩阵 A，如果以行优先的方式用一维数组 B 从 0 号位置开始存储，求元素 $a_{ij}(1<=i<=n, 1<=j<=m)$ 在数组 B 中的存储位置。

答案：上三角矩阵 A 以行优先方式存储，则在第 1 行～第 $i-1$ 行共存储了 $(m+m-1+\cdots+m-i+2)=(i-1)*(2m-i+2)/2$ 个元素，元素 a_{ij} 是第 i 行上的第 $j-i+1$ 个元素，则元素 a_{ij} 是数组 B 中的第 $(i-1)*(2m-i+2)/2+j-i+1$ 个元素，注意到数组 B 从 0 号位置开始存储，则元素 a_{ij} 在数组 B 中的存储位置是 $(i-1)*(2m-i+2)/2+j-i$。

(2)设有三对角矩阵 $A_{n\times n}$，将其三条对角线上的元素逐行存于数组 $B[3n-2]$ 中，使得 $B[k]=a_{ij}(1<=i, j<=n)$，求：

用 i, j 表示 k 的下标变换公式；用 k 表示 i, j 的下标变换公式。

答案：要求 i, j 表示 k 的下标变换公式，就是要求在 k 之前已经存储了多少个非 0 元素，这些非 0 元素的个数就是 k 的值。元素 a_{ij} 所在的行为 i，列为 j，则在其前面的非 0 元素个数是 $k=2+3*(i-1)+(j-i+1)=2i+j$；

因为k和i, j之间是一一对应的关系，k+1是当前非0元素的个数，整除即为其所在行号，取余表示当前行中第几个非0元素，加上前面0元素所在列数就是当前列号，即：i=(k+1)/3, j=(k+1)%3+(k+1)/3-1。

5. 算法设计题

若在矩阵A中存在一个元素 a_{ij}(1<=i<=n, 1<=j<=m)，该元素是第i行元素中最小值且又是第j列元素中最大值，则称此元素为该矩阵的一个鞍点。假设以二维数组存储矩阵A，设计算法求矩阵A的所有鞍点，并分析最坏情况下的时间复杂度。

答案：在矩阵中逐行查找该行中的最小值，然后判断该元素是否是所在列的最大值，如果是所在列的最大值，则说明该元素是鞍点，将它所在行号和列号输出。算法如下：

鞍点算法 Andian

```
void Andian(int a[][], int m, int n)
{
  for(i=0; i<n; i++)
  {
    min=a[i][0]; k=0;
    for(j=1; j<m; j++)
    if (a[i][j]<min){min=a[i][j]; k=j; }
    for(j=0; j<n; j++)
    if (a[j][k]>min) break;
    if (j==n) cout<<"输出鞍点"<<i<<k<<a[i][k];
  }
}
```

5.4　多维数组实践——对称矩阵的压缩存储

1. 实验内容

建立一个n×n的对称矩阵A；将对称矩阵用一维数组SA存储；在数组SA中实现对矩阵A的任意元素进行存取操作。

2. 实验程序

在VC++编程环境下新建一个源程序文件“对称矩阵的压缩存储”，程序如下：

```
#include <iostream>
using namespace std;
const int N = 5;
int main( )
{
  int a[N][N], SA[N * (N + 1) / 2] = {0};
  int i, j;
  cin>>i;
  for (i = 0; i < N; i++)
```

05

```
    for (j = 0; j <= i; j++)
    a[i][j] = a[j][i] = i + j;
    for (i = 0; i < N; i++)
    {
      for (j = 0; j < N; j++)
      cout<<a[i][j]<<"   ";
      cout<<endl;
    }
  for (i = 0; i < N; i++)
  for (j = 0; j <= i; j++)
  SA[i * (i - 1)/2 + j] = a[i][j];          //压缩存储
  cout<<"请输入行号和列号: ";
  cin>>i>>j;
  cout<<i<<"行"<<j<<"列的元素值是: ";
  if (i >= j)
    cout<<SA[i * (i - 1)/2 + j]<<endl;
  else
    cout<<SA[j * (j - 1)/2 + i]<<endl;
  return 0;
  }
```

5.5 习题 4

1. 填空题

(1)二维数组 M 中每个元素的长度是 3 个字节，行下标从 0 到 7，列下标从 0 到 9，从首地址 d 开始存储。若按行优先方式存储，元素 M[7][5]的起始地址为(　　)，若按列优先方式存储，元素 M[7][5]的起始地址为(　　)。

(2)一个 n×n 的对称矩阵，按行优先或按列优先进行压缩存储，则其存储容量为(　　)。

2. 单项选择题

C 语言中定义的整数一维数组 a[50]和二维数组 b[10][5]具有相同的首元素地址，即 &a[0]=&b[0][0]，在以列序为主序时，a[18]的地址和(　　)的地址相同。

A. b[1][7]　　　　B. b[1][8]

C. b[8][1]　　　　D. b[7][1]

3. 简答题

设五对角矩阵 $B=(b_{ij})$ 是一个 20×20 的矩阵，按特殊矩阵压缩存储的方式将其五条对角线上的元素存于数组 A[0…m]中，计算元素 B[15][16]在数组 A 中的存储位置。

4. 算法设计题

已知两个 n×n 的对称矩阵按压缩存储方法存储在一维数组 A 和 B 中，编写算法计算对称矩阵的乘积。

第 6 章　树与二叉树

树结构是一种非线性结构，树的结点之间以分支、分层的特点呈现，其中以二叉树最为常用，树结构在现实世界广泛存在，比如：行政机构、家族家谱、操作系统的目录等，树结构在计算机领域有着广泛的应用。

6.1　基础知识

6.1.1　树的基本知识

1. 树的定义

树是 n(n > =0)个数据结点的有限集合，当 n =0 时，称为空树；否则有下面的定义：

①有且仅有一个特定的结点，根结点；

②当 n >1 时，除根结点之外的其余结点被分成 m(m >0)个互不相交的有限集合 T_1，T_2，…，T_m，其中每个集合又是一棵树，每棵树又称为这个根结点的子树。

树是以递归的方式来定义的，即在叙述树的定义的过程中又用到了树的概念。树的这种递归定义方式反映了树型结构的层次特性。直观地讲，树是由根结点和若干棵子树组成，其中的每棵子树又都是由一个根结点和它自己的若干棵子树组成，依此类推，图 6 -1 中包括一棵树结构和一棵非树结构。

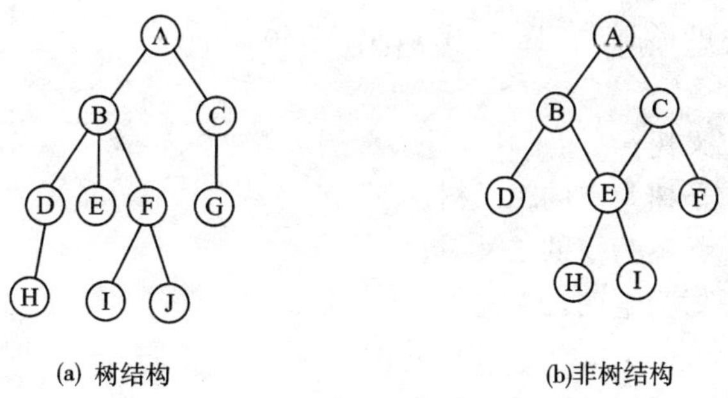

图 6 -1　树结构与非树结构

2. 树结构中的基本术语

①结点：树的结点包含一个数据元素以及若干个指向其子树的分支指针。

②结点的度：结点所拥有的子树个数称为该结点的度。

③叶子结点：度为 0 的结点称为叶子结点或终端结点。

④分支结点：度不为 0 的结点称为分支结点或非终端结点。

⑤树的度：树内各结点的度的最大值称为该树的度。

⑥孩子：结点的子树的根称为该结点的孩子。

⑦双亲：结点称为该结点的所有子树的根的双亲。

⑧兄弟：同一个双亲的孩子之间互为兄弟。

⑨祖先：从根到该结点所经分支上的所有结点均为该结点的祖先。

⑩子孙：以某结点为根的树中的任一个结点都是该结点的子孙。

⑪层次：从根开始定义起，根为第一层，根的孩子为第二层，若某结点在第 m 层，则其子树的根就在第 m + 1 层。

⑫堂兄弟：双亲在同一层的结点互为堂兄弟。

⑬树的深度：树中结点的最大层数称为该树的深度。

⑭有序树与无序树：如果将树中结点的各子树看成从左到右是有次序的（即不能互换），则称该树是有序树，否则称为无序树（本章所讨论的树均为有序树）。

⑮森林：森林是 m（m > =0）棵互不相交的树的集合。

6.1.2　二叉树的基本知识

1. 二叉树的定义

二叉树是 n（n≥0）个结点的有限集合，当 n = 0 时称为空二叉树，简称为空树。

二叉树是一种特殊的树型结构，二叉树的度最多为 2，且二叉树的子树有左右之分，其次序不能颠倒。

2. 二叉树的特点

二叉树是一种特殊的树型结构，具体特点如下：

①二叉树的度最多为 2。

②二叉树的子树有左右之分，其次序不能颠倒。

3. 二叉树的基本形态

二叉树有 5 种基本的形态，如图 6 – 2 所示，具体如下：

①空二叉树；

②仅有根结点的二叉树；

③只有左子树而右子树为空的二叉树；

④左子树和右子树都不为空的二叉树；

⑤有右子树而左子树为空的二叉树。

4. 斜树

①所有结点都只有左子树的二叉树称为左斜树；

②所有结点都只有右子树的二叉树称为右斜树；

③左斜树和右斜树统称为斜树。

5. 满二叉树和完全二叉树

在一棵二叉树中，如果所有分支结点都存在左子树和右子树，并且所有叶子都在同一层上，称为满二叉树。对于深度为 K 的，有 n 个结点的二叉树，当且仅当其每一个结点都与深

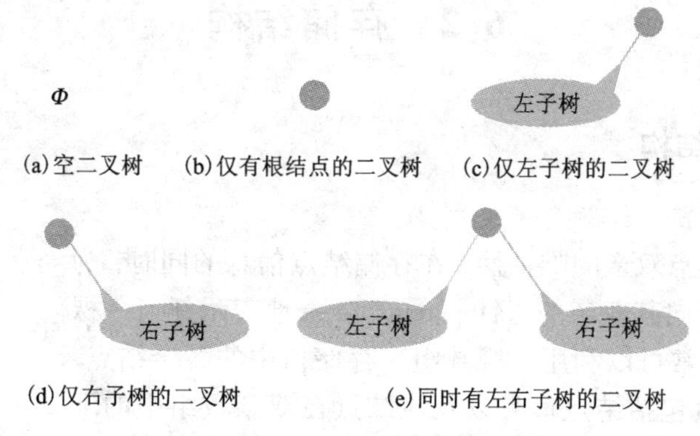

(a)空二叉树 (b)仅有根结点的二叉树 (c)仅左子树的二叉树

(d)仅右子树的二叉树 (e)同时有左右子树的二叉树

图6-2 二叉树的5种基本形态

度为K的满二叉树中编号从1至n的结点一一对应时称之为完全二叉树。

满二叉树与完全二叉树如图6-3所示。

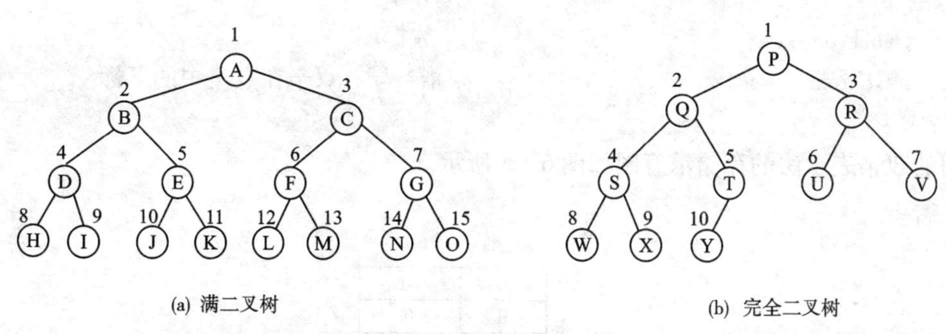

(a) 满二叉树 (b) 完全二叉树

图6-3 满二叉树与完全二叉树

6. 二叉树的性质

性质1 在二叉树的第i层上最多有2^{i-1}个结点。

性质2 深度为k的二叉树最多有2^k-1个结点($k\geq1$)。

性质3 如果二叉树的叶结点数为n_0，度为2的结点数为n_2，则$n_0=n_2+1$。

性质4 具有n个结点的完全二叉树的深度为$\lfloor \log_2 n \rfloor+1$。

性质5 对一棵具有n个结点的完全二叉树从1开始按层序编号，则对于任意的序号为i($1\leq i\leq n$)的结点(简称为结点i)，则有：

① 如果$i>1$，则结点i的双亲结点的序号为$i/2$；如果$i=1$，则结点i是根结点，无双亲结点。

② 如果$2i\leq n$，则结点i的左孩子的序号为2i；如果$2i>n$，则结点i无左孩子。

③ 如果$2i+1\leq n$，则结点i的右孩子的序号为$2i+1$；如果$2i+1>n$，则结点i无右孩子。

6.2 存储结构

6.2.1 树的存储结构

1. 树的双亲表示法

利用树中每个结点双亲的唯一性，在存储结点信息的同时，为每个结点附设一个指向其双亲的指针 parent，唯一地表示任何一棵树。根据该特点，通常可以利用一维数组来存储树中的各个结点，数组中的每一个元素包括结点信息以及该结点在双亲数组中的下标。该形式的数组实质上是一个静态链表，每个数组元素的结构如图 6－4 所示。利用 C＋＋语言的模板机制结点数据的定义如下：

data	parent

图 6－4 树的双亲表示法中数组元素的结构

06

```
template <class DataType>
struct PNode
{
    DataType data;                    //数据域
    int parent;                       //指针域，双亲在数组中的下标
};
```

树的双亲表示法的存储示意图如图 6－5 所示。

下标	data	parent
0	A	-1
1	B	0
2	C	0
3	D	1
4	E	1
5	F	1
6	G	2
7	H	3
8	I	5
9	J	5

图 6－5 树的双亲表示法的存储示意图

2. 树的孩子链表表示法

把每个结点的孩子排列起来，看成是一个线性表，且以单链表存储，则 n 个结点共有 n 个孩子链表。这 n 个单链表共有 n 个头指针，这 n 个头指针又组成了一个线性表，为了便于进行查找采用顺序存储。最后，将存放 n 个头指针的数组和存放 n 个结点的数组结合起来，构成孩子链表的表头数组。树及其孩子链表表示法如图 6－6 所示。

孩子链表结构类型定义如下：

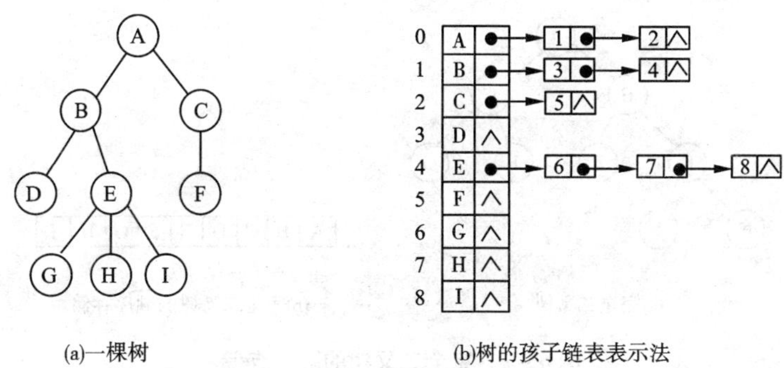

图6-6　树及其孩子链表表示法

```
struct CTNode
{
    int child;
    CTNode *next;
};
```

链表头结点类型定义如下：

```
template <class DataType>
struct CTNode
{
    DataType data;
    CTNode *firstchild;
};
```

树的存储结构还有其他的一些方法，比如孩子双亲表示法、孩子兄弟表示法等。

6.2.2　二叉树的存储结构

1. 二叉树的顺序存储结构

二叉树的顺序存储结构就是用一维数组存储二叉树中的结点，并且结点的存储位置(下标)应能体现结点之间的逻辑关系。因此，必须将二叉树中的所有结点依照一定的规律安排在数组的存储单元中。具体方法如下：

①对于完全二叉树，按照从上到下、从左到右的顺序依次存放树中的结点。

②对于一般二叉树，首先要将其“转化”为完全二叉树，然后再按照完全二叉树的顺序存储方式将每个结点存储在一维数组的相应分量中。其“转化”规律为，相对于完全二叉树而言，在非完全二叉树的所有“残缺”位置上增设“虚结点”，通常用“∧”表示残缺的结点。

例如：图6-7(a)所示为完全二叉树，其顺序存储如图6-7(b)所示。

对于图6-8(a)所示的一般二叉树，要首先“转换”成一棵如图6-8(b)所示的完全二叉树，再将其顺序存储，如图6-8(c)所示。

2. 二叉树的链式存储

二叉树通常多采用二叉链表存储，基本思想是令二叉树的每个结点对应一个链表结点，

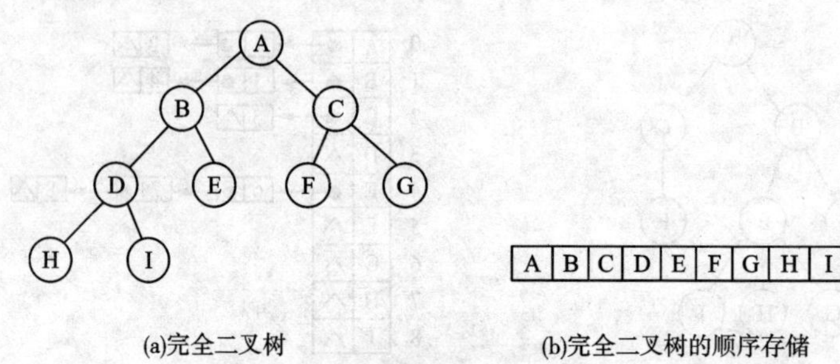

(a)完全二叉树　　(b)完全二叉树的顺序存储

图 6-7　完全二叉树的顺序存储

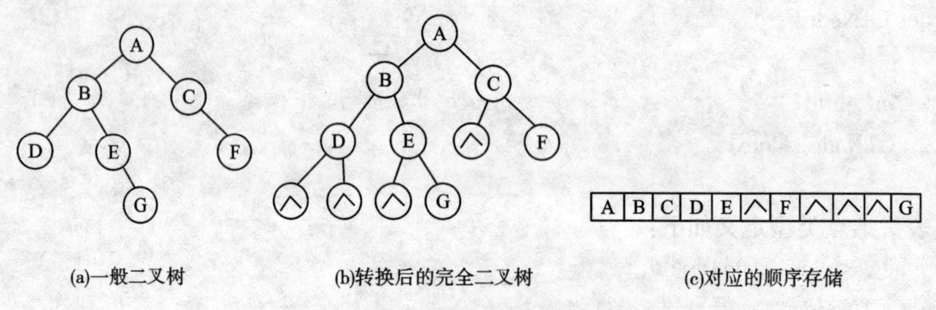

(a)一般二叉树　　(b)转换后的完全二叉树　　(c)对应的顺序存储

图 6-8　一般二叉树的顺序存储

链表结点除了存放与结点本身的数据信息外，还要设置指示其左右孩子的指针。如图 6-9 所示，每个结点包含三个域，它们分别为数据域 data、左指针域 lchild、右指针域 rchild。当结点的左孩子或右孩子不存在时，相应的指针域为空指针(NULL)。

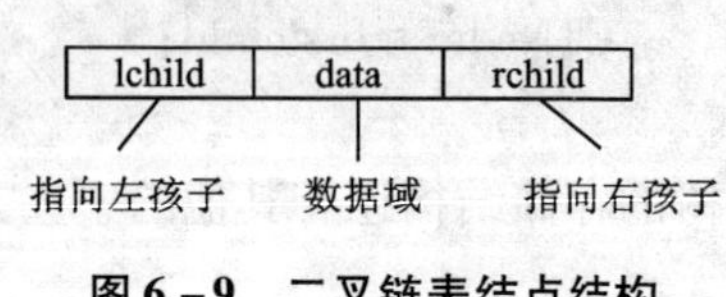

图 6-9　二叉链表结点结构

例如，对于图 6-10(a)所表示的二叉树可用二叉链表表示成图 6-10(b)所示的形式。

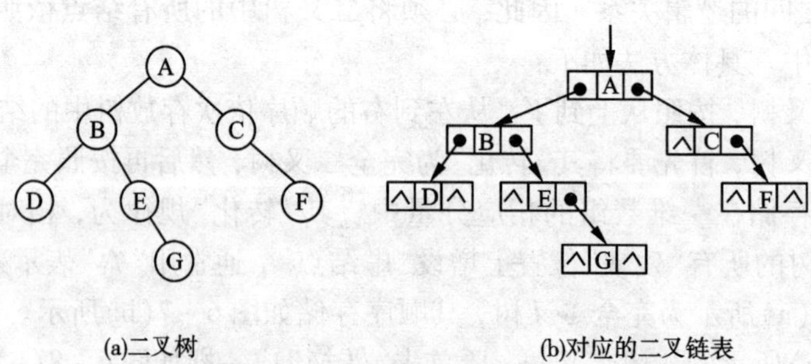

(a)二叉树　　(b)对应的二叉链表

图 6-10　用二叉链表表示二叉树

二叉链表存储结构的类型定义如下：

```
template <class DataType>
struct BiNode
{
    DataType data;
    BiNode<T> *lchild, *rchild;
};
```

6.3　树与二叉树的遍历

6.3.1　树的遍历方法

树的遍历是指从根结点出发，按照某种次序访问树中所有结点，使得每个结点被访问一次且仅被访问一次。树通常有前序遍历、后序遍历和层序遍历三种方式。

1. 前序遍历

树的前序遍历操作定义为：若树为空，则空操作返回；否则：

①访问根结点；

②按照从左到右的顺序前序遍历根结点的每一棵子树。

图6－11所示为一棵普通的树。其对应的前序遍历的顺序为：A B D E G H I C F。

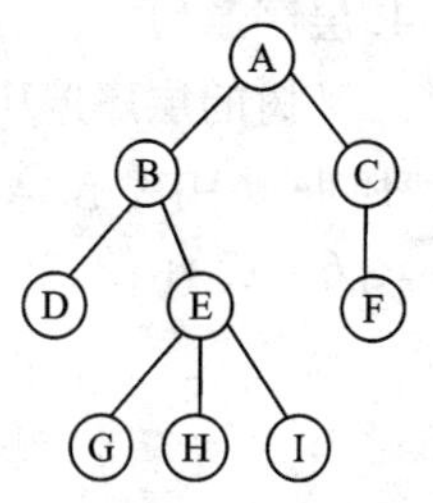

图6－11　树

2. 后序遍历

树的后序遍历操作定义为：若树为空，则空操作返回；否则：

①按照从左到右的顺序后序遍历根结点的每一棵子树；

②访问根结点。

图6－11中的树所对应的后序遍历的顺序为：D G H I E B F C A。

3. 层序遍历

树的层序遍历操作定义为：从树的第一层(即根结点)开始，自上而下逐层遍历，在同一层中，按从左到右的顺序对结点逐个访问。

图6－11中的树所对应的层序遍历的顺序为：A B C D E F G H I。

6.3.2　二叉树的遍历方法

所谓二叉树的遍历，就是从二叉树的根节点出发，按照某种搜索顺序访问二叉树中的每个结点，使得每个结点被访问一次且仅被访问一次的过程。二叉树通常有前序遍历、中序遍历、后序遍历和层序遍历四种方式。

1. 前序遍历

若二叉树为空，则空操作返回；否则：

①访问根结点；

②前序遍历根结点的左子树；

③前序遍历根结点的右子树。

图6－12所示为一棵二叉树。其对应的前序遍历的顺序为：A B D C E G H F I。

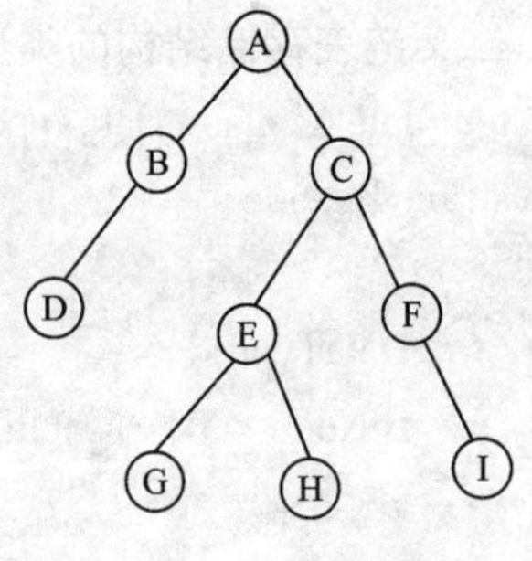

图6－12 一棵二叉树

2. 中序遍历

若二叉树为空，则空操作返回；否则：

①中序遍历根结点的左子树；

②访问根结点；

③中序遍历根结点的右子树。

图6－12中的树所对应的中序遍历的顺序为：D B A G E H C F I。

06

3. 后序遍历

若二叉树为空，则空操作返回；否则：

①后序遍历根结点的左子树；

②后序遍历根结点的右子树；

③访问根结点。

图6－12中的树所对应的后序遍历的顺序为：D B G H E I F C A。

4. 层序遍历

二叉树的层序遍历操作定义为：从二叉树的第一层（即根结点）开始，自上而下逐层遍历，在同一层中，按从左到右的顺序对结点逐个访问。

图6－12中的二叉树所对应的层序遍历的顺序为：A B C D E F G H I。

6.4 例题解析

例题1 利用C++语言写出二叉树的典型算法，包括二叉树的初始化、前序遍历、中序遍历、后序遍历及层序遍历等。

解析如下：（代码已在VC++编译环境中调试通过）

```
#include <iostream>
using namespace std;
struct TreeNode   //结点结构
{
    char data;
    TreeNode *lchild, *rchild;
};
class Tree
{
  public:
    Tree( ){root = Creat(root);}                     //构造函数，建立二叉树
    ~Tree( ){Release(root);}                         //析构函数
    void PreOrder( ){PreOrder(root);}                //前序遍历
    void InOrder( ){InOrder(root);}                  //中序遍历
```

```
    void PostOrder( ){PostOrder(root);}                    //后序遍历
    void LeverOrder( );                                    //层序遍历
private:
    TreeNode *root;                                        //指向根结点的头指针
    TreeNode *Creat(TreeNode *bt);                         //构造函数调用
    void Release(TreeNode *bt);                            //析构函数调用
    void PreOrder(TreeNode *bt);                           //前序遍历函数调用
    void InOrder(TreeNode *bt);                            //中序遍历函数调用
    void PostOrder(TreeNode *bt);                          //后序遍历函数调用
};
TreeNode *Tree::Creat(TreeNode *bt) //结点信息输入前，应将二叉树扩展为所有叶子结点为#的二叉树，并用该树的前序遍历序列作为录入序列。
{
    char ch;
    cout<<"请输入创建一棵二叉树的结点数据"<<endl;
    cin>>ch;
    if (ch=='#') return NULL;
    else{
        bt = new TreeNode;                                 //生成一个结点
        bt->data=ch;
        bt->lchild = Creat(bt->lchild);                    //递归建立左子树
        bt->rchild = Creat(bt->rchild);                    //递归建立右子树
    }
    return bt;
}
void Tree::Release(TreeNode *bt)
{
    if (bt != NULL){
        Release(bt->lchild);                               //释放左子树
        Release(bt->rchild);                               //释放右子树
        delete bt;
    }
}
void Tree::PreOrder(TreeNode *bt)
{
    if(bt==NULL)  return;
    else {
        cout<<bt->data<<" ";
        PreOrder(bt->lchild);
```

06

```
        PreOrder(bt->rchild);
    }
}
void Tree::InOrder(TreeNode *bt)
{
    if (bt==NULL)  return;                    //递归调用的结束条件
    else {
        InOrder(bt->lchild);                  //中序递归遍历 root 的左子树
        cout<<bt->data<<" ";                  //访问根结点的数据域
        InOrder(bt->rchild);                  //中序递归遍历 root 的右子树
    }
}
void Tree::PostOrder(TreeNode *bt)
{
    if (bt==NULL)  return;                    //递归调用的结束条件
    else {
        PostOrder(bt->lchild);                //后序递归遍历 root 的左子树
        PostOrder(bt->rchild);                //后序递归遍历 root 的右子树
        cout<<bt->data<<" ";                  //访问根结点的数据域
    }
}
void Tree::LeverOrder( )
{
    const int MaxSize=100;
    int front=-1, rear=-1;                    //采用顺序队列,并假定不会发生
                                                上溢
    TreeNode *Q[MaxSize], *q;
    if (root==NULL) return;
    else {
        Q[rear++]=root;
        while (front!=rear)
        {
          q=Q[front++];
          cout<<q->data<<" ";
          if (q->lchild!=NULL)  Q[rear++]=q->lchild;
          if (q->rchild!=NULL)  Q[rear++]=q->rchild;
        }
    }
}
```

```
void main( )
{
        Tree Tree1; //创建一棵树
        cout < <" - - - - - - -前序遍历 - - - - - - - " < <endl;
        Tree1. PreOrder( );
        cout < <endl;
        cout < <" - - - - - - -中序遍历 - - - - - - - " < <endl;
        Tree1. InOrder( );
        cout < <endl;
        cout < <" - - - - - - -后序遍历 - - - - - - - " < <endl;
        Tree1. PostOrder( );
        cout < <endl;
        cout < <" - - - - - - -层序遍历 - - - - - - - " < <endl;
        Tree1. LeverOrder( );
        cout < <endl;
}
```

例题 2 利用 C + +语言写出求二叉树叶子结点的算法。

解析：类及相关函数的创建参考例题 1，函数的实现如下。

```
void bitree: : countleaf( binode  * bt, int &count)//count 必须用引用，否则主函数调用时显示的值有误
{
    if( bt!  = NULL) {
      if( bt - > lchild = = NULL&&bt - > rchild = = NULL)
      count + + ;
      countleaf( bt - > lchild, count) ;
      countleaf( bt - > rchild, count) ;
    }
}
```

6.5 习题 5

1. 编写算法判别给定二叉树是否为完全二叉树。

2. 以二叉链表作为存储结构，设计算法交换二叉树中所有结点的左、右子树。

3. 以二叉链表为存储结构，写出在二叉树中值为 x 的结点在树中层次数的算法。

4. 设 T 为用二叉链表存储的二叉树，计算 T 中所含叶子结点的最小支长和最大支长。

5. 已知二叉树以一维数组作为存储结构。试编写算法求下标为 i 和 j 的两个结点的最近共同祖先结点的值。

第7章 图

07

7.1 基础知识

1. 图的定义

图是由顶点的有穷非空集合和顶点之间边的集合组成，通常表示为：G=(V, E)。其中：G 表示一个图，V 是图 G 中顶点的集合，E 是图 G 中顶点之间边的集合。

在线性表中，元素个数可以为零，称为空表；在树中，结点个数可以为零，称为空树；在图中，顶点个数不能为零，但可以没有边。

若顶点 V_i 和 V_j 之间的边没有方向，则称这条边为无向边，表示为(V_i, V_j)。

如果图的任意两个顶点之间的边都是无向边，则称该图为无向图。

若从顶点 V_i 到 V_j 的边有方向，则称这条边为有向边，表示为 $<V_i, V_j>$。

如果图的任意两个顶点之间的边都是有向边，则称该图为有向图。

图 7-1 是图的示例。

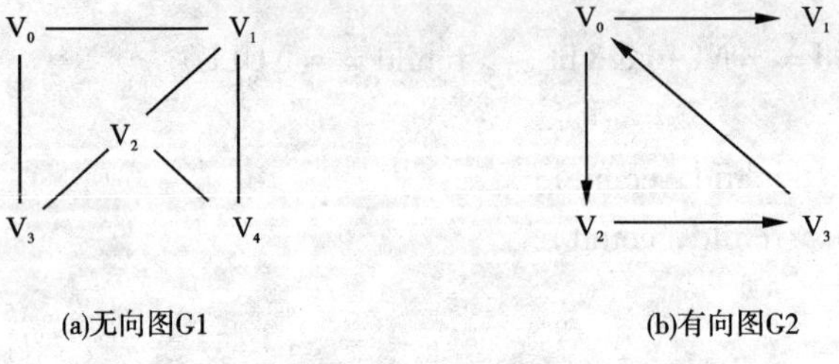

图 7-1 图的示例

2. 简单图

在图 7-2 中，若不存在顶点到其自身的边，且同一条边不重复出现的图，称为简单图。数据结构中讨论的都是简单图。

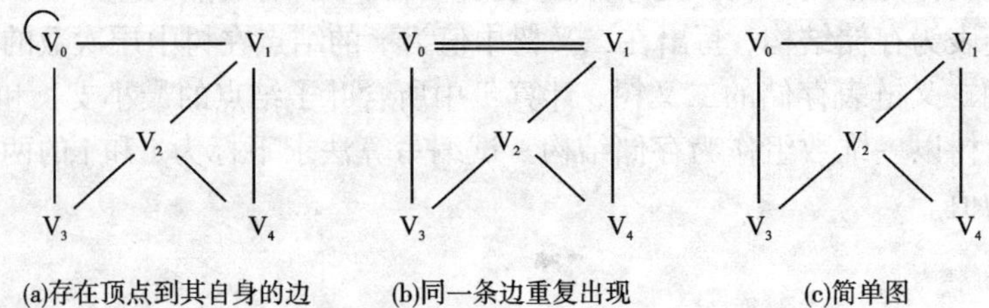

图 7-2 非简单图及简单图示例

3. 邻接、依附

无向图中，对于任意两个顶点 V_i 和顶点 V_j，若存在边(V_i, V_j)，则称顶点 V_i 和顶点 V_j 互为邻接点，同时称边(V_i, V_j)依附于顶点 V_i 和顶点 V_j。

有向图中，对于任意两个顶点 V_i 和顶点 V_j，若存在弧$<V_i, V_j>$，则称顶点 V_i 邻接到顶点 V_j，顶点 V_j 邻接自顶点 V_i，同时称弧$<V_i, V_j>$依附于顶点 V_i 和顶点 V_j。

在线性结构中，数据元素之间仅具有线性关系；在树结构中，结点之间具有层次关系；在图结构中，任意两个顶点之间都可能有关系。

在线性结构中，元素之间的关系为前驱和后继；在树结构中，结点之间的关系为双亲和孩子；在图结构中，顶点之间的关系为邻接。

4. 无向完全图、有向完全图

在无向图中，如果任意两个顶点之间都存在边，则称该图为无向完全图。

在有向图中，如果任意两个顶点之间都存在方向相反的两条弧，则称该图为有向完全图。

含有 n 个顶点的无向完全图有 $n \times (n-1)/2$ 条边。含有 n 个顶点的有向完全图有 $n \times (n-1)$条边。

5. 稠密图、稀疏图

称边数很少的图为稀疏图；称边数很多的图为稠密图。

6. 顶点的度、入度、出度

在无向图中，顶点 V_i 的度是指依附于该顶点的边数，通常记为 $TD(V_i)$。

在有向图中，顶点 V_i 的入度是指以该顶点为弧头的弧的数目，记为 $ID(V_i)$；顶点 V_i 的出度是指以该顶点为弧尾的弧的数目，记为 $OD(V_i)$。

在具有 n 个顶点、e 条边的无向图 G 中，各顶点的度之和与边数之和的关系为：

$$\sum_{i=1}^{n} TD(V_i) = 2e$$

在具有 n 个顶点、e 条边的有向图 G 中，各顶点的入度之和与各顶点的出度之和的关系及与边数之和的关系为：

$$\sum_{i=1}^{n} ID(V_i) = \sum_{i=1}^{n} OD(V_i) = e$$

7. 权、网

权：是指对边赋予的有意义的数值量。

网：边上带权的图，也称网图。图 7－3 是一个有向网。

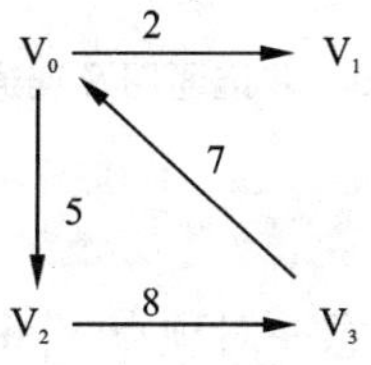

图 7－3　有向网

8. 路径、路径长度、回路

路径：在无向图 G=(V, E)中，从顶点 V_p 到顶点 V_q 之间的路径是一个顶点序列($V_p = V_{i0}, V_{i1}, V_{i2}, \cdots, V_{im} = V_q$)，其中，$(V_{i(j-1)}, V_{ij}) \in E (1 \leqslant i \leqslant m, 1 \leqslant j \leqslant m)$。若 G 是有向图，则路径也是有方向的，顶点序列满足 $< V_{i(j-1)}, V_{ij} > \in E$。

一般情况下，图中的路径不唯一。

路径长度：非带权图，路径上边的个数；带权图，路径上各边的权之和。

回路(环)：第一个顶点和最后一个顶点相同的路径。

9. 简单路径、简单回路(简单环)

简单路径：序列中顶点不重复出现的路径。

简单回路(简单环)：除了第一个顶点和最后一个顶点外，其余顶点不重复出现的回路。

10. 子图

若图 G=(V, E)，G'=(V', E')，如果 V'⊆V 且 E'⊆E，则称图 G'是 G 的子图。如图 7-4 所示。

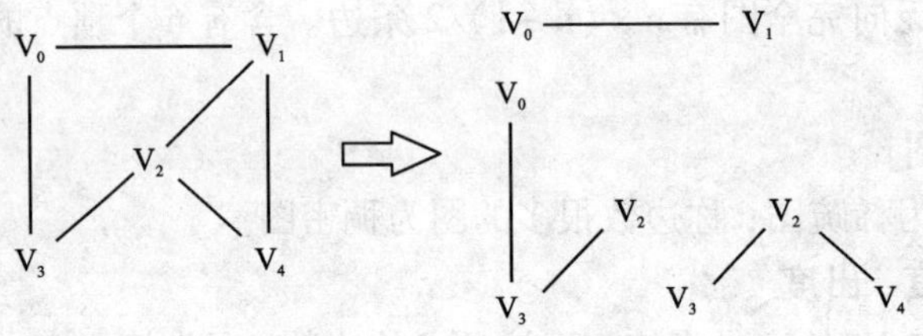

图 7-4 子图的例子

11. 连通图、连通分量

连通图：在无向图中，如果从一个顶点 V_i 到另一个顶点 $V_j (i \neq j)$ 有路径，则称顶点 V_i 和 V_j 是连通的。如果图中任意两个顶点都是连通的，则称该图是连通图。

连通分量：非连通图的极大连通子图称为连通分量，如图 7-5 所示。

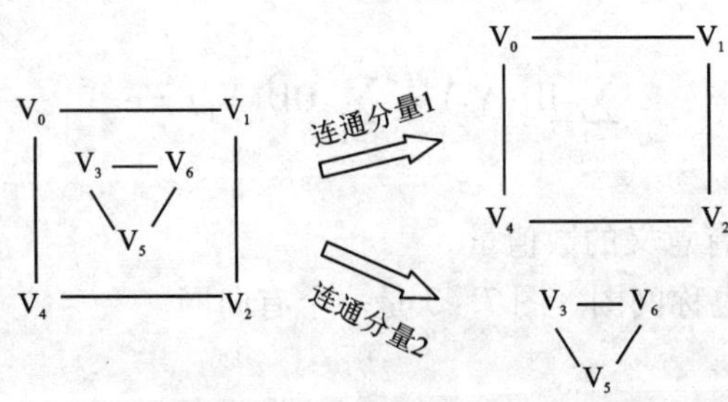

图 7-5 非连通图及连通分量

12. 强连通图、强连通分量

强连通图：在有向图中，对图中任意一对顶点 V_i 和 $V_j (i \neq j)$，若从顶点 V_i 到顶点 V_j 和从顶点 V_j 到顶点 V_i 均有路径，则称该有向图是强连通图。

强连通分量：非强连通图的极大强连通子图。如图 7-6 所示。

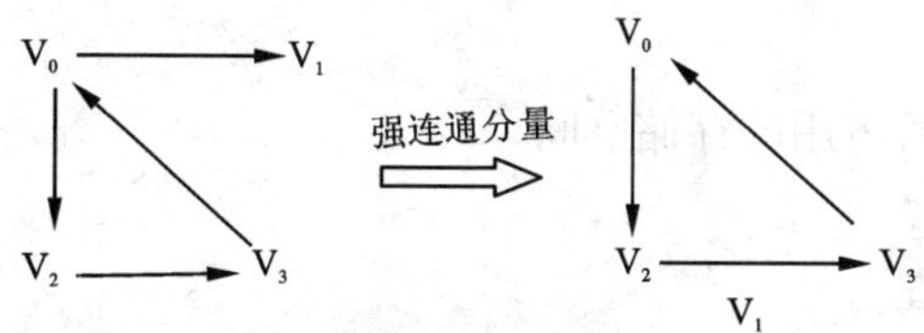

图7-6 非强连通图及强连通分量

13. 生成树、生成森林

生成树：n个顶点的连通图G的生成树是包含G中全部顶点的一个极小连通子图。一棵具有n个顶点的生成树有且仅有n-1条边。如图7-7所示。

生成森林：在非连通图中，由每个连通分量都可以得到一棵生成树，这些连通分量的生成树就组成了一个非连通图的生成森林。如图7-8所示。

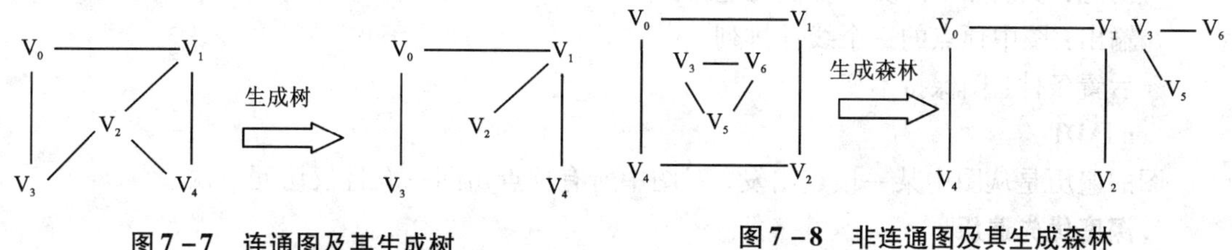

图7-7 连通图及其生成树

图7-8 非连通图及其生成森林

7.2 存储结构和基本运算

图是一种与具体应用密切相关的数据结构，它的基本操作往往随应用不同而有很大差别。下面给出一个图的抽象数据类型定义的例子，为简单起见，基本操作仅包含图的遍历，针对具体应用，还需要重新定义其基本操作。

ADT Graph{

Data

　顶点的有穷非空集合和边的集合

Operation

InitGraph

　前置条件：图不存在

　输入：无

　功能：图的初始化

　输出：无

　后置条件：构造一个空的图

DestroyGraph

　前置条件：图已存在

　输入：无

　功能：销毁图

输出：无

后置条件：释放图所占用的存储空间

DFSTraverse

前置条件：图已存在

输入：遍历的起始顶点 v

功能：从顶点 v 出发深度优先遍历图

输出：图中顶点的一个线性排列

后置条件：图保持不变

BFSTraverse

前置条件：图已存在

输入：遍历的起始顶点 v

功能：从顶点 v 出发广度优先遍历图

输出：图中顶点的一个线性排列

后置条件：图保持不变

}endADT

图的遍历是从图中某一顶点出发，对图中所有顶点访问一次且仅访问一次。

1. 深度优先遍历

基本思想：

(1)访问顶点 v；

(2)从 v 的未被访问的邻接点中选取一个顶点 w，从 w 出发进行深度优先遍历；

(3)重复上述两步，直至图中所有和 v 有路径相通的顶点都被访问到。

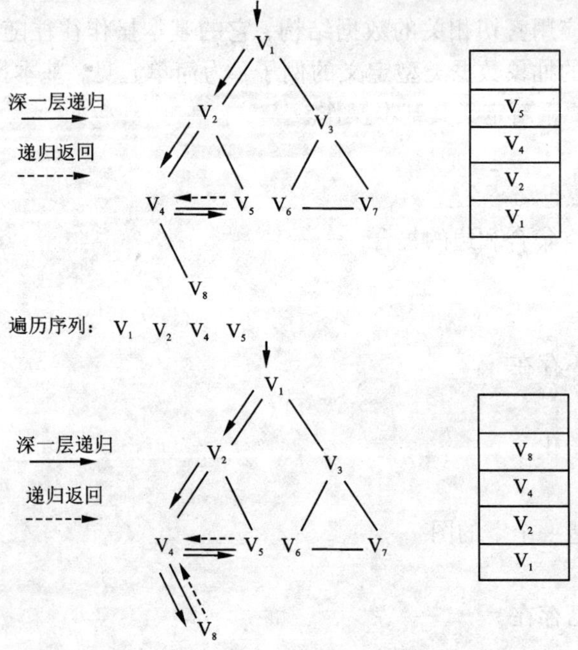

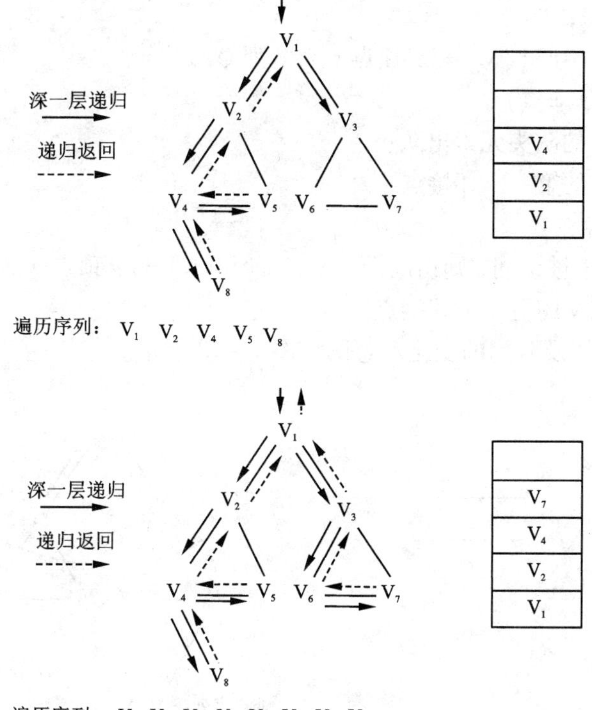

图 7－9　深度优先遍历路线及栈的变化示意图

从顶点 v 出发图的深度优先遍历算法的伪代码：

(1) 访问顶点 v；visited[v] ＝ 1；

(2) w ＝顶点 v 的第一个邻接点；

(3) while（w 存在）

(3.1) if（w 未被访问）从顶点 w 出发递归执行该算法；

(3.2) w ＝ 顶点 v 的下一个邻接点。

深度优先遍历路线及栈的变化示意图如图 7－9 所示。

2. 广度优先遍历

基本思想：

(1) 访问顶点 v；

(2) 依次访问 v 的各个未被访问的邻接点 v_1，v_2，…，v_k；

(3) 分别从 v_1，v_2，…，v_k 出发依次访问它们未被访问的邻接点，并使“先被访问顶点的邻接点”先于“后被访问顶点的邻接点”被访问。直至图中所有与顶点 v 有路径相通的顶点都被访问到。

从顶点 v 出发图的广度优先遍历算法的伪代码：

(1)初始化队列 Q；

(2)访问顶点 v；visited [v] =1；顶点 v 入队列 Q；

(3)while (队列 Q 非空)

(3.1)v = 队列 Q 的队头元素出队；

(3.2)w = 顶点 v 的第一个邻接点；

(3.3)while (w 存在)

(3.3.1)如果 w 未被访问，则访问顶点 w；visited[w] =1；顶点 w 入队列 Q；

(3.3.2)w = 顶点 v 的下一个邻接点。

广度优先遍历路线及队列的变化示意图如图 7-10 所示。

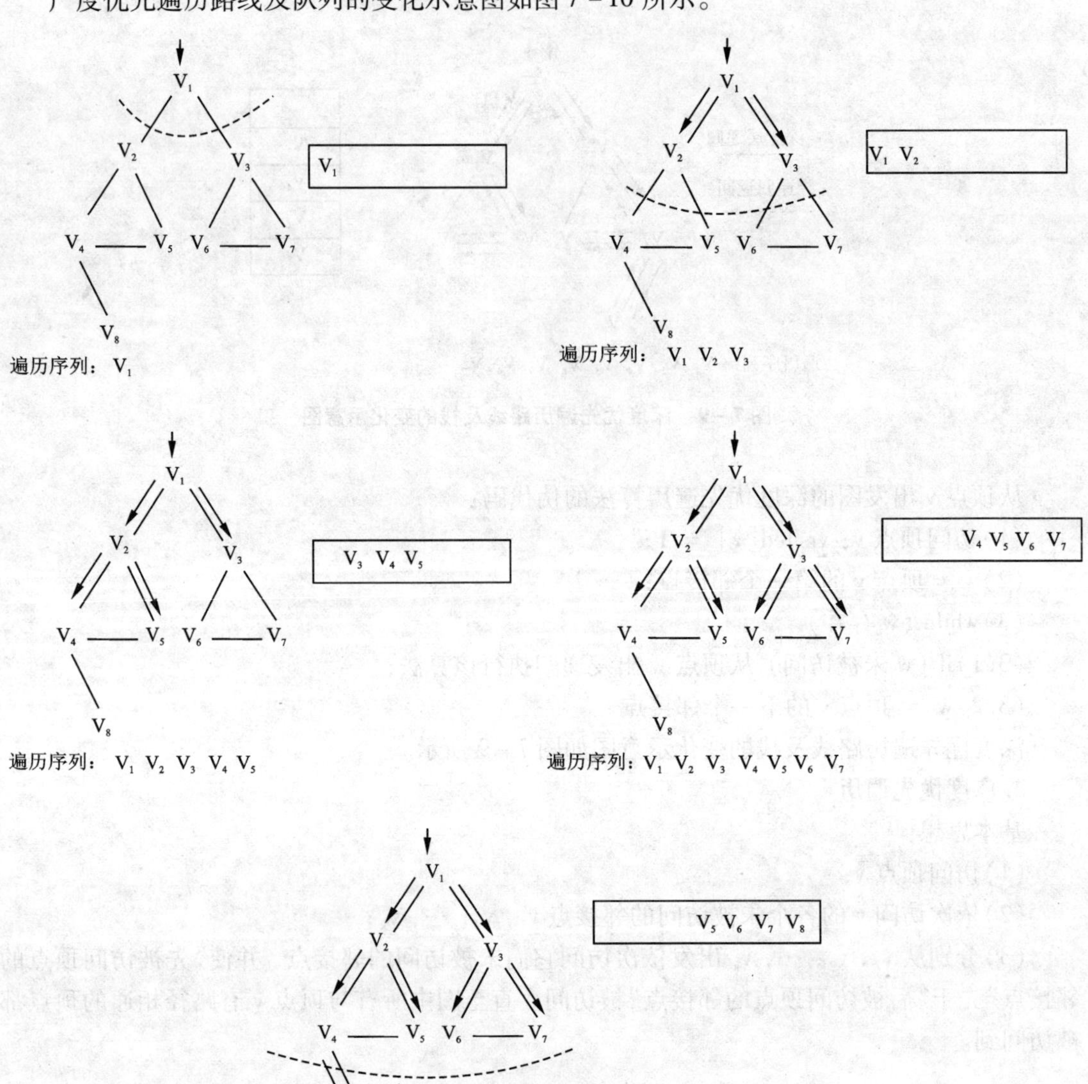

图 7-10 广度优先遍历路线及队列的变化示意图

7.2.1　邻接矩阵

基本思想：用一个一维数组存储图中顶点的信息，用一个二维数组（称为邻接矩阵）存储图中各顶点之间的邻接关系。

假设图 G=(V, E)有 n 个顶点，则邻接矩阵是一个 n×n 的方阵，定义为：

$$arc[i][j]=\begin{cases}1 & 若(v_i,v_j)\in E(或<v_i,v_j>\in E)\\0 & 其他\end{cases}$$

无向图的邻接矩阵特点：主对角线为 0 且一定是对称矩阵；顶点 i 的度为邻接矩阵的第 i 行（或第 i 列）非零元素的个数；判断顶点 i 和 j 之间是否存在边，测试邻接矩阵中相应位置的元素 arc[i][j]是否为 1；求顶点 i 的所有邻接点，将数组中第 i 行元素扫描一遍，若 arc[i][j]为 1，则顶点 j 为顶点 i 的邻接点。无向图及其邻接矩阵存储示意图如图 7-11 所示。

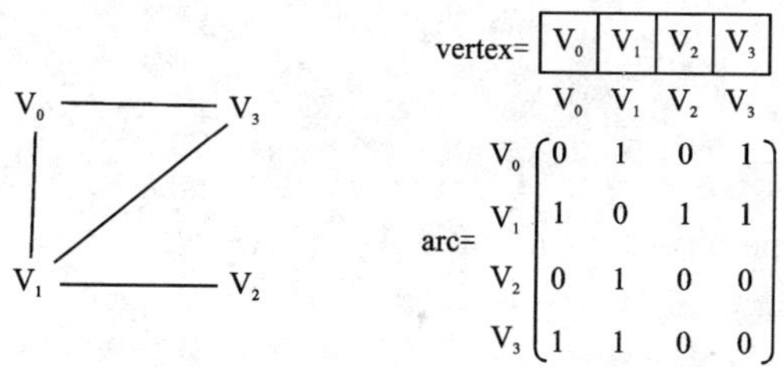

图 7-11　无向图及其邻接矩阵存储示意图

有向图的邻接矩阵特点：不一定不对称，有向完全图的邻接矩阵是对称的；顶点 i 的出度为邻接矩阵的第 i 行元素之和；顶点 i 的入度为邻接矩阵的第 i 列元素之和；判断从顶点 i 到顶点 j 是否存在边，测试邻接矩阵中相应位置的元素 arc[i][j]是否为 1。有向图及其邻接矩阵存储示意图如图 7-12 所示。

网图的邻接矩阵可定义为：

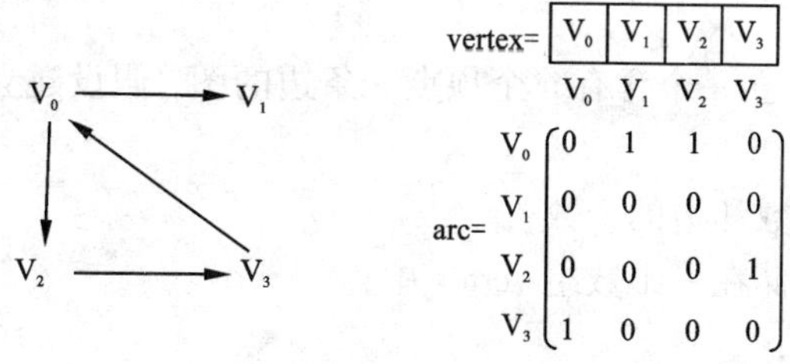

图 7-12　有向图及其邻接矩阵存储示意图

$$arc[i][j]=\begin{cases}w_{ij}权值 & 若(v_i,v_j)\in E(或<v_i,v_j>\in E)\\0 & 若 i=j\\\infty & 其他\end{cases}$$

网图及其邻接矩阵存储示意图如图 7 - 13 所示。

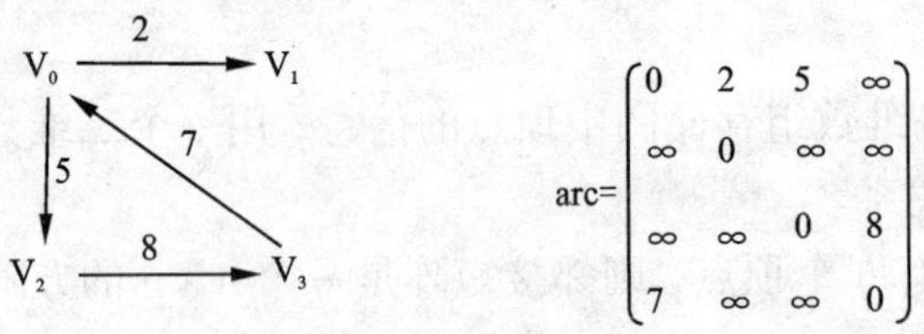

$$arc=\begin{pmatrix} 0 & 2 & 5 & \infty \\ \infty & 0 & \infty & \infty \\ \infty & \infty & 0 & 8 \\ 7 & \infty & \infty & 0 \end{pmatrix}$$

图 7 - 13　网图及其邻接矩阵存储示意图

07

用 C + +语言中的类实现基于邻接矩阵存储结构下图的抽象数据类型定义。由于图中顶点的数据类型不确定，因此采用 C + +模板机制。

```
const int MaxSize = 10;
template  < class DataType >
class Mgraph
{
  public:
      MGraph( DataType a[  ], int n, int e );
      ~ MGraph(  )
      void DFSTraverse( int v);
      void BFSTraverse( int v);
  private:
      DataType vertex[ MaxSize ];
      int arc[ MaxSize ][ MaxSize ];
      int vertexNum, arcNum;
};
```

下面讨论邻接矩阵中图的基本操作算法。

1. 构造函数

构造函数的功能是建立一个含有 n 个顶点 e 条边的图，假设建立无向图，算法用伪代码描述如下：

(1)确定图的顶点个数和边的个数；

(2)输入顶点信息存储在一维数组 vertex 中；

(3)初始化邻接矩阵；

(4)依次输入每条边存储在邻接矩阵 arc 中；

(4.1)输入边依附的两个顶点的序号 i, j;

(4.2)将邻接矩阵的第 i 行第 j 列的元素值置为 1；

(4.3)将邻接矩阵的第 j 行第 i 列的元素值置为 1；

构造函数的 C + +描述：

```
template <class DataType>
MGraph<DataType> :: MGraph(DataType a[ ], int n, int e)
{
  vertexNum = n; arcNum = e;
  for (i = 0; i < vertexNum; i++)
  vertex[i] = a[i];
  for (i = 0; i < vertexNum; i++)                     //初始化邻接矩阵
  for (j = 0; j < vertexNum; j++)
  arc[i][j] = 0;
  for (k = 0; k < arcNum; k++)                        //依次输入每一条边
  {
     cin >> i >> j;                                   //输入边依附的两个顶点的编号
     arc[i][j] = 1; arc[j][i] = 1;                    //置有边标志
  }
}
```

2. 深度优先遍历算法 DFSTraverse

```
template <class DataType>
void MGraph<DataType> :: DFSTraverse(int v)
{
  cout << vertex[v]; visited[v] = 1;
  for (j = 0; j < vertexNum; j++)
  if (arc[v][j] == 1 && visited[j] == 0) DFSTraverse( j );
}
```

3. 广度优先遍历算法 BFSTraverse

```
template <class DataType>
void MGraph<DataType> :: BFSTraverse(int v)
{
  front = rear = -1;     //初始化顺序队列
  cout << vertex[v]; visited[v] = 1;    Q[++rear] = v;
  while (front != rear)                              //当队列非空时
  {
     v = Q[++front];                                 //将队头元素出队并送到v中
     for (j = 0; j < vertexNum; j++)
     if (arc[v][j] == 1 && visited[j] == 0 ) {
     cout << vertex[j]; visited[j] = 1; Q[++rear] = j;
  }
 }
}
```

图采用邻接矩阵存储时，查找每个顶点的邻接点所需时间为 $O(n^2)$，所以，深度优先和广度优先遍历图的时间复杂度均为 $O(n^2)$，其中 n 为图中顶点个数。

7.2.2 邻接表

基本思想：对于图的每个顶点 V_i，将所有邻接于 V_i 的顶点链成一个单链表，称为顶点 V_i 的边表（对于有向图则称为出边表），所有边表的头指针和存储顶点信息的一维数组构成了顶点表。

邻接表有两种结点结构：顶点表结点和边表结点。如图 7 – 14 所示。

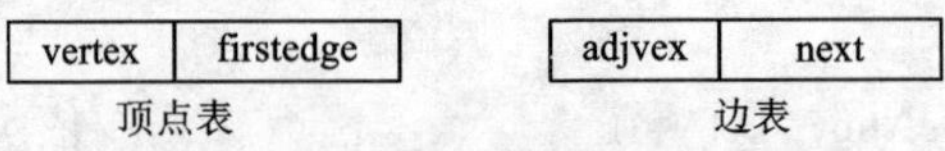

图 7 – 14 邻接表表示的结点结构

其中，vertex：数据域，存放顶点信息。

firstedge：指针域，指向边表中第一个结点。

adjvex：邻接点域，边的终点在顶点表中的下标。

next：指针域，指向边表中的下一个结点。

用 C + + 语言中的结构体类型描述上述结点。

```
struct ArcNode
{
  int adjvex;
  ArcNode *next;
};
template <class DataType>
struct VertexNode
{
  DataType vertex;
  ArcNode *firstedge;
};
```

无向图的邻接表：边表中的每个结点对应图中的一条边，邻接表的空间复杂度为 O(n + e)；顶点 i 的度为顶点 i 的边表中结点的个数；判断顶点 i 和顶点 j 之间是否存在边，测试顶点 i 的边表中是否存在终点为 j 的结点。无向图的邻接表存储示意图如图 7 – 15 所示。

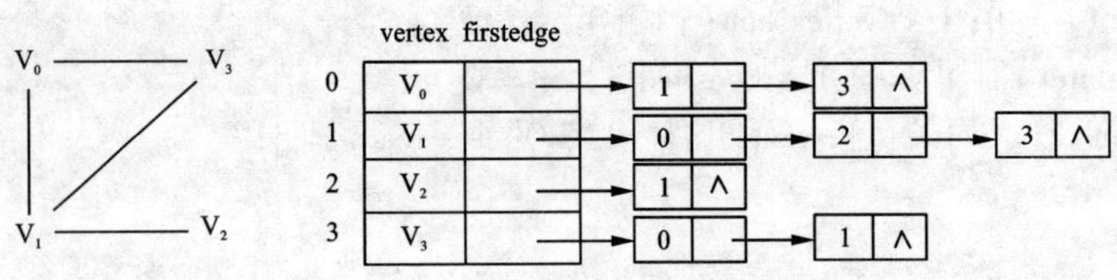

图 7 – 15 无向图的邻接表存储示意图

有向图的邻接表：顶点i的出度为顶点i的出边表中结点的个数；顶点i的入度为各顶点的出边表中以顶点i为终点的结点个数；求顶点i的所有邻接点，遍历顶点i的边表，该边表中的所有终点都是顶点i的邻接点。有向图的邻接表存储示意图如图7－16所示。

对于网图，其边表还需增设一个存储边上信息（如权值info）的域。网图的邻接表存储示意图如图7－17所示。

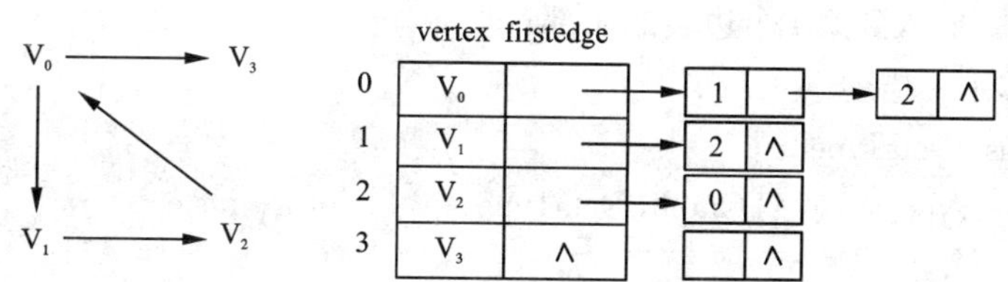

图7－16　有向图的邻接表存储示意图

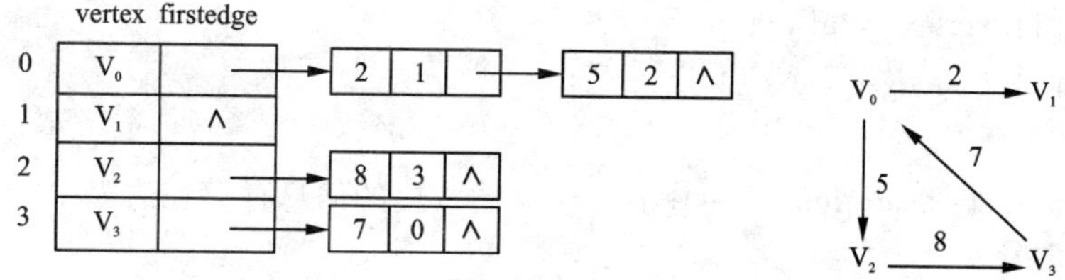

图7－17　网图的邻接表存储示意图

用C＋＋语言中的类实现基于邻接表存储结构下图的抽象数据类型定义。由于图中顶点的数据类型不确定，因此采用C＋＋模板机制。

```
const int MaxSize = 10;      //图的最大顶点数
template <class DataType>
class ALGraph
{
  public:
     ALGraph(DataType a[ ], int n, int e);
     ~ALGraph;
     void DFSTraverse(int v);
     void BFSTraverse(int v);
  private:
    VertexNode adjlist[MaxSize];
    int vertexNum, arcNum;
};
```

下面讨论邻接表中图的基本操作算法。

1. 构造函数

构造函数的功能是建立一个含有n个顶点e条边的图，假设建立有向图，算法用伪代码描述如下：

(1)确定图的顶点个数和边的个数;
(2)输入顶点信息,初始化该顶点的边表;
(3)依次输入边的信息并存储在边表中;
(3.1)输入边所依附的两个顶点的序号 i 和 j;
(3.2)生成邻接点序号为 j 的边表结点 s;
(3.3)将结点 s 插入到第 i 个边表的头部;
构造函数的 C++描述:


```
template <class DataType>
ALGraph<DataType>::ALGraph(DataType a[], int n, int e)
{
  vertexNum = n; arcNum = e;
  for (i = 0; i < vertexNum; i++)
  {                                    //输入顶点信息,初始化顶点表
    adjlist[i].vertex = a[i];
    adjlist[i].firstedge = NULL;
  }
  for (k = 0; k < arcNum; k++)         //输入边的信息存储在边表中
  {
    cin>>i>>j;
    s = new ArcNode; s->adjvex = j;
    s->next = adjlist[i].firstedge;
    adjlist[i].firstedge = s;
  }
}
```

2. 深度优先遍历算法 DFSTraverse

```
template <class DataType>
void ALGraph<DataType>::DFSTraverse(int v)
{
  cout << adjlist[v].vertex;   visited[v] = 1;
  p = adjlist[v].firstedge;          //工作指针 p 指向顶点 v 的边表
  while (p != NULL)                  //依次搜索顶点 v 的邻接点 j
  {
    j = p->adjvex;
    if (visited[j] == 0) DFSTraverse(j);
    p = p->next;
  }
}
```

3. **广度优先遍历算法** BFSTraverse

```
template <class DataType>
void ALGraph<DataType> :: BFSTraverse(int v)
{
  front = rear = -1;                              //初始化顺序队列
  cout << adjlist[v].vertex; visited[v] = 1; Q[++rear] = v;
  while (front != rear)                           //当队列非空时
  {
    v = Q[++front];
    p = adjlist[v].firstarc;                      //工作指针 p 指向顶点 v 的边表
    while (p != NULL)
    {
      j = p->adjvex;
      if (visited[j] == 0) {
      cout << adjlist[j].vertex; visited[j] = 1; Q[++rear] = j;
      }
      p=p->next;
    }
  }
}
```

图采用邻接表存储时，算法需要访问 n 个顶点和 e 个边表结点。所以，深度优先和广度优先遍历图的时间复杂度均为 O(n+e)，其中 n 为图中顶点个数，e 为边个数。

7.2.3 十字链表(有向图)

十字链表(orthogonal list)是有向图的一种存储方法，它实际上是邻接表与逆邻接表的结合。在十字链表中，每条边对应的边结点分别组织到出边表和入边表中。十字链表顶点表、边表的结点结构如图 7-18 所示。

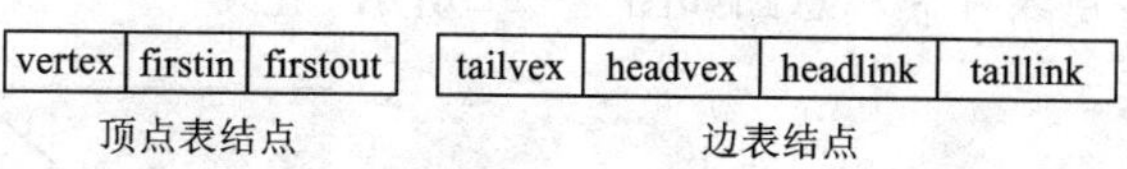

图 7-18　十字链表顶点表、边表的结点结构

其中，vertex：数据域，存放顶点信息；
firstin：入边表头指针；
firstout：出边表头指针；
tailvex：弧的起点在顶点表中的下标；
headvex：弧的终点在顶点表中的下标；
headlink：入边表指针域；
taillink：出边表指针域。

有向图及其十字链表存储示意图如图 7-19 所示。

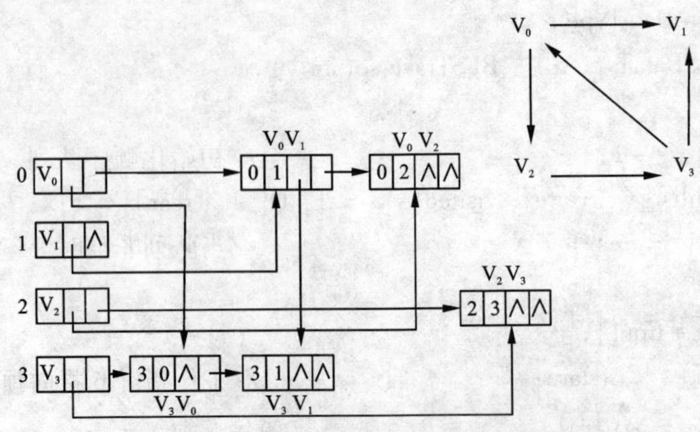

图 7-19　有向图及其十字链表存储示意图

7.2.4 邻接多重表(无向图)

邻接多重表(adjacency multi-list)主要用于存储无向图。邻接多重表的存储结构和邻接表类似，也是由顶点表和边表组成，每条边用一个边表结点表示。邻接多重表的结构如图 7-20所示。

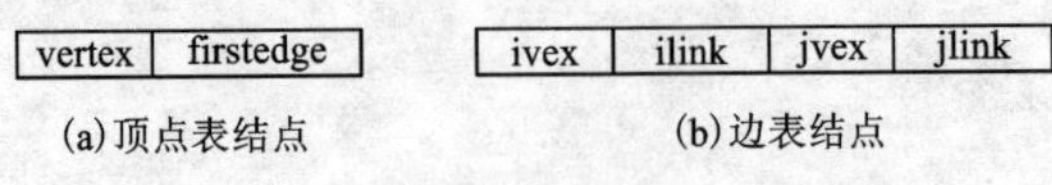

图 7-20　邻接多重表的结点结构

其中，vertex：数据域，存储有关顶点的数据信息；

firstedge：边表头指针，指向依附于该顶点的边表；

ivex、jvex：与某条边依附的两个顶点在顶点表中的下标；

ilink：指针域，指向依附于顶点 ivex 的下一条边；

jlink：指针域，指向依附于顶点 jvex 的下一条边。

无向图及其邻接多重表存储示意图如图 7-21 所示。

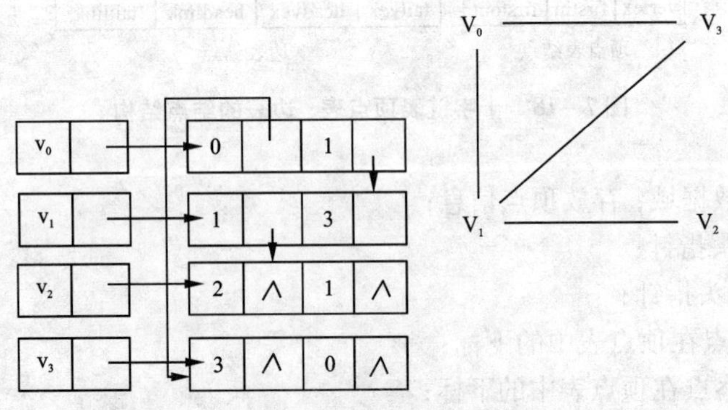

图 7-21　无向图及其邻接多重表存储示意图

图的邻接矩阵和邻接表的性能比较如图 7-22 所示。

	空间性能	时间性能	适用范围	唯一性
邻接矩阵	$O(n^2)$	$O(n^2)$	稠密图	唯一
邻接表	O(n+e)	O(n+e)	稀疏图	不唯一

图7-22　图的邻接矩阵和邻接表的性能比较

7.3　例题解析

1.填空题

(1)设无向图G中顶点数为n，则图G至少有(　　)条边，最多有(　　)条边；若G为有向图，则至少有(　　)条边，最多有(　　)条边。

答案：0　n∗(n-1)/2　0　n∗(n-1)

分析：图的顶点集合是有穷非空的，而边集可以是空集；边数达到最多的图称为完全图，在完全图中，任意两个顶点之间都存在边。

(2)任何连通图的连通分量只有一个，即是(　　)。

答案：其自身

(3)图的存储结构主要有两种，分别是(　　　)和(　　　)。

答案：邻接矩阵　邻接表

分析：这是最常用的两种存储结构，此外，还有十字链表、邻接多重表、边集数组等。

(4)已知无向图G的顶点数为n，边数为e，其邻接表表示的空间复杂度为(　　　)。

答案：O(n+e)

分析：在无向图的邻接表中，顶点表有n个结点，边表有2e个结点，共有n+2e个结点，其空间复杂度为O(n+2e)=O(n+e)。

(5)已知一个有向图的邻接矩阵表示，计算第j个顶点的入度方法是(　　　　)。

答案：求第j列的所有非零元素之和

2.单项选择题

(1)无向图G有16条边，度为4的顶点有3个，度为3的顶点有4个，其余顶点的度均小于3，则图G至少有(　　)个顶点。

A. 10　　B. 11

C. 12　　D. 13

答案：B

分析：根据顶点的度数之和与边数之间的关系，可以列出如下不等式：

3×4+4×3+(x-3-4)×2>=16×2

解得x至少为11。

(2)G是一个非连通无向图，共有28条边，则该图至少有(　　)个顶点。

A. 6　　　　B. 7

C. 8　　　　D. 9

答案：D

分析：n个顶点的无向图中，边数e<=n*(n-1)/2，将e=28代入，有n>=8，现已知无向图非连通，则n=9。

(3)假设一个有向图具有n个顶点e条边，该有向图采用邻接矩阵存储，则删除与顶点i相关联的所有边的时间复杂度是(　　)。

A. O(n)　　　　B. O(e)

C. O(n+e)　　　　D. O(n*e)

答案：A。

分析：只需将邻接矩阵第i行和第i列的所有元素置为0。

3. 判断题

(1)用邻接矩阵存储图，所占用的存储空间大小只与图中顶点个数有关，而与图的边数无关。

答案：对

分析：邻接矩阵的空间复杂度为$O(n^2)$，与边的个数无关。

(2)无向图的邻接矩阵一定是对称的，有向图的邻接矩阵一定是不对称的。

答案：错

分析：有向图的邻接矩阵不一定对称，例如有向完全图的邻接矩阵就是对称的。

(3)对任意一个图，从某顶点出发进行一次深度优先遍历或广度优先遍历，可访问图的所有顶点。

答案：错

分析：只有连通图从某顶点出发进行一次遍历，可访问图的所有顶点。

4. 简答题

(1)n个顶点的无向图，采用邻接表存储。请回答下列问题：

图中有多少条边？任意两个顶点i和j是否有边相连？任意一个顶点的度是多少？

解答：边表中的结点个数之和除以2；第i个边表中是否含有结点j；该顶点所对应的边表中所含结点个数。

(2)n个顶点的无向图，采用邻接矩阵存储。请回答下列问题：

图中有多少条边？任意两个顶点i和j是否有边相连？任意一个顶点的度是多少？

解答：邻接矩阵中非0元素个数的总和除以2；邻接矩阵A中A[i][j]=1或A[j][i]=1时，表示两顶点之间有边相连；计算邻接矩阵上该顶点对应的行上非0元素的个数。

5. 算法设计题

(1)设计算法，将一个无向图的邻接矩阵转换为邻接表。

解答：先设置一个空的邻接表，然后在邻接矩阵上查找值不为0的元素，找到后在邻接表的对应单链表中插入相应的边表结点。算法如下：

邻接矩阵转为邻接表算法 MatToList

```
void MatToList( AdjMatrix &A, AdjList &B)
{
  B. vertexNum = A. vertexNum;
  B. arcNum = A. arcNum;
  for (i =0; i < A. vertexNum; i + +)
  B. adjlist[i]. firstedge = NULL;
  for (i =0; i < A. vertexNum; i + +)
  for (j =0; j <i; j + +)
  if (A. arc[i][j]!  =0) {
    p = new ArcNode;
    p - > adjvex = j;
    p - > next = B. adjlist[i]. firstedge;
    B. adjlist[i]. firstedge = p;
  }
}
```

(2)设计算法，将一个无向图的邻接表转换为邻接矩阵。

解答：在邻接表上顺序地取每个边表中的结点，将邻接矩阵中对应单元的值置为1。算法如下：

邻接表转为邻接矩阵算法 ListToMat

```
void ListToMat( AdjMatrix &A, AdjList &B)
{
  A. vertexNum = B. vertexNum;
  A. arcNum = B. arcNum;
  for (i =0; i < A. vertexNum; i + +)
  for (j =0; j < A. vertexNum; j + +)
  A. arc[i][j] =0;
  for (i =0; i < A. vertexNum; i + +)
  {
    p = B. adjlist[i]. firstedge;
    while (p!  =NULL)
    {
      j =p - > adjvex;
      a[i][j] =1;
      p =p - > next;
    }
  }
}
```

(3)设计算法，计算图中出度为0的顶点个数。

解答：在有向图的邻接矩阵中，一行对应一个顶点，每行的非0元素个数等于对应顶点的出度。因此，当某行非 0 元素个数为 0 时，则对应顶点的出度为 0。据此，从第一行开始，查找每行的非 0 元素个数是否为 0，若是则计数器加 1。算法如下：

统计出度为 0 的算法 SumZero

```
int SumZero( AdjMatrix A)
{
  count =0;
  for (i =0; i < A. vertexNum; i + + )
  {
    tag =0;
    for (j =0; j < A. vertexNum; i + + )
    if (A. arcs[i][j]!  =0){tag =1; break; }
    if( tag = =0) count + +;
  }
  return count;
}
```


7.4 图实践

1. 邻接矩阵的实现

(1)实验内容

建立无向图的邻接矩阵存储；对建立的无向图，进行深度优先遍历；对建立的无向图，进行广度优先遍历。

(2)实验程序

在 VC + +编程环境下新建一个工程“邻接矩阵验证实验”，在该工程中新建一个头文件 Mgraph. h，该头文件包括无向图类 Mgraph 的定义，程序如下：

```
#ifndef MGraph_H                          //定义头文件
#define MGraph_H
const int MaxSize  =  10;                 //图中最多顶点个数
template  < class DataType >
class MGraph
{
  public:
    MGraph( DataType a[ ], int n, int e); //构造函数，建立具有 n 个顶点 e 条边的图
    ~MGraph( ) { }                        //析构函数为空
    void DFSTraverse( int v);             //深度优先遍历图
    void BFSTraverse( int v);             //广度优先遍历图
  private:
    DataType vertex[ MaxSize];            //存放图中顶点的数组
    int arc[ MaxSize][ MaxSize];          //存放图中边的数组
```

```
    int vertexNum, arcNum;                     //图的顶点数和边数
};
#endif
```

在工程“邻接矩阵验证实验”中新建一个源程序文件 MGraph. cpp，该文件包括类 MGraph 中成员函数的定义，程序如下：

```
#include <iostream>
using namespace std;
#include "MGraph.h"                              //引入头文件
template <class DataType>
MGraph<DataType>::MGraph(DataType a[ ], int n, int e)
{
  int i, j;
  vertexNum = n; arcNum = e;
  for (i = 0; i < vertexNum; i++)
  vertex[i] = a[i];
  for (i = 0; i < vertexNum; i++)
  for (j = 0; j < vertexNum; j++)
    arc[i][j] = 0;
  for (int k = 0; k < arcNum; k++)
  {
    cout << "请输入边的两个顶点的序号：";
    cin >> i;
    cin >> j;
    arc[i][j] = 1; arc[j][i] = 1;
  }
}
template <class DataType>
void MGraph<DataType>::DFSTraverse(int v)
{
  cout << vertex[v]; visited[v] = 1;
  for (int j = 0; j < vertexNum; j++)
  if (arc[v][j] == 1 && visited[j] == 0)
  DFSTraverse(j);
}
template <class DataType>
void MGraph<DataType>::BFSTraverse(int v)
{
  int Q[MaxSize];
  int front = -1, rear = -1;
```

```
                    //初始化队列，假设队列采用顺序存储且不会发生溢出
   cout < < vertex[v]; visited[v] = 1;   Q[ + +rear] = v;   //被访问顶点入队
   while (front ! = rear)                                   //当队列非空时
   {
     v = Q[ + +front];                        //将队头元素出队并送到 v 中
     for (int j = 0; j < vertexNum; j + +)
     if (arc[v][j] = = 1 && visited[j] = = 0 ) {
     cout < < vertex[j];
     visited[j] = 1;
     Q[ + +rear] = j;
     }
   }
}
```

07

在工程“邻接矩阵验证实验”中新建一个源程序文件 MGraph_main. cpp，该文件包括主函数，程序如下：

```
#include <iostream>
using namespace std;
#include "MGraph.cpp"
int visited[MaxSize] = {0};
int main( )
{
  char ch[ ] = {'A', 'B', 'C', 'D', 'E'};
  MGraph <char> MG(ch, 5, 6);
  for (int i =0; i < MaxSize; i + +)
  visited[i] =0;
  cout < < "深度优先遍历序列是: ";
  MG. DFSTraverse(0);
  cout < < endl;
  for (i =0; i < MaxSize; i + +)
  visited[i] =0;
  cout < < "广度优先遍历序列是: ";
  MG. BFSTraverse(0);
  cout < < endl;
  return 0;
}
```

2. 邻接表的实现

(1)实验内容

建立一个有向图的邻接表存储结构；对建立的有向图，进行深度优先遍历；对建立的有向图，进行广度优先遍历。

(2)实验程序

在VC++编程环境下新建一个工程“邻接表验证实验”，在该工程中新建一个头文件ALGraph.h，该头文件包括有向图类ALGraph以及相关结点的定义，程序如下：

```
#ifndef ALGraph_H                                  //定义头文件
#define ALGraph_H
const int MaxSize = 10;                            //图的最大顶点数
struct ArcNode                                     //定义边表结点
{
  int adjvex;                                      //邻接点域
  ArcNode *next;
};
template <class DataType>
struct VertexNode                                  //定义顶点表结点
{
  DataType vertex;
  ArcNode *firstedge;
};
template <class DataType>
class ALGraph
{
  public:
    ALGraph(DataType a[ ], int n, int e);          //构造函数，建立一个有n个顶点e
                                                     条边的图
    ~ALGraph( );                                   //析构函数，释放邻接表中各边表结
                                                     点的存储空间
    void DFSTraverse(int v);                       //深度优先遍历图
    void BFSTraverse(int v);                       //广度优先遍历图
  private:
    VertexNode<DataType> adjlist[MaxSize];         //存放顶点表的数组
    int vertexNum, arcNum;                         //图的顶点数和边数
};
#endif
```

在工程“邻接表验证实验”中新建一个源程序文件ALGraph.cpp，该文件包括类ALGraph中成员函数的定义，程序如下：

```
#include <iostream>
using namespace std;
#include "ALGraph.h"                               //引入头文件
template <class DataType>
ALGraph<DataType>::ALGraph(DataType a[ ], int n, int e)
```

07

```
{
  ArcNode *s;
  int i, j, k;
  vertexNum = n; arcNum = e;
  for (i = 0; i < vertexNum; i++)                  //输入顶点信息，初始化顶点表
  {
      adjlist[i].vertex = a[i];
      adjlist[i].firstedge = NULL;
  }
  for (k = 0; k < arcNum; k++)                     //依次输入每一条边
  {
    cout<<"请输入边的两个顶点的序号：";
    cin>>i>>j;                                     //输入边所依附的两个顶点的编号
    s = new ArcNode; s->adjvex = j;                //生成一个边表结点 s
    s->next = adjlist[i].firstedge;                //将结点 s 插入到第 i 个边表的
                                                     表头
    adjlist[i].firstedge = s;
  }
}
template <class DataType>
ALGraph<DataType>:: ~ALGraph( )
{
    ArcNode *p;
    for(int i=0; i<vertexNum; i++)
    {
      p=adjlist[i].firstedge;
      while(p! =NULL)                              //循环删除
      {
        adjlist[i].firstedge=p->next;
        delete p;                                  //释放结点空间
        p=adjlist[i].firstedge;
      }
    }
}
template <class DataType>
void ALGraph<DataType>:: DFSTraverse(int v)
{
  ArcNode *p; int j;
  cout<<adjlist[v].vertex;   visited[v] = 1;
```

```
    p = adjlist[v].firstedge;                    //工作指针 p 指向顶点 v 的边表
    while (p != NULL)                            //依次搜索顶点 v 的邻接点 j
    {
      j = p->adjvex;
      if (visited[j] == 0) DFSTraverse(j);
      p = p->next;
    }
}
template <class DataType>
void ALGraph<DataType>::BFSTraverse(int v)
{
    int front = -1, rear = -1;                   //初始化队列,假设队列采用顺序存储且
                                                   不会发生溢出
    int Q[MaxSize];
    ArcNode *p;
    cout<<adjlist[v].vertex; visited[v] = 1; Q[++rear] = v;
                                                 //被访问顶点入队
    while (front != rear)                        //当队列非空时
    {
      v = Q[++front];
      p = adjlist[v].firstedge;                  //工作指针 p 指向顶点 v 的边表
      while (p != NULL)
      {
        int j = p->adjvex;
        if (visited[j] == 0) {
          cout<<adjlist[j].vertex; visited[j]=1; Q[++rear]=j;
        }
        p=p->next;
      }
    }
}
```

在工程“邻接表验证实验”中新建一个源程序文件 ALGraph_main.cpp，该文件包括主函数，程序如下：

```
#include <iostream>
using namespace std;
#include "ALGraph.cpp"
int visited[MaxSize] = {0};
int main()
{
```

```
    char ch[ ] = {'A', 'B', 'C', 'D', 'E'};
    int i;
    ALGraph<char> ALG(ch, 5, 6);
    for (i = 0; i < MaxSize; i++)
    visited[i] = 0;
    cout<<"深度优先遍历序列是:";
    ALG.DFSTraverse(0);
    cout<<endl;
    for (i = 0; i < MaxSize; i++)
    visited[i] = 0;
    cout<<"广度优先遍历序列是:";
    ALG.BFSTraverse(0);
    cout<<endl;
    return 0;
}
```

07

7.5 习题 6

1. 填空题

(1)十字链表适合存储(　　　　)，邻接多重表适合存储(　　　　)。

(2)n 个顶点的连通图用邻接矩阵表示时，该矩阵至少有(　　)个非 0 元素。

(3)表示一个有 100 个顶点，1000 条边的有向图的邻接矩阵有(　　)个非 0 矩阵元素。

2. 单项选择题

(1)下列命题正确的是(　　)。

A. 一个图的邻接矩阵表示是唯一的，邻接表表示也是唯一的

B. 一个图的邻接矩阵表示是唯一的，邻接表表示是不唯一的

C. 一个图的邻接矩阵表示是不唯一的，邻接表表示是唯一的

D. 一个图的邻接矩阵表示是不唯一的，邻接表表示也是不唯一的

(2)在一个具有 n 个顶点的有向完全图中包含有(　　)条边。

A. $n*(n-1)/2$　　B. $n*(n-1)$　　C. $n*(n+1)/2$　　D. n_2

第 8 章　查找

8.1　基础知识

数据的组织和查找是大多数应用程序的核心，而查找是所有数据处理中最基本、最常用的操作。特别当查找的对象是一个庞大数量的数据集合中的元素时，查找的方法和效率就显得格外重要。

8.2　查找的概念

查找表(Search Table)：相同类型的数据元素(对象)组成的集合，每个元素通常由若干数据项构成。

关键字(Key，码)：数据元素中某个(或几个)数据项的值，它可以标识一个数据元素。若关键字能唯一标识一个数据元素，则该关键字称为主关键字；将能标识若干个数据元素的关键字称为次关键字。

查找/检索(Searching)过程：根据给定的关键字 Key 值，在查找表中确定一个关键字等于给定值的记录或数据元素的过程。

①若查找表中存在满足条件的记录：查找成功；结果：返回该数据元素在查找表中的位置。

②若查找表中不存在满足条件的记录：查找失败；结果：返回空。

查找有两种基本形式：静态查找和动态查找。

静态查找(Static Search)：在查找时只对数据元素进行查询或检索，查找表称为静态查找表。

动态查找(Dynamic Search)：在实施查找的同时，插入查找表中不存在的记录，或从查找表中删除已存在的某个记录，查找表称为动态查找表。

查找的对象是查找表，采用何种查找方法，首先取决于查找表的组织。查找表是记录的集合，而集合中的元素之间是一种完全松散的关系，因此，查找表是一种非常灵活的数据结构，可以用多种方式来存储。

根据存储结构的不同，查找方法可分为三大类：

①顺序表和链表的查找：将给定的 Key 值与查找表中记录的关键字逐个进行比较，找到要查找的记录；

②散列表的查找：根据给定的 Key 值直接访问查找表，从而找到要查找的记录；

③索引查找表的查找：首先根据索引确定待查找记录所在的块，然后再从块中找到要查找的记录。

8.3 查找方法评价指标

查找过程中主要的操作是关键字 Key 值的比较，查找过程中关键字 Key 值的平均比较次数(平均查找长度 ASL：Average Search Length)作为衡量一个查找算法效率高低的指标。对于含有 n 个数据元素的查找表，查找成功的平均查找长度 ASL 定义为：

$$ASL = \sum_{i=1}^{n} P_i \times C_i \quad 其中\sum_{i=1}^{n} P_i = 1$$

其中：P_i：查找第 i 个记录的概率，不失一般性，认为查找每个记录的概率相等，即 $P_1 = P_2 = \ldots = P_i = 1/n(i = 1, 2, \cdots, n)$；$C_i$：查找第 i 个记录需要进行比较的次数。

一般地，认为记录的关键字是一些可以进行比较运算的类型，如整型、字符型、实型等，本章以后各节中讨论所涉及的关键字、数据元素等的类型描述如下：

典型的关键字类型说明是：

```
typedef  float  KeyType ;          /* 实型   */
typedef  int   KeyType ;           /* 整型   */
typedef  char  KeyType ;           /* 字符型  */
```

数据元素类型的定义是：

```
typedef  struct  RecType
{  KeyTypeKey ;                    /* 关键字码   */
……/* 其他域                         */
}RecType ;
```

对两个关键字的比较约定为如下带参数的宏定义：

```
/*  对数值型关键字   */
#define  EQ(a, b)   ((a)==(b))
#define  LT(a, b)   ((a)<(b))
#define  LQ(a, b)   ((a)<=(b))
/*  对字符串型关键字   */
#define  EQ(a, b)   (!strcmp((a),(b)) )
#define  LT(a, b)   (strcmp((a),(b))<0 )
#define  LQ(a, b)   (strcmp((a),(b))<=0 )
```

8.4 静态查找表

静态查找表的抽象数据类型定义如下：

ADT Static_SearchTable{

数据对象 D：D 是具有相同特性的数据元素的集合，各个数据元素有唯一标识的关键字。

数据关系 R：数据元素同属于一个集合。

基本操作 P：

Create(&ST, n)；操作结果：构造一个含有 n 个数据元素的静态查找表 ST。

Destory(&ST)；操作结果：销毁一个已存在的静态查找表 ST。

Search(ST, key)；操作结果：若 ST 中存在其关键字等于 Key 的数据元素，则函数返回该元素的值或在表中的位置，否则返回空。

Traverse(ST, Visit())；操作结果：按照某种次序对 ST 的每个元素调用 Visit()函数一次且仅一次，一旦 Visit()失败，则操作失败。

} ADT Static_SearchTable 。

线性表是查找表最简单的一种组织方式，本节介绍几种主要的关于顺序存储结构的查找方法。

8.4.1　顺序查找(Sequential Search)

1. 查找思想

从表的一端开始逐个将记录的关键字和给定 Key 值进行比较，若某个记录的关键字和给定 Key 值相等，查找成功；否则，若扫描完整个表，仍然没有找到相应的记录，则查找失败。顺序表的类型定义如下：

```
#define MAX_SIZE   100
typedef   struct   SSTable
{   RecType   elem[MAX_SIZE] ;          /*   顺序表    */
    int   length ;                      /*   实际元素个数    */
}SSTable ;
```

2. 算法实现

```
int   Seq_Search(SSTable   ST , KeyType key)
{    int p ;
     ST. elem[0]. key = key ;                /* 设置监视哨兵，失败返回 0    */
     for (p = ST. length; ! EQ(ST. elem[p]. key, key); p - -)
     return(p) ;
}
```

比较次数：

查找第 1 个元素：1

⋮

查找第 i 个元素：n − i + 1

查找第 n 个元素：n

查找失败：n + 1

3. 算法分析

不失一般性，设查找每个记录成功的概率相等，即 $P_i = 1/n$；查找第 i 个元素成功的比较次数 $C_i = n - i + 1$；

①查找成功时的平均查找长度 $ASL = \frac{1}{n}\sum_{i=1}^{n}(n - i + 1) = \frac{n+1}{2}$

②查找失败的比较次数为 n + 1，则平均查找长度 ASL = n + 1

8.4.2 折半查找(Binary Search)

折半查找又称为二分查找，是一种效率较高的查找方法。

前提条件：查找表中的所有记录是按关键字有序(升序或降序)。

查找过程中，先确定待查找记录在表中的范围，然后逐步缩小范围(每次将待查记录所在区间缩小一半)，直到找到或找不到记录为止。

1. 查找思想

用 Low、High 和 Mid 表示待查找区间的下界、上界和中间位置指针，初值为 Low = 1，High = n。

(1)取中间位置 Mid：Mid = (Low + High)/2；

(2)比较中间位置记录的关键字与给定的 K 值：

①相等：查找成功；

②大于：High = Mid - 1，转①；

③小于：待查记录在区间的后半段，修改下界指针：Low = Mid + 1，转①；

(3)直到越界(Low > High)，查找失败。

2. 算法实现

```
int   Bin_Search(SSTable  ST , KeyType  key)
{   int   Low = 1, High = ST. length, Mid ;
    while ( Low < High)
    {       Mid = (Low + High)/2  ;
            if  (EQ(ST. elem[Mid]. key, key))
            return(Mid) ;
      else if (LT(ST. elem[Mid]. key, key))   //待查记录在区间的后半段，修改下界指针
              Low = Mid + 1  ;
         else    High = Mid - 1  ;            //待查记录在区间的前半段，修改上界指针
    }
    return(0) ;          /*查找失败   */
}
```

3. 算法分析

二分查找函数恰好是一条从判定树的根到被查结点的路径，而比较的次数恰好是树深。借助于二叉判定树很容易求得二分查找的平均查找长度。假设表长为 n，树深 $h = \log_2(n+1)$，所以平均查找长度

$$ASL = \sum_{i=1}^{n} P_i C_i = \frac{1}{n}\sum_{i=1}^{n} i \times 2^{i-1} = \frac{n+1}{n}\log_2(n+1) - 1 \approx \log_2(n+1) - 1$$

8.4.3 分块查找

分块查找(Blocking Search)又称索引顺序查找，是前面两种查找方法的综合。

1. **查找思想**

先确定待查记录所在块，再在块内查找(顺序查找)。查找表的组织结构：

①将查找表分成几块。块间有序，即第 i+1 块的所有记录关键字均大于(或小于)第 i 块记录关键字；块内无序。

②在查找表的基础上附加一个索引表，索引表是按关键字有序的，即前一块中的最大关键字值小于后一块中的最小关键字值。

2. **算法实现**

```
typedef struct IndexType
{keyType   maxkey ;                /*  块中最大的关键字   */
  int startpos ;                  /*  块的起始位置指针   */
}Index;
int Block_search(RecType ST[ ] , Index ind[ ] , KeyType key , int n , int b)
      /* 在分块索引表中查找关键字为 key 的记录 */
      /* 表长为 n ，块数为 b  */
{ int i=0 , j , k ;
  while ((i<b)&&LT(ind[i].maxkey, key) )   i++ ;
  if (i>b) {   printf("\nNot found");     return(0);    }
  j=ind[i].startpos ;
  while ((j<n)&&LQ(ST[j].key, ind[i].maxkey) )
  {   if ( EQ(ST[j].key, key) )   break ;
      j++ ;
  }     /* 在块内查找   */
      if (j>n||! EQ(ST[j].key, key) )
  {  j=0; printf("\nNot found");    }
     return(j);
}
```

3. **算法分析**

分块查找实际上是进行两次查找，则整个算法的平均查找长度是两次查找的平均查找长度之和。

假设有 n 个结点，分成 b_n 块，每块有 s 个结点，即 $b_n=n/s$，每块的查找概率为 $1/b_n$，块内每个结点的查找概率为 1/s。则平均查找长度

$$ASL\approx\log_2(b_n+1)-1+(s+1)/2\approx\log_2(\frac{n}{s}+1)+s/3$$

8.5 动态查找

当查找表以线性表的形式组织时，若对查找表进行插入、删除或排序操作，就必须移动大量的记录，当记录数很多时，这种移动的代价很大。利用树的形式组织查找表，可以对查找表进行动态高效的查找。

8.6 习题 7

1. 以顺序查找方法从长度为 n 的顺序表或单链表中查找一个元素时，计算平均查找长度和时间复杂度。

2. 已知一个顺序存储的有序表为(15，26，34，39，45，56，58，63，74，76)，试画出对应的折半查找判定树，求出其平均查找长度。

3. 假定一个线性表为(38，52，25，74，68，16，30，54，90，72)，画出按线性表中元素的次序生成的一棵二叉排序树，求出其平均查找长度。

4. 编写一个函数，利用分块查找在一个顺序表中查找某个给定元素是否存在。

第9章　内排序

在信息处理过程中，最基本的操作是查找。从查找来说，效率最高的是折半查找，折半查找的前提是所有的数据元素(记录)是按关键字有序的。故在信息处理过程中需要将一个无序的数据文件转变为一个有序的数据文件。

将任一文件中的记录通过某种方法整理成为按(记录)关键字有序排列的处理过程称为排序。

排序是数据处理中一种最常用的操作。

9.1　基础知识

1. 排序(Sorting)的定义

排序是将一批(组)任意次序的记录重新排列成按关键字有序记录的过程，其定义为：

给定一组记录序列：$\{R_1, R_2, \cdots, R_n\}$，其相应的关键字序列是$\{K_1, K_2, \cdots, K_n\}$。确定1，2，…，n的一个排列$p_1, p_2, \cdots, p_n$，使其相应的关键字满足非递减(或非递增)关系：$K_{p1} \leqslant K_{p2} \leqslant \cdots \leqslant K_{pn}$的序列$\{K_{p1}, K_{p2}, \cdots, K_{pn}\}$，这种操作称为排序。

关键字K_i可以是记录R_i的主关键字，也可以是次关键字或若干数据项的组合。

①K_i是主关键字：排序后得到的结果是唯一的；

②K_i是次关键字：排序后得到的结果是不唯一的。

2. 排序的稳定性

若记录序列中有两个或两个以上关键字相等的记录：$K_i = K_j(i \neq j, i, j = 1, 2, \cdots, n)$，且在排序前$R_i$先于$R_j(i < j)$，排序后的记录序列仍然是$R_i$先于$R_j$，这种情况称排序方法是稳定的，否则是不稳定的。

排序算法有许多，但就全面性能而言，还没有一种公认为是最好的。每种算法都有其优点和缺点，分别适合不同的数据量和硬件配置。

评价排序算法的标准有：主要为执行时间和所需的辅助空间，其次是算法的稳定性。

若排序算法所需的辅助空间不依赖问题的规模n，即空间复杂度是O(1)，则称排序方法是就地排序，否则是非就地排序。

3. 排序的分类

待排序的记录数量不同，排序过程中涉及的存储器的不同，有不同的排序分类。

①待排序的记录数不太多：所有的记录都能存放在内存中进行排序，称为内部排序；

②待排序的记录数太多：所有的记录不可能存放在内存中，排序过程中必须在内、外存之间进行数据交换，这样的排序称为外部排序。

4. **内部排序的基本操作**

对内部排序而言，其基本操作有两种：

①比较两个关键字的大小；

②存储位置的移动：从一个位置移到另一个位置。

第一种操作是必不可少的；而第二种操作却不是必需的，取决于记录的存储方式，具体情况是：

a. 记录存储在一组连续地址的存储空间：记录之间的逻辑顺序关系是通过其物理存储位置的相邻来体现的，记录的移动是必不可少的；比较适合记录数较少的情况。

b. 记录采用链式存储方式：记录之间的逻辑顺序关系是通过结点中的指针来体现的，排序过程仅需修改结点的指针，而不需要移动记录；适合记录数较多的情况。

c. 记录存储在一组连续地址的存储空间，构造另一个辅助表来保存各个记录的存放地址(指针)：排序过程不需要移动记录，而仅需修改辅助表中的指针，排序后视具体情况决定是否调整记录的存储位置；适合记录数较多的情况。

为讨论方便，假设待排序的记录是以 a 的情况存储，且设排序是按升序排列的；关键字是一些可直接用比较运算符进行比较的类型。

待排序的记录类型的定义如下：

```
#define  MAX_SIZE  100
typedef  int  KeyType ;
typedef  struct  RecType
{ KeyType  key ;                    /*关键字码  */
  infoType  otherinfo ;             /*其他域  */
}RecType ;
typedef  struct  Sqlist
{ RecType  R[MAX_SIZE] ;
  int length;
}Sqlist ;
```

9.2 插入排序

插入排序采用的是以“玩桥牌者”的方法为基础的。即在考察记录 R_i 之前，设以前的所有记录 R_1, R_2, …, R_{i-1} 已排好序，然后将 R_i 插入到已排好序的诸记录的适当位置。最基本的插入排序是直接插入排序(Straight Insertion Sort)。

9.2.1 直接插入排序

1. **排序思想**

将待排序的记录 R_i 插入到已排好序的记录表 R_1, R_2, …, R_{i-1} 中，得到一个新的、记录数增加 1 的有序表。直到所有的记录都插入完为止。

设待排序的记录顺序存放在数组 R[1…n] 中，在排序的某一时刻，将记录序列分成两部分：

①R[1…i-1]：已排好序的有序部分；

②R[i…n]：未排好序的无序部分。

显然，在刚开始排序时，R[1]是已经排好序的。

2. 算法实现

```
void straight_insert_sort(Sqlist *L)
{ int i, j ;
  for (i=2; i<=L->length; i++)
  {  L->R[0]=L->R[i]; j=i-1;        /*设置哨兵    */
  while( LT(L->R[0].key, L->R[j].key) )
     {   L->R[j+1]=L->R[j];
          j--;
     }           /*查找插入位置    */
     L->R[j+1]=L->R[0];          /*    插入到相应位置    */
  }
}
```

3. 算法说明

算法中的R[0]开始时并不存放任何待排序的记录，引入的作用主要有两个：

①不需要增加辅助空间：保存当前待插入的记录R[i]，R[i]会因为记录的后移而被占用；

②保证查找插入位置的内循环总可以在超出循环边界之前找到一个等于当前记录的记录，起“哨兵监视”作用，避免在内循环中每次都要判断j是否越界。

4. 算法分析

①最好情况：若待排序记录按关键字从小到大排列(正序)，算法中的内循环无须执行，则一趟排序时：关键字比较次数1次，记录移动次数2次(R[i]→R[0]，R[0]→R[j+1])。

则整个排序的关键字比较次数和记录移动次数是i+1次。

②最坏情况：若待排序记录按关键字从大到小排列(逆序)，则一趟排序时：算法中的内循环体执行i-1次，关键字比较次数i次，记录移动次数i+1。

则就整个排序而言：一般地，认为待排序的记录可能出现的各种排列的概率相同，则取以上两种情况的平均值作为排序的关键字比较次数和记录移动次数，约为$n^2/4$，则复杂度为$O(n^2)$。

9.2.2　其他插入排序

1. 折半插入排序

当将待排序的记录R[i] 插入到已排好序的记录子表R[1…i-1]中时，由于R_1，R_2，…，R_{i-1}已排好序，则查找插入位置可以用“折半查找”实现，则直接插入排序就变成为折半插入排序。

(1)算法实现

```
void Binary_insert_sort(Sqlist *L)
{   int i, j, low, high, mid;
   for (i=2; i<=L->length; i++)
```

```
    { L->R[0]=L->R[i];          /*设置哨兵    */
      low=1; high=i-1;
      while (low<=high)
      { if ( LT(L->R[0].key, L->R[mid].key) )
            high=mid-1;
        else   low=mid+1;
      }          /*查找插入位置    */
      for (j=i-1; j>=high+1; j--)
      L->R[j+1]=L->R[j];
      L->R[high+1]=L->R[0];    /*插入到相应位置    */
    }
}
```


(2)算法分析

从时间上比较，折半插入排序仅仅减少了关键字的比较次数，却没有减少记录的移动次数，故时间复杂度仍然为 $O(n^2)$ 。

2.2-路插入排序

(1)算法实现

是对折半插入排序的改进，以减少排序过程中移动记录的次数。须附加 n 个记录的辅助空间，具体方法是：

①另设一个和 L->R[i]同类型的数组 d，L->R[1]赋给 d[1]，将 d[1]看成是排好序的序列中中间位置的记录；

②分别将 L->R[i]中的第 i 个记录依次插入到 d[1]之前或之后的有序序列中，具体方法：

L->R[i].key<d[1].key：L->R[i]插入到 d[1]之前的有序表中；

L->R[i].key≥d[1].key：L->R[i]插入到 d[1]之后的有序表中。

(2)算法分析

实现时将向量 d 看成是循环向量，并设两个指针 first 和 final 分别指示排序过程中得到的有序序列中的第一个和最后一个记录。

在2-路插入排序中，移动记录的次数约为 $n^2/8$ 。但当 L->R[1]是待排序记录中关键字最大或最小的记录时，2-路插入排序就完全失去了优越性。

3.表插入排序

前面的插入排序不可避免地要移动记录，若不移动记录就需要改变数据结构，即附加 n 个记录的辅助空间，则记录类型修改为：

```
typedef struct   RecNode
{  KeyType   key ;
   infotype   otherinfo ;
   int  *next;
}RecNode ;
```

初始化：下标值为 0 的分量作为表头结点，关键字取为最大值，各分量的指针值为空；

①将静态链表中数组下标值为 1 的分量(结点)与表头结点构成一个循环链表；

②i=2，将分量R[i]按关键字递减插入到循环链表；

③增加i，重复②，直到全部分量插入到循环链表。

和直接插入排序相比，不同的是修改2n次指针值以代替移动记录，而关键字的比较次数相同，故时间复杂度为$O(n^2)$。

表插入排序得到一个有序链表，对其可以方便地进行顺序查找，但不能实现随即查找。根据需要，可以对记录进行重排。

9.3　希尔排序

希尔排序(Shell Sort，又称缩小增量法)是一种分组插入排序方法。

1. 排序思想

①先取一个正整数$d_1(d_1<n)$作为第一个增量，将全部n个记录分成d_1组，把所有相隔d_1的记录放在一组中，即对于每个$k(k=1, 2, \cdots, d_1)$，R[k]，R[d_1+k]，R[2*d_1+k]，…分在同一组中，在各组内进行直接插入排序。这样一次分组和排序过程称为一趟希尔排序。

②取新的增量$d_2<d_1$，重复①的分组和排序操作；直至所取的增量$d_i=1$为止，即所有记录放进一个组中排序为止。

2. 算法实现

先给出一趟希尔排序的算法，类似直接插入排序。

```
void shell_pass(Sqlist *L, int d)
   /* 对顺序表L进行一趟希尔排序，增量为d   */
{  int j, k ;
   for (j=d+1; j<=L->length; j++)
   {     L->R[0]=L->R[j] ;            /* 设置监视哨兵   */
         k=j-d ;
         while (k>0&&LT(L->R[0].key, L->R[k].key) )
         {   L->R[k+d]=L->R[k] ; k=k-d ;   }
             L->R[k+j]=L->R[0] ;
   }
}
```

然后再根据增量数组d_k进行希尔排序。

```
void shell_sort(Sqlist *L, int dk[], int t)
     /* 按增量序列dk[0 … t-1]，对顺序表L进行希尔排序   */
{  int m ;
   for (m=0; m<=t; m++)
   shll_pass(L, dk[m]) ;
}
```

希尔排序的分析比较复杂，涉及一些数学上的问题，其时间是所取的“增量”序列的函数。

希尔排序特点：子序列的构成不是简单的“逐段分割”，而是将相隔某个增量的记录组成一个子序列。

希尔排序可提高排序速度，原因是：

①分组后 n 值减小，n^2 更小，而 $T(n)=O(n^2)$，所以 T(n)从总体上看是减小了；

②关键字较小的记录跳跃式前移，在进行最后一趟增量为 1 的插入排序时，序列已基本有序。

增量序列取法：

①无除 1 以外的公因子；

②最后一个增量值必须为 1。

09

9.4 冒泡排序

1. 排序思想

依次比较相邻的两个记录的关键字，若两个记录是反序的(即前一个记录的关键字大于后一个记录的关键字)，则进行交换，直到没有反序的记录为止，这样的排序称为冒泡排序。

(1)首先将 L->R[1]与 L->R[2]的关键字进行比较，若为反序(L->R[1]的关键字大于 L->R[2]的关键字)，则交换两个记录；然后比较 L->R[2]与 L->R[3]的关键字，依此类推，直到 L->R[n-1]与 L->R[n]的关键字比较后为止，称为一趟冒泡排序，L->R[n]为关键字最大的记录。

(2)然后进行第二趟冒泡排序，对前 n-1 个记录进行同样的操作。

一般地，第 i 趟冒泡排序是对 L->R[1 … n-i+1]中的记录进行的，因此，若待排序的记录有 n 个，则要经过 n-1 趟冒泡排序才能使所有的记录有序。

2. 算法实现

```
#define FALSE 0
#define TRUE 1
void Bubble_Sort(Sqlist *L)
{  int j , k , flag ;
    for (j=0; j<L->length; j++)          /*共有 n-1 趟排序*/
    {  flag=TRUE ;
        for (k=1; k<=L->length-j; k++)   /*一趟排序*/
        if (LT(L->R[k+1].key, L->R[k].key ) )
            {  flag=FALSE ; L->R[0]=L->R[k] ;
               L->R[k]=L->R[k+1] ;
               L->R[k+1]=L->R[0] ;
            }
        if  (flag==TRUE)   break ;
    }
}
```

3. 算法分析

时间复杂度：$T(n)=O(n^2)$

空间复杂度：S(n) = O(1)

9.5　快速排序

1. 排序思想

通过一趟排序，将待排序记录分割成独立的两部分，其中一部分记录的关键字均比另一部分记录的关键字小，再分别对这两部分记录进行下一趟排序，以达到整个序列有序，这样的排序称为快速排序。

2. 排序过程

设待排序的记录序列是 R[s…t]，在记录序列中任取一个记录(一般取 R[s])作为参照(又称为基准或枢轴)，以 R[s].key 为基准重新排列其余的所有记录，方法是：

①所有关键字比基准小的放 R[s]之前；

②所有关键字比基准大的放 R[s]之后。

以 R[s].key 最后所在位置 i 作为分界，将序列 R[s…t]分割成两个子序列，称为一趟快速排序。一趟快速排序方法：从序列的两端交替扫描各个记录，将关键字小于基准关键字的记录依次放置到序列的前边；而将关键字大于基准关键字的记录从序列的最后端起，依次放置到序列的后边，直到扫描完所有的记录。

设置指针 low，high，初值为第 1 个和最后一个记录的位置。

①设两个变量 i，j，初始时令 i = low，j = high，以 R[low].key 作为基准(将 R[low]保存在 R[0]中)。从 j 所指位置向前搜索，将 R[0].key 与 R[j].key 进行比较：

若 R[0].key≤R[j].key：令 j = j - 1，然后继续进行比较，直到 i = j 或 R[0].key > R[j].key 为止；

若 R[0].key > R[j].key：R[i]与 R[j]互换，且令 i = i + 1；

②从 i 所指位置起向后搜索：将 R[0].key 与 R[i].key 进行比较：

若 R[0].key≥R[i].key：令 i = i + 1，然后继续进行比较，直到 i = j 或 R[0].key < R[i].key 为止；

若 R[0].key < R[i].kcy：R[j]与 R[i]互换，且令 j = j - 1；

重复①②，直至 i = j 为止，i 就是 R[0](基准)所应放置的位置。

3. 算法实现

(1)一趟快速排序算法的实现

```
int  quick_one_pass(Sqlist  *L , int low, int high)
{  int i = low, j = high ;
   L->R[0] = L->R[i] ;        /*  R[0]作为临时单元和哨兵  */
   do
   {  while (LQ(L->R[0].key, L->R[j].key)&&(j>i))
         j-- ;
      if  (j>i)  {  L->R[i] = L->R[j] ; i++ ;  }
      while (LQ(L->R[i].key, L->R[0].key)&&(j>i))
         i++ ;
```

```
    if  (j>i)  {  L->R[j]=L->R[i]; j--;  }
    } while(i!=j);    /*  i=j时退出扫描  */
    L->R[i]=L->R[0];
    return(i);
}
```

(2)快速排序算法实现

当进行一趟快速排序后，采用同样方法分别对两个子序列快速排序，直到子序列记录个数为1为止。

①递归算法

```
void  quick_Sort(Sqlist  *L, int low, int high)
{  int k;
   if  (low<high)
   {   k=quick_one_pass(L, low, high);
       quick_Sort(L, low, k-1);
       quick_Sort(L, k+1, high);
   }    /*序列分为两部分后分别对每个子序列排序  */
}
```

②非递归算法

```
# define  MAX_STACK  100
void  quick_Sort(Sqlist  *L, int low, int high)
{  int k, stack[MAX_STACK],   top=0;
   do {   while  (low<high)
          {   k=quick_one_pass(L, low, high);
              stack[++top]=high;   stack[++top]=k+1;
                  /*第二个子序列的上、下界分别入栈  */
              high=k-1;
          }
       if (top!=0)
          {   low=stack[top--]; high=stack[top--];   }
   }while (top!=0&&low<high);
}
```

4. 算法分析

快速排序的主要时间是花费在划分上，对长度为k的记录序列进行划分时关键字的比较次数为k-1。

9.6 简单选择排序

选择排序(Selection Sort)的基本思想是：每次从当前待排序的记录中选取关键字最小的记录表，然后与待排序的记录序列中的第一个记录进行交换，直到整个记录序列有序为止。

1. 排序思想

简单选择排序(Simple Selection Sort，又称为直接选择排序)的基本操作是：通过 n－i 次关键字间的比较，从 n－i＋1 个记录中选取关键字最小的记录，然后和第 i 个记录进行交换，i＝1，2，…，n－1。

2. 算法实现

```
void simple_selection_sort( Sqlist *L)
{ int m, n , k;
  for (m=1; m<L->length; m++)
  {  k=m ;
     for(n=m+1; n<=L->length; n++)
         if( LT(L->R[n].key, L->R[k].key) )   k=n ;
    if(k!=m)          /*记录交换     */
     {   L->R[0]=L->R[m]; L->R[m]=L->R[k];
         L->R[k]=L->R[0];
     }
  }
}
```

3. 算法分析

整个算法是二重循环：外循环控制排序的趟数，对 n 个记录进行排序的趟数为 n－1；内循环控制每一趟的排序。

进行第 i 趟排序时，关键字的比较次数为 n－i，则时间复杂度是：$T(n)=O(n^2)$

空间复杂度是：$S(n)=O(1)$

从排序的稳定性来看，直接选择排序是不稳定的。

9.7　习题 8

1. 输入若干国家名称，请按字母顺序将这些国家进行排序。

2. 已知序列{17，18，60，40，7，32，73，65，86}，请给出采用冒泡排序法对该序列作升序排序时的每一趟的结果。

3. 有 n 个不同的英文单词，它们的长度相等，均为 m，若 n＞＞50，m＜5，试问采用什么排序方法时间复杂度最佳？为什么？

4. 如果只想得到一个序列中第 K 个最小元素之前的部分排序序列，最好采用什么排序方法？为什么？如有这样的一个序列：{57，40，38，11，13，34，48，75，25，6，19，9，7}得到其第 4 个最小元素之前的部分序列{6，7，9，11}，使用所选择的算法实现时，要执行多少次比较？

5. 编程实现一个函数：修改冒泡排序过程以实现双向冒泡排序。

第10章　经典算法分析与实现

10.1　贪心法

10.1.1　相关知识

贪心法是一种简单有效的方法。它在解决问题的策略上只根据当前已有的信息就做出选择，而且一旦做出了选择，不管将来有什么结果，这个选择都不会改变。

贪心法并不是从整体最优考虑，它所做出的选择只是在某种意义上的局部最优。这种局部最优选择并不总能获得整体最优解，但通常能获得近似最优解。如果一个问题的最优解只能用蛮力法穷举得到，则贪心法不失为寻找问题近似最优解的一个较好办法。

10.1.2　典型例题

1. 埃及分数

古埃及人只用分子为1的分数，在表示一个真分数时，将其分解为若干个埃及分数之和，例如：7/8 表示为1/2+1/3+1/24。埃及分数问题要求把一个真分数表示为最少的埃及分数之和的形式。

设真分数为A/B，B除以A的整数部分为C，余数为D，则有下式成立：

B = A×C+D

即：B/A = C+D/A < C+1

则：A/B > 1/(C + 1)

即1/(C + 1) 即为真分数A/B包含的最大埃及分数。

设E = C + 1，由于A/B-1/E =[(A×E) -B]/(B×E)，则真分数减去最大埃及分数后，得到真分数[(A×E) - B]/B×E。

该真分数可能存在公因子，需要化简，可以将分子和分母同时除以最大公约数。

2. TSP问题

TSP问题是指旅行家要旅行n个城市，要求各个城市经历且仅经历一次然后回到出发城市，并要求所走的路程最短。

最近邻点策略：从任意城市出发，每次在没有到过的城市中选择最近的一个，直到经过了所有的城市，最后回到出发城市。

最短链接策略：每次在整个图的范围内选择最短边加入到解集合中，但是，要保证加入解集合中的边最终形成一个哈密顿回路。因此，当从剩余边集E'中选择一条边(u, v)加入解集合 S 中，应满足以下条件：边(u, v)是边集 E'中代价最小的边；边(u, v)加入解集合 S 后，S 中不产生回路；边(u, v) 加入解集合 S 后，S 中不产生分枝。

3. 图着色问题

给定无向连通图 G = (V, E)，求图 G 的最小色数 k，使得用 k 种颜色对 G 中的顶点着色，可使任意两个相邻顶点着色不同。

(1)所有顶点置未着状态；

(2)颜色 k 初始化为 0；

(3)循环直到所有顶点均着色

(3.1)取下一种颜色 k + +；

(3.2)依次考察所有顶点

(3.2.1)若顶点 i 已着色，则转步骤 3.2；

(3.2.2)若顶点 i 着颜色 k 不冲突，则 color[i] = k；

(4)输出各顶点的着色。

4. 背包问题

给定 n 种物品和一个容量为 C 的背包，物品 i 的重量是 w_i，其价值为 v_i，背包问题是如何选择装入背包的物品，使得装入背包中物品的总价值最大？

贪心策略的选择：选择价值最大的物品；选择重量最轻的物品；选择单位重量价值最大的物品。

设背包容量为 C，共有 n 个物品，物品重量存放在数组 w[n]中，价值存放在数组 v[n]中，问题的解存放在数组 x[n]中。

(1)改变数组 w 和 v 的排列顺序，使其按单位重量价值 v[i]/w[i]降序排列；

(2)将数组 x[n]初始化为 0；

(3)i = 0；

(4)循环直到(w[i] > C)

(4.1)将第 i 个物品放入背包：x[i] = 1；

(4.2)C = C - w[i]；

(4.3)i + +；

(5)x[i] = C/w[i]。

5. 活动安排问题

设有 n 个活动的集合 E = {1, 2, …, n}，其中每个活动都要求使用同一资源，而在同一时间内只有一个活动能使用这一资源。每个活动 i 都有一个要求使用该资源的起始时间 s_i 和一个结束时间 f_i，且 $s_i < f_i$。如果选择了活动 i，则它在半开时间区间$[s_i, f_i)$内占用资源。若区间$[s_i, f_i)$与区间$[s_j, f_j)$不相交，则称活动 i 与活动 j 是相容的。也就是说，当 $s_i \geq f_j$ 或 $s_j \geq f_i$ 时，活动 i 与活动 j 相容。活动安排问题要求在所给的活动集合中选出最大的相容活动子集。

贪心法求解活动安排问题的关键是如何选择贪心策略，使得按照一定的顺序选择相容活动，并能安排尽量多的活动。

至少有两种看似合理的贪心策略：最早开始时间，可以增大资源的利用率；最早结束时间，可以使下一个活动尽早开始。由于活动占用资源的时间没有限制，因此，后一种贪心选择更为合理。按这种策略选择相容活动可以为未安排的活动留下尽可能多的时间，其目的是使剩余时间段极大化，以便安排尽可能多的相容活动。

设有 11 个活动等待安排，这些活动按结束时间的非减序排列如图 10 - 1 所示。

i	1	2	3	4	5	6	7	8	9	10	11
s_i	1	3	0	5	3	5	6	8	8	2	12
f_i	4	5	6	7	8	9	10	11	12	13	14

图 10 - 1 11 个活动的开始时间和结束时间

活动安排问题的贪心法求解过程如图 10 - 2 所示。

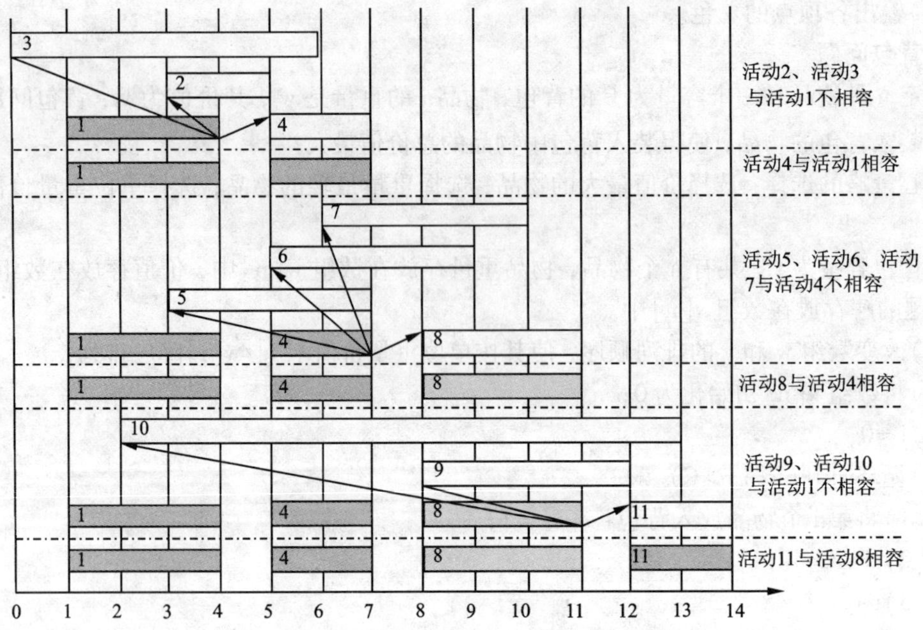

图 10 - 2 活动安排问题的贪心法求解过程

设有 n 个活动等待安排，这些活动的开始时间和结束时间分别存放在数组 s[n]和 f[n]中，集合 B 存放问题的解，即选定的活动集合。

(1)对数组 f[n]按非减序排序，同时相应地调整 s[n]；

(2)最优解中包含活动 1：B = {1}；

(3)j = 1；i = 2；

(4)当 i≤n 时循环执行下列操作

(4.1)如果(s[i] > = f[j])，则

(4.1.1)B = B + {j}；

(4.1.2)j = i；

(4.2)i + +；

6. 多机调度问题

设有 n 个独立的作业{1, 2, …, n}, 由 m 台相同的机器{M_1, M_2, …, M_m}进行加工处理, 作业 i 所需的处理时间为 t_i($1 \leqslant i \leqslant n$), 每个作业均可在任何一台机器上加工处理, 但不可间断、拆分。多机调度问题要求给出一种作业调度方案, 使所给的 n 个作业在尽可能短的时间内由 m 台机器加工处理完成。

贪心法求解多机调度问题的贪心策略是最长处理时间作业优先, 即把处理时间最长的作业分配给最先空闲的机器, 这样可以保证处理时间长的作业优先处理, 从而在整体上获得尽可能短的处理时间。

按照最长处理时间作业优先的贪心策略, 当 $m \geqslant n$ 时, 只要将机器 i 的[0, t_i)时间区间分配给作业 i 即可; 当 $m < n$ 时, 首先将 n 个作业依其所需的处理时间从大到小排序, 然后依此顺序将作业分配给空闲的处理机。

设 7 个独立作业{1, 2, 3, 4, 5, 6, 7}由 3 台机器{M_1, M_2, M_3}加工处理, 各作业所需的处理时间分别为{2, 14, 4, 16, 6, 5, 3}, 如图 10-3 所示。

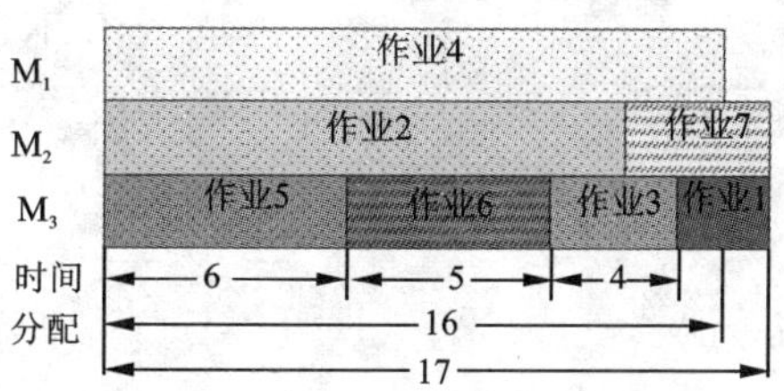

图 10-3 三台机器的调度问题示例

10.1.3 贪心法实践

1. 埃及分数

```
#include <iostream.h>
int CommFactor(int m, int n);
void EgyptFraction(int A, int B);
int main( )
{
    int A, B;
    cout<<"请输入真分数的分子:";
    cin>>A;
    cout<<"请输入真分数的分母:";
    cin>>B;
    EgyptFraction(A, B);
    return 0;
}
void EgyptFraction(int A, int B)
```

10

```
{
  int E, R;
  cout<<A<<"/"<<B<<" = ";                //输出真分数 A/B
  do
  {
    E = B/A + 1;                          //求真分数 A/B 包含的最大埃及分数
    cout<<"1/"<<E<<" + ";                 //输出 1/E
    A = A * E - B;                        //以下两条语句计算 A/B - 1/E
    B = B * E;
    R = CommFactor(B, A);                 //函数调用，求 A 和 B 的最大公约数
    if (R > 1)                            //最大公约数大于 1，即 A/B 可以化简
    {
      A = A/R; B = B/R;                   //将 A/B 化简
    }
  } while (A > 1);                        //当 A/B 不是埃及分数时执行循环
  cout<<"1/"<<B<<endl;                    //输出最后一个埃及分数 1/B
  return;
}
int CommFactor(int m, int n)
{
  int r = m % n;
  while (r != 0)
  {
    m = n;
    n = r;
    r = m % n;
  }
  return n;
}
```

2. TSP 问题(最近邻点策略)

```
#include <iostream.h>
const int n = 5;
const int max = 100;
int TSP1(int arc[n][n], int w);
int main( )
{
  int arc[n][n] =
  {{max, 3, 3, 2, 6}, {3, max, 7, 3, 2}, {3, 7, max, 2, 5}, {2, 3, 2, max, 3}, {6,
2, 5, 3, max}};
```

```
    int minDist = TSP1(arc, 0);
    cout<<"最短哈密顿回路的长度是: "<<minDist<<endl;
    return 0;
  }
  int TSP1(int arc[n][n], int w)
  {
    int edgeCount = 0, TSPLength = 0;
    int min, u, v;
    int flag[n] = {0};                                  //顶点均未加入哈密顿回路
    u = w; flag[w] = 1;
    while (edgeCount < n-1)                             //循环直到边数等于 n-1
    {
      min = 100;
      for (int j = 0; j < n; j++)                       //求 arc[u]中的最小值
      if ((flag[j] == 0) && (arc[u][j] != 0) && (arc[u][j] < min)) {
        v = j;
        min = arc[u][j];
        }
        TSPLength += arc[u][v];
        flag[v] = 1; edgeCount++;                       //将顶点加入哈密顿回路
        cout<<u<<"-->"<<v<<endl;                        //输出经过的路径
        u = v;
      }
      cout<<v<<"-->0"<<endl;                            //输出最后的回边
      return (TSPLength + arc[v][0]);
  }
```

3. **图着色问题**

```
  #include <iostream.h>
  const int N = 5;
  int arc[N][N] = {{0, 1, 0, 0, 0}, {1, 0, 1, 1, 0}, {0, 1, 0, 0, 1}, {0, 1, 0, 0, 1},
{0, 0, 1, 1, 0}};
  int color[N] = {0};
  int Ok(int i);
  void ColorGraph( );
  int main( )
  {
    ColorGraph( );
    for (int i = 0; i < N; i++)
    cout<<color[i]<<" ";
```

```
  return 0;
}
void ColorGraph()
{
  int k = 0;
  int flag = 1;
  while (flag == 1)
{
  k++; flag = 0;
  for (int i = 0; i < N; i++)
  {
    if (color[i] == 0) {
        color[i] = k;
        if (! Ok(i)) {
        color[i] = 0; flag = 1;
        }
      }
    }
  }
}
int Ok(int i)                          //判断顶点 i 的着色是否发生冲突
{
  for (int j = 0; j < N; j++)
  if (arc[i][j] == 1 && color[i] == color[j]) return 0;
  return 1;
}
```

4. 背包问题

```
#include <iostream.h>
const int n = 3;
int KnapSack(int w[ ], int v[ ], int n, int C);
int main( )
{
  int w[n] = {10, 30, 20}, v[n] = {50, 120, 60};
  int C = 50;
  int value = KnapSack(w, v, 3, C);
  cout<<"背包获得的最大价值是: "<<value<<endl;
  return 0;
}
int KnapSack(int w[ ], int v[ ], int n, int C)
```

```
{
  double x[10] = {0};                    //物品可部分装入
  int maxValue = 0;
  for (int i = 0; w[i] < C; i++)
  {
    x[i] = 1;                            //将物品 i 装入背包
    maxValue += v[i];
    C = C - w[i];                        //背包剩余容量
    }
    x[i] = (double)C/w[i];               //物品 i 装入一部分
    maxValue += x[i] * v[i];
    return maxValue;                     //返回背包获得的价值
}
```

5. **活动安排问题**

```
#include <iostream.h>
const int n = 11;
int ActiveManage(int s[ ], int f[ ], int B[ ], int n);
int main( )
{
  int s[n] = {1, 3, 0, 5, 3, 5, 6, 8, 8, 2, 12};
  int f[n] = {4, 5, 6, 7, 8, 9, 10, 11, 12, 13, 14};
  int B[n] = {0};
  int k = ActiveManage(s, f, B, n);
  cout<<"最多可安排的活动个数是: "<<k<<endl;
  cout<<"具体的活动是: ";
  for (int i = 0; i < n; i++)
  if (B[i] == 1)
  cout<<"活动"<<i<<"  ";
  cout<<endl;
  return 0;
}
int ActiveManage(int s[ ], int f[ ], int B[ ], int n)
{
  int i, j, count;
  B[0] = 1;
  j = 1; count = 1;
  for (i = 1; i < n; i++)               //依次考察每一个活动
  {
   if (s[i] >= f[j]) {                  //活动 i 与集合 B 中最后结束的活动 j 相容
```

```
      B[i] = 1;
      j = i;
      count++;
      }
    else B[i] = 0;
    }
    return count;                                    //返回已安排的活动个数
}
```

10

6. 多机调度问题

```
#include <iostream.h>
#include <string.h>
const int n = 7;
const int m = 3;
void MultiMachine(int t[ ], int n, int d[ ], int m);
int main( )
{
  int t[n] = {16, 14, 6, 5, 4, 3, 2};
  int d[m] = {0};
  MultiMachine(t, n, d, m);
  return 0;
}
void MultiMachine(int t[ ], int n, int d[ ], int m)
{
  int S[3][7], rear[3];   //S[i]为存储机器i处理作业的队列, rear[i]为队尾下标
  int i, j, k;
  for (i = 0; i < m; i++)                   //安排前m个作业
  {
    S[i][0] = i; rear[i] = 0;               //每个作业队列均只有一个作业
    d[i] = t[i];
  }
  for (i = m; i < n; i++)                   //依次安排余下的每一个作业
  {
    for (j = 0, k = 1; k < m; k++)  //查找最先空闲的机器
    if (d[k] < d[j]) j = k;
    rear[j]++; S[j][rear[j]] = i;       //将作业i插入队列S[j]
    d[j] = d[j] + t[i];
 }
 for (i = 0; i < m; i++)                   //输出每个机器处理的作业
 {
```

```
        cout<<"机器"<<i<<":";
        for (j = 0; S[i][j] >= 0; j++)
        cout<<"作业"<<S[i][j]<<"  ";
        cout<<endl;
    }
}
```

10.2　分治法

10.2.1　相关知识

将一个难以直接解决的大问题，分割成一些规模较小的相同问题，以便各个击破，分而治之。

分治法的求解步骤：

①划分：既然是分治，当然需要把规模为 n 的原问题划分为 k 个规模较小的子问题，并尽量使这 k 个子问题的规模大致相同。

②求解子问题：各子问题的解法与原问题的解法通常是相同的，可以用递归的方法求解各个子问题，有时递归处理也可以用循环来实现。

③合并：把各个子问题的解合并起来，合并的代价因情况不同有很大差异，分治算法的有效性很大程度上依赖于合并的实现。

人们从大量实践中发现，在用分治法设计算法时，最好使子问题的规模大致相同。即将一个问题分成大小相等的 k 个子问题的处理方法是行之有效的。这种使子问题规模大致相等的做法是出自一种平衡子问题的思想，它几乎总是比子问题规模不等的做法要好。

分治法的适用条件：

①问题的规模缩小到一定的程度就可以容易地解决；

②问题可以分解为若干个规模较小的相同问题，即该问题具有最优子结构性质；

③问题分解出的子问题的解可以合并为该问题的解；

④问题所分解出的各个子问题是相互独立的，即子问题之间不包含公共的子问题。

10.2.2　典型例题

1. 数字旋转方阵

输出图 10－4 所示 N×N(1≤N≤10)的数字旋转方阵。

图 10－4　数字旋转方阵示例

用二维数组 data[N][N]表示 N×N 的方阵，观察方阵中数字的规律，可以从外层向里层填数。设变量 size 表示方阵的大小，则初始时 size = N，填完一层则 size = size － 2；设变量 begin 表示每一层的起始位置，变量 i 和 j 分别表示行号和列号，则每一层初始时 i = begin，j = begin。将每一层的填数过程分为 A、B、C、D 四个区域，则每个区域需要填写 size－1 个数字，填写区域 A 时列号不变行号加 1，填写区域 B 时行号不变列号加 1，填写区域 C

时列号不变行号减 1，填写区域 D 时行号不变列号减 1。显然，递归的结束条件是 size =0 或 size =1。

数字旋转方阵算法：

输入：当前层左上角要填的数字 number，左上角的坐标 begin，方阵的阶数 size

输出：数字旋转方阵

(1)如果 size 等于 0，则算法结束；

(2)如果 size 等于 1，则 data[begin][begin] = number，算法结束；

(3)初始化行、列下标，i = begin，j = begin；

(4)重复下述操作 size -1 次，填写区域 A

(4.1)data[i][j] = number；number + +；

(4.2)行下标 i + +；列下标不变；

(5)重复下述操作 size -1 次，填写区域 B

(5.1)data[i][j] = number；number + +；

(5.2)行下标不变；列下标 j + +；

(6)重复下述操作 size -1 次，填写区域 C

(6.1)data[i][j] = number；number + +；

(6.2)行下标 i - -；列下标不变；

(7)重复下述操作 size -1 次，填写区域 D

(7.1)data[i][j] = number；number + +；

(7.2)行下标不变，列下标 j - -；

(8)调用函数 Full 在 size -2 阶方阵中左上角 begin +1 处从数字 number 开始填数。

2. 归并排序

将两个有序序列合并为一个有序序列的过程称为二路归并。

相邻有序表 A[s] ~ A[m]、A[m +1] ~A[e]。

结果得到有序表 A[s] ~ A[e]。

算法：

(1)从数组 A[s] ~A[m]和 A[m +1] ~A[e]中各取一最小数；

(2)比较取出的两个数，将较小数按顺序放入数组 R；

(3)从较小数对应的数组中取出下一个最小数；

(4)重复步骤(2)、(3)直到两个序列中的数据全部取走；

(5)如果 A[s] ~A[m]或 A[m +1] ~A[e]有未取走的数据，则将剩下的数全部按顺序拷贝到 R 中已有数据之后；

(6)将 R 中数据逐一拷贝回 A 中。

3. 快速排序

快速排序的分治策略如下：

(1)划分：选定一个记录作为轴值，以轴值为基准将整个序列划分为两个子序列 $r_1 \cdots r_{i-1}$ 和 $r_{i+1} \cdots r_n$，轴值的位置 i 在划分的过程中确定，并且前一个子序列中的记录均小于或等于轴值，后一个子序列中的记录均大于或等于轴值。

(2)求解子问题：分别对划分后的每一个子序列递归处理。

(3)合并：由于对子序列 $r_1 \cdots r_{i-1}$ 和 $r_{i+1} \cdots r_n$ 的排序是就地进行的，所以合并不需要执行任何操作。

4. 棋盘覆盖问题

在一个 $2^k \times 2^k$ 个方格组成的棋盘中，恰有一个方格与其他方格不同，称该方格为一特殊方格，且称该棋盘为一特殊棋盘。在棋盘覆盖问题中，要用图 10－5 所示的 4 种不同形态的 L 形骨牌覆盖给定的特殊棋盘上除特殊方格以外的所有方格，且任何 2 个 L 形骨牌不得重叠覆盖。

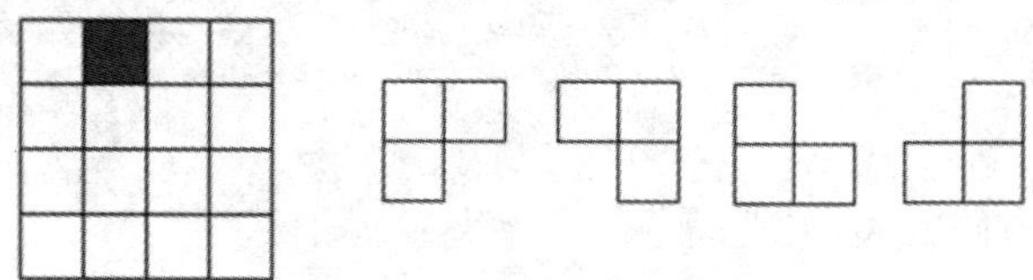

图 10－5　棋盘覆盖问题示例

当 $k>0$ 时，将 $2^k \times 2^k$ 棋盘分割为 4 个 $2^{k-1} \times 2^{k-1}$ 子棋盘，特殊方格必位于 4 个较小子棋盘之一中，其余 3 个子棋盘中无特殊方格。为了将这 3 个无特殊方格的子棋盘转化为特殊棋盘，可以用一个 L 形骨牌覆盖这 3 个较小棋盘的会合处，从而将原问题转化为 4 个较小规模的棋盘覆盖问题。递归地使用这种分割，直至棋盘简化为棋盘 1×1。棋盘分割示意图如图 10－6 所示。

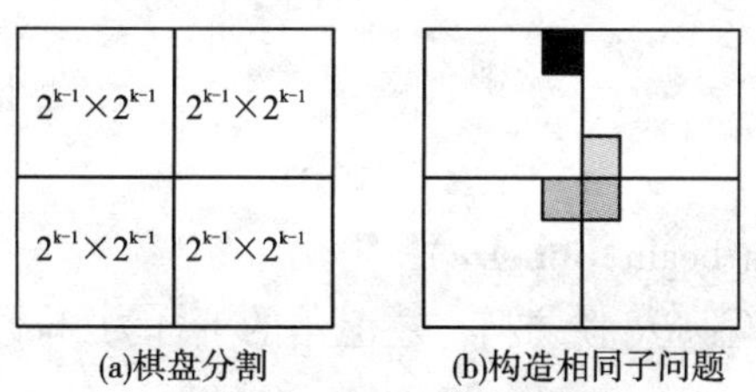

(a)棋盘分割　(b)构造相同子问题

图 10－6　棋盘分割示意图

5. 最近对问题

设 $p_1=(x_1, y_1)$，$p_2=(x_2, y_2)$，…，$p_n=(x_n, y_n)$，是平面上 n 个点构成的集合 S，最近对问题就是找出集合 S 中距离最近的点对。

最近对问题的分治策略是：

(1)划分：将集合 S 分成两个子集 S_1 和 S_2，设集合 S 的最近点对是 p_i 和 p_j($1<=i, j<=n$)，则会出现以下三种情况：

① $p_i \in S_1$，$p_j \in S_1$，即最近点对均在集合 S_1 中；

② $p_i \in S_2$，$p_j \in S_2$，即最近点对均在集合 S_2 中；

③ $p_i \in S_1$，$p_j \in S_2$，即最近点对分别在集合 S_1 和 S_2 中。

(2)求解子问题：对于划分阶段的情况①和②可递归求解，如果最近点对分别在集合 S_1 和 S_2 中，问题就比较复杂了。

(3)合并：比较在划分阶段三种情况下最近点对，取三者之中较小者为原问题的解。

10.2.3 分治法实践

1. 数字旋转方阵

```
#include <iostream.h>
#include <iomanip.h>
int data[100][100];
void Full(int number, int begin, int size);
int main()
{
  int size;
  cout<<"输入方阵的大小：";
  cin>>size;
  Full(1, 0, size);
  for(int i=0; i<size; i++)
  {
    for(int j=0; j<size; j++)
    cout<<data[i][j]<<setw(4);
    cout<<endl;
  }
  cout<<endl;
  return 0;
}
void Full(int number, int begin, int size)
{ //从 number 开始填写 size 阶方阵，左上角的下标为(begin, begin)
  int i, j, k;
  if (size == 0)                       //递归的边界条件，如果 size 等于0，则无须填写
  return;
  if (size == 1)                       //递归的边界条件，如果 size 等于1
  {
    data[begin][begin] = number;       //则只须填写 number
    return;
  }
  i = begin; j = begin;                //初始化左上角下标
  for (k = 0; k < size - 1; k++)       //填写区域 A，共填写 size - 1 个数
  {
    data[i][j] = number;               //在当前位置填写 number
    number++; i++;                     //行下标加1
  }
  for (k = 0; k < size - 1; k++)       //填写区域 B，共填写 size - 1 个数
```

```
    {
      data[i][j] = number;                        //在当前位置填写 number
      number++; j++;                              //列下标加 1
      for (k = 0; k < size - 1; k++)              //填写区域 C，共填写 size - 1 个数
      {
        data[i][j] = number;                      //在当前位置填写 number
        number++; i--;                            //行下标减 1
      }
        for (k = 0; k < size - 1; k++)            //填写区域 D，共填写 size - 1 个数
      {
        data[i][j] = number;                      //在当前位置填写 number
        number++; j--;                            //列下标减 1
      }
      Full(number, begin + 1, size - 2);          //递归求解，左上角下标为 begin + 1
}
```

2. 归并排序

```
#include <iostream.h>
void MergeSort(int r[ ], int s, int t);
void Merge(int r[ ], int r1[ ], int s, int m, int t);
int main()
{
  int r[8] = {8, 1, 2, 9, 6};
  MergeSort(r, 0, 4);
  for(int i=0; i<5; i++)
  cout<<r[i]<<" ";
  return 0;
}
void Merge(int r[ ], int r1[ ], int s, int m, int t)//合并子序列
{
  int i = s, j = m + 1, k = s;
  while (i <= m && j <= t)
{
    if (r[i] <= r[j])                             //取 r[i]和 r[j]中较小者放入 r1[k]
    r1[k++] = r[i++];
    else r1[k++] = r[j++];
  }
  while (i <= m) {                                //若第一个子序列没处理完，则进行
                                                    收尾处理
  r1[k++] = r[i++];
```

10

```
    }
    while (j <= t) {                    //若第二个子序列没处理完，则进行收尾处理
    r1[k++] = r[j++];
    }
}
void MergeSort(int r[ ], int s, int t)
{
    int m;
    int r1[1000] = {0};
    if (s == t) return;                 //递归的边界条件
    else {
    m = (s + t)/2;                      //划分
    MergeSort(r, s, m);                 //求解子问题1，归并排序前半个子序列
    MergeSort(r, m+1, t);               //求解子问题2，归并排序后半个子序列
    Merge(r, r1, s, m, t);              //合并解，合并相邻有序子序列
    for (int i = s; i <= t; i++)
    r[i] = r1[i];
    }
}
```

3. **快速排序**

```
#include <iostream.h>
int Partition(int r[ ], int first, int end);
void QuickSort(int r[ ], int first, int end);
int main()
{
    int r[ ] = {23, 13, 35, 6, 19, 50, 28};
    QuickSort(r, 0, 6);
    for(int i=0; i<7; i++)
    cout<<r[i]<<" ";
    return 0;
    }
int Partition(int r[ ], int first, int end)              //划分
{
    int i = first, j=end;                                //初始化待划分区间
    while (i < j)
{
    while (i < j && r[i] <= r[j]) j--;                   //右侧扫描
      if (i < j) {
      int temp = r[i]; r[i] = r[j]; r[j] = temp;         //将较小记录交换到前面
```

```
      i++;
    }
    while (i < j && r[i] <= r[j]) i++;          //左侧扫描
    if (i < j) {
      int temp = r[i]; r[i] = r[j]; r[j] = temp; //将较大记录交换到后面
      j--;
      }
    }
    return i;                                    //返回轴值记录的位置
}
void QuickSort(int r[ ], int first, int end)    //快速排序
{
    int pivot;
    if (first < end) {
    pivot = Partition(r, first, end);            //划分，pivot是轴值在序列中的位置
    QuickSort(r, first, pivot-1);                //求解子问题1，对左侧子序列进行
                                                   快速排序
    QuickSort(r, pivot+1, end);                  //求解子问题2，对右侧子序列进行
                                                   快速排序
    }
}
```

4. **棋盘覆盖问题**

```
#include <iostream.h>
#include <iomanip.h>
int board[100][100];
int t = 0;
void  ChessBoard(int tr, int tc, int dr, int dc, int size);
int main()
{
   ChessBoard(0, 0, 2, 2, 4);
   for(int i=0; i<4; i++)
   {
      for(int j=0; j<4; j++)
      cout<<board[i][j]<<setw(6);
      cout<<endl;
   }
   cout<<endl;
   return 0;
}
```

```
void  ChessBoard(int tr, int tc, int dr, int dc, int size)
{
  int s, t1;
  if (size = = 1) return;                          //棋盘只有一个方格且是特殊方格
  t1 = + +t;                                       // L形骨牌编号
  s = size/2;                                      //划分棋盘
  if (dr < tr + s && dc < tc + s)                  //特殊方格在左上角子棋盘中
  ChessBoard(tr, tc, dr, dc, s);                   //递归处理子棋盘
  else{                                            //用 t 号 L 形骨牌覆盖右下角，再
                                                     递归处理子棋盘
      board[tr + s - 1][tc + s - 1] = t1;
      ChessBoard(tr, tc, tr+s-1, tc+s-1, s);
  }
  if (dr < tr + s && dc >= tc + s)                 //特殊方格在右上角子棋盘中
    ChessBoard(tr, tc+s, dr, dc, s);               //递归处理子棋盘
  else {                                           //用 t 号 L 形骨牌覆盖左下角，再
                                                     递归处理子棋盘
    board[tr + s - 1][tc + s] = t1;
    ChessBoard(tr, tc+s, tr+s-1, tc+s, s);
    }
    if (dr >= tr + s && dc < tc + s)               //特殊方格在左下角子棋盘中
    ChessBoard(tr+s, tc, dr, dc, s);               //递归处理子棋盘
    else {                                         //用 t 号 L 形骨牌覆盖右上角，再
                                                     递归处理子棋盘
    board[tr + s][tc + s - 1] = t1;
    ChessBoard(tr+s, tc, tr+s, tc+s-1, s);
    }
    if (dr >= tr + s && dc >= tc + s)              //特殊方格在右下角子棋盘中
    ChessBoard(tr+s, tc+s, dr, dc, s);             //递归处理子棋盘
    else {                                         //用 t 号 L 形骨牌覆盖左上角，再
                                                     递归处理子棋盘
    board[tr + s][tc + s] = t1;
    ChessBoard(tr+s, tc+s, tr+s, tc+s, s);
    }
}
```

5. **最近对问题**

```
#include <iostream.h>
#include <math.h>
const int n = 6;
```

```
struct point
{
    int x, y;
};
double Closest(point S[ ], int low, int high);
double Distance(point a, point b);
int Partition(point r[ ], int first, int end);
void QuickSort(point r[ ], int first, int end);
int main( )
{
    point S[n] = {{1, 1}, {1, 8}, {2, 6}, {3, 2}, {4, 1}, {5, 4}};
    double minDist = Closest(S, 0, n-1);
    cout<<minDist<<endl;
    return 0;
}
double Closest(point S[ ], int low, int high)
{
    double d1, d2, d3, d;
    int mid, i, j, index;
    point P[n];                                        //存放 P1 和 P2
    if (high - low == 1)
    return Distance(S[low], S[high]);
    if (high - low == 2)
    {
        d1 = Distance(S[low], S[low+1]);
        d2 = Distance(S[low+1], S[high]);
        d3 = Distance(S[low], S[high]);
        if ((d1 < d2) && (d1 < d3))
        return d1;
        else if (d2 < d3)
        return d2;
        else return d3;
    }
    mid = (low + high)/2;
    d1 = Closest(S, low, mid);
    d2 = Closest(S, mid+1, high);
    if (d1 <= d2) d = d1;
    else d = d2;
    index = 0;
```

10

```
    for (i = mid; (i >= low) && (S[mid].x - S[i].x < d); i--)
    P[index++] = S[i];
    for (i = mid + 1; (i <= high) && (S[i].x - S[mid].x < d); i++)
    P[index++] = S[i];
    QuickSort(P, 0, index-1);
    for (i = 0; i < index; i++)
    {
      for(j = i + 1; j < index; j++)
      {
        if (P[j].y - P[i].y >= d)
        break;
        else
        {
          d3 = Distance(P[i], P[j]);
          if (d3 < d)
          d = d3;
        }
      }
    }
  return d;
}
double Distance(point a, point b)
{
  return sqrt((a.x - b.x) * (a.x - b.x) + (a.y - b.y) * (a.y - b.y));
}
  int Partition(point r[ ], int first, int end)                  //划分
{
  int i = first, j=end;                                          //初始化待划分区间
  while (i < j)
  {
    while (i < j && r[i].y <= r[j].y) j--;                       //右侧扫描
    if (i < j) {
    point temp = r[i]; r[i] = r[j]; r[j] = temp;                 //将较小记录交换到前面
    i++;
  }
  while (i < j && r[i].y <= r[j].y) i++;                         //左侧扫描
  if (i < j) {
    point temp = r[i]; r[i] = r[j]; r[j] = temp;                 //将较大记录交换到后面
    j--;
```

```
        }
    }
    return i;                                          //返回轴值记录的位置
}
void QuickSort(point r[ ], int first, int end)        //快速排序
{
    int pivot;
    if (first < end) {
    pivot = Partition(r, first, end);                  //划分, pivot 是轴值在序列中的位置
    QuickSort(r, first, pivot -1);                     //求解子问题 1, 对左侧子序列进行
                                                         快速排序
    QuickSort(r, pivot +1, end);                       //求解子问题 2, 对右侧子序列进行
                                                         快速排序
    }
}
```

10.3　动态规划法

10.3.1　相关知识

动态规划法将待求解问题分解成若干个相互重叠的子问题，每个子问题对应决策过程的一个阶段，一般来说，子问题的重叠关系表现在对给定问题求解的递推关系（也就是动态规划函数）中，将子问题的解求解一次并填入表中，当需要再次求解此子问题时，可以通过查表获得该子问题的解而不用再次求解，从而避免了大量重复计算。为了达到这个目的，可以用一个表来记录所有已解决的子问题的解，这就是动态规划法的设计思想，如图 10 - 7 所示。具体的动态规划法是多种多样的，但它们具有相同的填表形式。

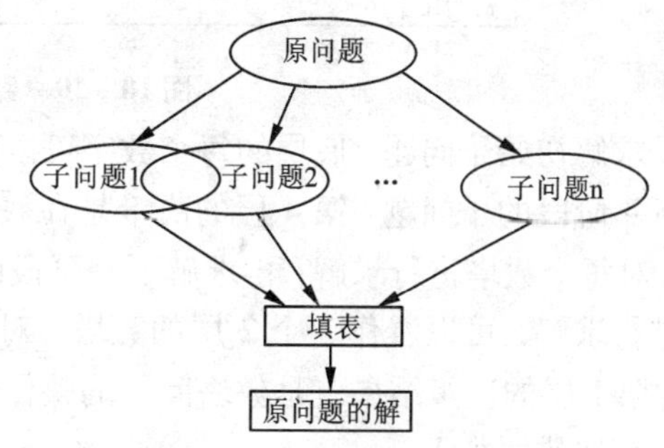

图 10 - 7　动态规划法的求解过程

动态规划法求解过程一般由三个阶段组成：

（1）划分子问题：将原问题分解为若干个子问题，每个子问题对应一个决策阶段，并且子问题之间具有重叠关系；

（2）确定动态规划函数：根据子问题之间的重叠关系找到子问题满足的递推关系式（即动态规划函数），这是动态规划法的关键；

（3）填写表格：设计表格，以自底向上的方式计算各个子问题的解并填表，实现动态规划过程。

10.3.2 典型例题

1. 数塔问题

从数塔的顶层出发，在每一个结点可以选择向左走或向右走，一直走到最底层，要求找出一条路径，使得路径上的数值和最大。一个 5 层数塔及其子问题的重叠关系、数塔问题的决策过程如图 10 - 8、图 10 - 9、图 10 - 10 所示。

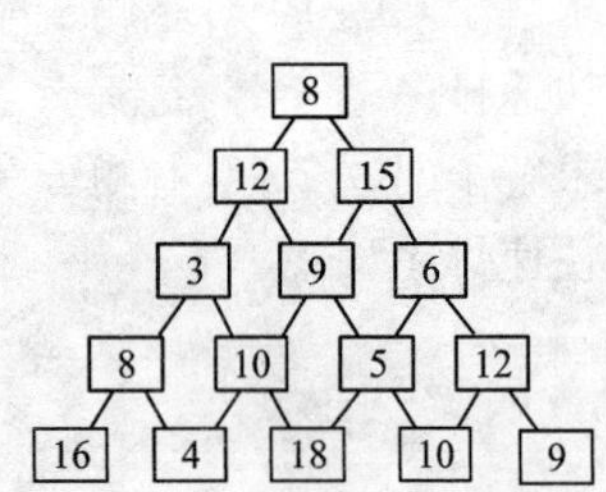

图 10 - 8 一个 5 层数塔

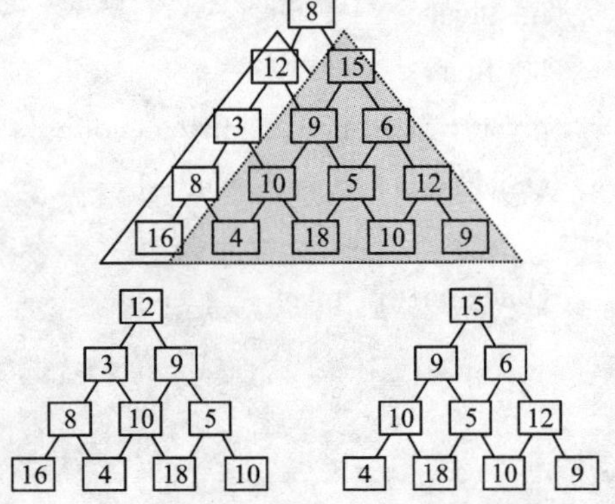

图 10 - 9 数塔问题的子问题具有重叠关系

第1层的决策	8+max (49, 52) =60				
第2层的决策	12+max (31, 37) =49	15+max (37, 29) =52			
第3层的决策	3+max (24, 28) =31	9+max (28, 23) =37	6+max (23, 22) =29		
第4层的决策	8+max (16, 4) =24	10+max (4, 18) =28	5+max (18, 10) =23	12+max (10, 9) =22	
初始化	16	4	18	10	9

自底向上填写

图 10 - 10 数塔问题的决策过程

求解初始子问题：底层的每个数字可以看作 1 层数塔，则最大数值和就是其自身；再求解下一阶段的子问题：第 4 层的决策是在底层决策的基础上进行求解，可以看作 4 个 2 层数塔，对每个数塔进行求解；再求解下一阶段的子问题：第 3 层的决策是在第 4 层决策的基础上进行求解，可以看作 3 个 2 层的数塔，对每个数塔进行求解；以此类推，直到最后一个阶段：第 1 层的决策结果就是数塔问题的整体最优解。

算法描述如下：

(1)初始化数组 maxAdd 的最后一行为数塔的底层数据：

for (j = 0; j < n; j + +)

maxAdd[n - 1][j] = d[n - 1][j];

(2)从第 n - 1 层开始直到第 1 层对下三角元素 maxAdd[i][j]执行下述操作：

(2.1)maxAdd[i][j] = d[i][j] + max{maxAdd[i + 1][j], maxAdd[i + 1][j + 1]};

(2.2)如果选择下标 j 的元素，则 path[i][j] = j,

否则 path[i][j] = j + 1;

(3)输出最大数值和 maxAdd[0][0];

(4)根据 path 数组确定每一层决策的列下标，输出路径信息。

2. 多段图最短路径问题

设图 G=(V, E)是一个带权有向图，如果把顶点集合 V 划分成 k 个互不相交的子集 V_i($2 \leqslant k \leqslant n$, $1 \leqslant i \leqslant k$)，使得 E 中的任何一条边(u, v)，必有 $u \in V_i$, $v \in V_{i+m}$($1 \leqslant i \leqslant k$, $1 < i+m \leqslant k$)，则称图 G 为多段图，称 $s \in V_1$ 为源点，$t \in V_k$ 为终点。多段图的最短路径问题求从源点到终点的最小代价路径。

由于多段图将顶点划分为 k 个互不相交的子集，所以，可以将多段图划分为 k 段，每一段包含顶点的一个子集，根据多段图的定义，每个子集中的顶点互不邻接。不失一般性，将多段图的顶点按照段的顺序进行编号，同一段内顶点的顺序无关紧要。假设图中的顶点个数为 n，则源点 s 的编号为 0，终点 t 的编号为 n-1，并且对图中的任何一条边 <u, v>，顶点 u 的编号小于顶点 v 的编号。

一个多段图及其最短路径问题的填表过程如图 10-11、图 10-12 所示。

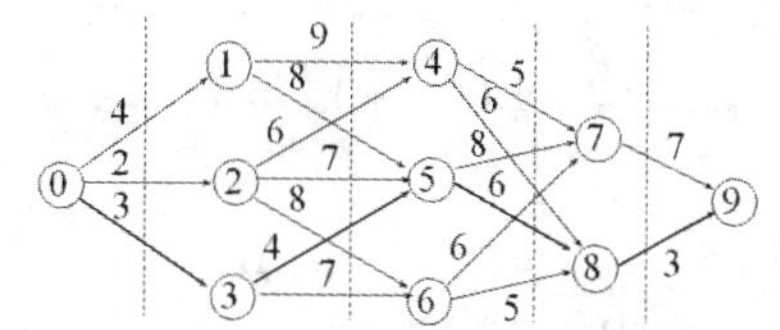

图 10-11　一个多段图

下标	1	2	3	4	5	6	7	8	9
元素值	4	2	3	8	7	10	13	13	16
状态转移	0→1	0→2	0→3	2→4	3→5	2→6	4→7	5→8	8→9

回溯求路径

图 10-12　多段图最短路径问题的填表过程

算法如下：

输入：多段图的代价矩阵。

输出：最短路径长度及路径。

(1)循环变量 j 从 1 ~ n-1 重复下述操作，执行填表工作：

(1.1)考察顶点 j 的所有入边，对于边(i, j)∈E

(1.1.1)cost[j] = min{cost[i] + c[i][j]}；

(1.1.2)path[j] = 使 cost[i] + c[i][j]最小的 i；

(1.2)j++；

(2)输出最短路径长度 cost[n-1]；

(3)循环变量 i = path[n-1]，循环直到 path[i] = 0

(3.1)输出 path[i]；

(3.2)i = path[i]。

3. 最长递增子序列问题

在数字序列 $A = \{a_1, a_2, \cdots, a_n\}$中按递增下标序列($i_1, i_2, \cdots, i_k$)($1 \leqslant i_1 < i_2 < \cdots < i_k \leqslant n$)顺序选出一个子序列 B，如果子序列 B 中的数字都是严格递增的，则子序列 B 称为序列 A 的递增子序列。最长递增子序列问题就是要找出序列 A 的一个最长的递增子序列。

设序列 $A = \{a_1, a_2, \cdots, a_n\}$

最长递增子序列是 $B = \{b_1, b_2, \cdots, b_m\}$

最长递增子序列问题满足最优性原理。

设 L(n)为数字序列 $A = \{a_1, a_2, \cdots, a_n\}$的最长递增子序列的长度，显然，初始子问题是

$\{a_1\}$，即 $L(1)=1$。考虑原问题的一部分，设 $L(i)$ 为子序列 $A=\{a_1, a_2, \cdots, a_i\}$ 的最长递增子序列的长度，则满足如下递推式：

$$L(i)=\begin{cases} 1 & i=1 \text{ 或不存在 } a_j<a_i(1\leqslant j<i) \\ \max\{L(j)+1\} & \text{对于所有的 } a_j<a_i(1\leqslant j<i) \end{cases}$$

对于序列 $A=\{5, 2, 8, 6, 3, 6, 9, 7\}$，用动态规划法求解最长递增子序列。

如图10-13所示，首先计算初始子问题，可以直接获得：

$L(1)=1(\{5\})$

然后依次求解下一个阶段的子问题，有：

$L(2)=1(\{2\})$

$L(3)=\max\{L(1)+1, L(2)+1\}=2(\{5, 8\}, \{2, 8\})$

$L(4)=\max\{L(1)+1, L(2)+1\}=2(\{5, 6\}, \{2, 6\})$

$L(5)=L(2)+1=2(\{2, 3\})$

$L(6)=\max\{L(1)+1, L(2)+1, L(5)+1)\}=3(\{2, 3, 6\})$

$L(7)=\max\{L(1)+1, L(2)+1, L(3)+1, L(4)+1, L(5)+1, L(6)+1\}=4(\{2, 3, 6, 9\})$

$L(8)=\max\{L(1)+1, L(2)+1, L(4)+1, L(5)+1, L(6)+1\}=4(\{2, 3, 6, 7\})$

序列A的最长递增子序列的长度为4，有两个最长递增子序列，分别是{2, 3, 6, 9}和{2, 3, 6, 7}）。

序号	1	2	3	4	5	6	7	8
序列元素	5	2	8	6	3	6	9	7
子序列长度	1	1	2	2	2	3	4	4
递增子序列	{5}	{2}	{5,8},{2,8}	{5,6},{2,6}	{2,3}	{2,3,6}	{2,3,6,9}	{2,3,6,7}

图10-13 动态规划法求解最长递增子序列的过程

4. 最长公共子序列问题

问题描述：对给定序列 $X=(x_1, x_2, \cdots, x_m)$ 和序列 $Z=(z_1, z_2, \cdots, z_k)$，Z是X的子序列当且仅当存在一个递增下标序列 $(i_1, i_2, \cdots, i_k)$，使得对于所有 $j=1, 2, \cdots, k$，有 $(1\leqslant i, j\leqslant m)$。给定两个序列X和Y，当序列Z既是X的子序列又是Y的子序列时，称Z是序列X和Y的公共子序列。最长公共子序列问题就是在序列X和Y中查找最长的公共子序列。

设序列 $X=\{x_1, x_2, \cdots, x_m\}$，$Y=\{y_1, y_2, \cdots, y_n\}$，最长公共子序列 $Z=\{z_1, z_2, \cdots, z_k\}$，最长公共子序列问题满足最优性原理。

设 $L(m, n)$ 表示序列 $X=\{x_1, x_2, \cdots, x_m\}$ 和 $Y=\{y_1, y_2, \cdots, y_n\}$ 的最长公共子序列的长度，显然，初始子问题是序列X和Y至少有一个空序列，即：

$$L(0, 0)=L(0, j)=L(i, 0)=0 \quad (1\leqslant i\leqslant m, 1\leqslant j\leqslant n)$$

设 $L(i, j)$ 表示子序列 X_i 和 Y_j 的最长公共子序列的长度，则有如下动态规划函数：

$$L(i,j)=\begin{cases}L(i-1,j-1)+1 & x_i=y_i,i\geqslant 1,j\geqslant 1\\ \max\{L(i,j-1),L(i-1,j)\} & x_i\neq y_i,i\geqslant 1,j\geqslant 1\end{cases}$$

序列 X = (a, b, c, b, d, b), Y = (a, c, b, b, a, b, d, b, b), 用动态规划法求解最长公共子序列。

设二维表 S(m, n)记载求解过程中的状态变化，其中 S(i, j)表示在计算 L(i, j)时的搜索状态，并且有：

$$S(i,j)=\begin{cases}1 & x_i=y_i\\ 2 & x_i\neq y_i \text{ 且 } L(i,j-1)\geqslant L(i-1,j)\\ 3 & x_i\neq y_i \text{ 且 } L(i,j-1)<L(i-1,j)\end{cases}$$

若 S(i, j) =1，表明 $x_i=y_j$，则下一个搜索方向是 S(i-1, j-1)；若 S(i, j) =2，表明 $x_i\neq y_j$ 且 L(i, j-1) ≥L(i-1, j)，则下一个搜索方向是 S(i, j-1)；若 S(i, j) =3，表明 $x_i\neq y_j$ 且 L(i, j-1) <L(i-1, j)，则下一个搜索方向是 S(i-1, j)。

最长公共子序列求解示意图如图 10-14 所示。

		0	a 1	c 2	b 3	b 4	a 5	b 6	d 7	b 8	b 9
	0	0	0	0	0	0	0	0	0	0	0
a	1	0	1	1	1	1	1	1	1	1	1
b	2	0	1	1	2	2	2	2	2	2	2
c	3	0	1	2	2	2	2	2	2	2	2
b	4	0	1	2	3	3	3	3	3	3	3
d	5	0	1	2	3	3	3	3	4	4	4
b	6	0	1	2	3	4	4	4	4	5	5

(a) 长度矩阵L

		0	a 1	c 2	b 3	b 4	a 5	b 6	d 7	b 8	b 9
	0	0	0	0	0	0	0	0	0	0	0
a	1	0	1	2	2	2	1	2	2	2	2
b	2	0	3	2	1	1	2	1	2	1	1
c	3	0	3	1	2	2	2	2	2	2	2
b	4	0	3	3	1	1	2	1	2	1	1
d	5	0	3	3	3	2	2	2	1	2	2
b	6	0	3	3	1	1	2	1	2	1	1

(b) 状态矩阵S

图 10-14　最长公共子序列求解示意图

5.0/1 背包问题

给定 n 种物品和一个背包，物品 i 的重量是 w_i，其价值为 v_i，背包的容量为 C。背包问题是如何选择装入背包的物品，使得装入背包中物品的总价值最大。

如果在选择装入背包的物品时，对每种物品 i 只有两种选择：装入背包或不装入背包，即不能将物品 i 装入背包多次，也不能只装入物品 i 的一部分，则称为 0/1 背包问题。

0/1 背包问题满足最优性原理。

0/1 背包问题可以看作是决策一个序列(x_1, x_2, …, x_n)的过程，对任一变量 x_i 的决策是决定 x_i =1 还是 x_i =0。设 V(n, C)表示将 n 个物品装入容量为 C 的背包获得的最大价值，显然，初始子问题是把前面 i 个物品装入容量为 0 的背包和把 0 个物品装入容量为 j 的背包，得到的价值均为 0，即：

$V(i, 0) = V(0, j) = 0(0\leqslant i\leqslant n, 0\leqslant j\leqslant C)$

考虑原问题的一部分，设 V(i, j)表示将前 i(1≤i≤n)个物品装入容量为 j(1≤j≤C)的背包获得的最大价值，在决策 x_i 时，可采用递推式：

$$V(i,j)=\begin{cases}V(i-1,j) & j<w_i\\ \max\{V(i-1,j),V(i-1,j-w_i)+v_i\} & j\geq w_i\end{cases}$$

为了确定装入背包的具体物品，从 V(n, C)的值向前推，如果 V(n, C) > V(n-1, C)，表明第 n 个物品被装入背包，前 n-1 个物品被装入容量为 $C-w_n$ 的背包中；否则，第 n 个物品没有被装入背包，前 n-1 个物品被装入容量为 C 的背包中。依此类推，直到确定第 1 个物品是否被装入背包中为止。由此，得到如下函数：

$$x_i=\begin{cases}0 & V(i,j)=V(i-1,j)\\ 1,j=j-w_i & V(i,j)>V(i-1,j)\end{cases}$$

有 5 个物品，其重量分别是{2, 2, 6, 5, 4}，价值分别为{6, 3, 5, 4, 6}，背包的容量为 10，用动态规划法求解 0/1 背包问题。

0/1 背包问题的求解过程如图 10-15 所示。

		0	1	2	3	4	5	6	7	8	9	10	
	0	0	0	0	0	0	0	0	0	0	0	0	
$w_1=2$，$v_1=6$	1	0	0	6	6	6	6	6	6	6	6	6	$x_1=1$
$w_2=2$，$v_2=3$	2	0	0	6	6	9	9	9	9	9	9	9	$x_2=1$
$w_3=6$，$v_3=5$	3	0	0	6	6	9	9	9	9	11	11	14	$x_3=0$
$w_4=5$，$v_4=4$	4	0	0	6	6	9	9	9	10	11	13	14	$x_4=0$
$w_5=4$，$v_5=6$	5	0	0	6	6	9	9	9	12	12	15	15	$x_5=1$

图 10-15　0/1 背包问题的求解过程

10.3.3　动态规划法实践

1. 数塔问题

```
#include <iostream.h>
#include <stdio.h>
#define n 5
int DataTorwer(int d[n][n]);
int main()
{
    int d[n][n] = {{8}, {12, 6}, {3, 9, 4}, {6, 5, 7, 8}, {1, 2, 3, 4, 5}};
    int max = DataTorwer(d);
    cout<<max<<endl;
    return 0;
}
int DataTorwer(int d[n][n])            //求解数塔问题，数塔存储在数组 d[n][n]中
{
    int maxAdd[n][n] = {0}, path[n][n] = {0};        //初始化
    int i, j;
```

```
    for (j = 0; j < n; j++)                    //初始化底层决策结果
    maxAdd[n-1][j] = d[n-1][j];
    for (i = n-2; i >= 0; i--)                 //进行第 i 层的决策
    for (j = 0; j <= i; j++)                   //填写 addMax[i][j]，只填写下三角
    if (maxAdd[i + 1][j] > maxAdd[i + 1][j + 1])
    {
       maxAdd[i][j] = d[i][j] + maxAdd[i + 1][j];
       path[i][j] = j;                         //本次决策选择下标 j 的元素
    }
    else
    {
       maxAdd[i][j] = d[i][j] + maxAdd[i + 1][j + 1];
       path[i][j] = j + 1;                     //本次决策选择下标 j+1 的元素
    }
    printf("路径为：%d", d[0][0]);              //输出最顶层数字
    j = path[0][0];                            //顶层决策是选择下一层列下标为
                                                 path[0][0]的元素
    for (i = 1; i < n; i++)
    {
       printf("-->%d", d[i][j]);
       j = path[i][j];                         //本层决策是选择下一层列下标为
                                                 path[i][j]的元素
    }
    printf("\n 最大数值和为：");
    return maxAdd[0][0];                       //返回最大数值和，即最终的决策结果
}
```

2. **多段图最短路径问题**

```
#include <iostream.h>
const int N = 20;
const int MAX = 1000;
int arc[N][N];                    //存储弧上的权值
int Backpath(int n);
int creatGraph();
int main()
{
    int n = creatGraph( );
    int pathLen = Backpath(n);
    cout<<"最短路径的长度是："<<pathLen<<endl;
    return 0;
```

10

```
}
int creatGraph()
{
  int i, j, k;
  int weight;
  int vnum, arcnum;
  cout<<"请输入顶点的个数和边的个数：";
  cin>>vnum>>arcnum;
  for (i = 0; i < vnum; i++)
  for (j = 0; j < vnum; j++)
  arc[i][j] = MAX;
  for (k = 0; k < arcnum; k++)
  {
    cout<<"请输入边的两个顶点和权值：";
    cin>>i>>j>>weight;
    arc[i][j] = weight;
    }
  return vnum;
}
int Backpath(int n)
{
  int i, j, temp;
  int cost[N];
  int path[N];
  for(i = 0; i < n; i++)
  {
     cost[i] = MAX;
     path[i] = -1;
  }
  cost[0] = 0;
  for(j = 1; j < n; j++)
  {
   for(i = j - 1; i >= 0; i--)
   {
     if (arc[i][j] + cost[i] < cost[j])
     {
        cost[j] = arc[i][j] + cost[i];
        path[j] = i;
     }
```

```
    }
}
cout<<n-1;
i = n-1;
while (path[i] >= 0)
{
    cout<<"<-"<<path[i];
    i = path[i];
}
cout<<endl;
return cost[n-1];
}
```

3. **最长递增子序列问题**

```
#include <iostream.h>
int IncreaseOrder(int a[ ], int n);
int main()
{
  int a[]={5, 2, 8, 6, 3, 6, 9, 7};
  int len = IncreaseOrder(a, 8);
  cout<<"最长递增子序列的长度是: "<<len<<endl;
  return 0;
}
int IncreaseOrder(int a[ ], int n)
{
  int i, j, k, index;
  int L[10], x[10][10];                    //假设最多10个元素
  for (i = 0; i < n; i++)                  //初始化，最长递增子序列长度为1
  {
    L[i] = 1; x[i][0] = a[i];
  }
  for (i = 1; i < n; i++)                  //依次计算a[0]~a[i]的最长递增子序列
  {
    int max = 1;                           //初始化递增子序列长度的最大值
    for (j = i - 1; j >= 0; j--)           //对所有的a[j]< a[i]
    {
      if ((a[j] < a[i]) && (max < L[j] + 1)) {
      max = L[j] + 1; L[i] = max;
      for (k = 0; k < max-1; k++)          //存储最长递增子序列
      x[i][k] = x[j][k];
```

```
            x[i][max-1] = a[i];
        }
    }
  }
  for (index = 0, i = 1; i < n; i++)              //求所有递增子序列的最大长度
  if (L[index] < L[i]) index = i;
  cout<<"最长递增子序列是:";
  for (i = 0; i < L[index]; i++)                  //输出最长递增子序列
  cout<<x[index][i]<<"  ";
  return L[index];                                //返回最长递增子序列的长度
}
```

10

4. **最长公共子序列问题**

```
#include <iostream.h>
int L[10][10], S[10][10];
int CommonOrder(char x[ ], int m, char y[ ], int n, char z[ ]);
int main()
{
  char x[] = {'a', 'b', 'c', 'b', 'd', 'b'};
  char y[] = {'a', 'c', 'b', 'b', 'a', 'b', 'd', 'b', 'b'};
  char z[10];
  cout<<"长度为:"<<CommonOrder(x, 6, y, 9, z)<<endl;
  return 0;
}
int CommonOrder(char x[ ], int m, char y[ ], int n, char z[ ])
{
  int i, j, k;
  for (j = 0; j <= n; j++)                             //初始化第0行
  L[0][j] = 0;
  for (i = 0; i <= m; i++)                             //初始化第0列
  L[i][0] =0;
  for (i = 1; i <= m; i++)
  {
  for (j = 1; j <= n; j++)
  {
    if (x[i-1] == y[j-1])
    { L[i][j] = L[i-1][j-1] + 1;
        S[i][j] = 1;
    }
    else if (L[i][j-1] >= L[i-1][j])
```

```
        {
          L[i][j] = L[i][j-1];
          S[i][j] = 2;
        }
        else
        {
        L[i][j] = L[i-1][j];
        S[i][j] = 3;
        }
      }
    }
    i = m; j = n; k = L[m][n];                        //将公共子序列存储到数组 z[k]中
    while (i >0 && j >0)
    {
      if (S[i][j] == 1) { z[k] = x[i-1]; k--; i--; j--; }
      else if (S[i][j] == 2) j--;
      else i--;
      }
      for (k =1; k <=L[m][n]; k++)                    //输出最长公共子序列
      cout <<z[k] <<" ";
      cout <<endl;
      return L[m][n];                                 //返回公共子序列长度
}
```

5.0/1 背包问题

```
#include <iostream.h>
#define C 10
int V[6][11];
int x[5];
int KnapSack(int n, int w[ ], int v[ ]);
int max(int x, int y);
int main( )
{
  int w[ ] ={2, 2, 6, 5, 4};
  int v[ ] ={6, 3, 5, 4, 6};
  cout <<"背包获得的最大价值是：" <<KnapSack(5, w, v) <<endl;
  cout <<"装入背包的物品是：";
  for(int i =0; i<5; i++)
  if (x[i] == 1) cout <<"物品" <<i+1 <<"   ";
  cout <<endl;
```

10

```
    return 0;
  }
  int max(int x, int y)
  {
    if (x > y) return x;
    else return y;
  }
  int KnapSack(int n, int w[ ], int v[ ])
  {
    int i, j;
    for (i = 0; i < = n; i + +)                    //初始化第0列
    V[i][0] = 0;
    for (j = 1; j < = C; j + +)                    //初始化第0行
    V[0][j] = 0;
    for (i = 1; i < = n; i + +)                    //计算第i行, 进行第i次迭代
    {
    for (j = 1; j < = C; j + +)
      {
       if (j < w[i-1]) V[i][j] = V[i-1][j];
      else V[i][j] = max(V[i-1][j], V[i-1][j-w[i-1]] +v[i-1]);
      }
    }
      for (j = C, i = n; i > 0; i- -)               //求装入背包的物品
      {
        if (V[i][j] > V[i-1][j]) {
        x[i-1] = 1; j = j - w[i-1];
        }
        else x[i-1] = 0;
      }
      return V[n][C];                               //返回背包取得的最大价值
  }
```

10.4 回溯法

10.4.1 相关知识

用回溯法求解一个具有 n 个输入的问题, 一般情况下, 将其可能解表示为满足某个约束条件的等长向量 $X = (x_1, x_2, \cdots, x_n)$, 其中分量 $x_i(1 \leqslant i \leqslant n)$ 的取值范围是某个有限集合 $S_i = \{a_{i1}, a_{i2}, \cdots, a_{iri}\}$, 所有可能的解向量构成了问题的解空间。

问题的解空间一般用解空间树(也称状态空间树)的方式组织，树的根结点位于第 1 层，表示搜索的初始状态，第 2 层的结点表示对解向量的第一个分量做出选择后到达的状态，第 1 层到第 2 层的边上标出对第一个分量选择的结果，依此类推，从树的根结点到叶子结点的路径就构成了解空间的一个可能解。

回溯法从根结点出发，按照深度优先策略遍历解空间树，搜索满足约束条件的解。在搜索至树中任一结点时，先判断该结点对应的部分解是否满足约束条件，或者是否超出目标函数的界，也就是判断该结点是否包含问题的(最优)解，如果肯定不包含，则跳过对以该结点为根的子树的搜索，即所谓剪枝(Pruning)；否则，进入以该结点为根的子树，继续按照深度优先策略搜索。

10.4.2　典型例题

1. 素数环问题

把整数{1，2，…，20}填写到一个环中，要求每个整数只填写一次，并且相邻的两个整数之和是一个素数。

这个素数环有 20 个位置，每个位置可以填写的整数有 1 ~ 20 共 20 种可能，可以对每个位置从 1 开始进行试探，约束条件是正在试探的数满足如下条件：

①与已经填写到素数环中的整数不重复；

②与前面相邻的整数之和是一个素数；

③最后一个填写到素数环中的整数与第一个填写的整数之和是一个素数。在填写第 k 个位置时，如果满足上述约束条件，则继续填写第 k + 1 个位置；如果 1 ~ 20 个数都无法填写到第 k 个位置，则取消对第 k 个位置的填写，回溯到第 k − 1 个位置。

2. 哈密顿回路问题

著名的爱尔兰数学家哈密顿提出了著名的周游世界问题。正十二面体的 20 个顶点(图 10 − 16)代表 20 个城市，要求从一个城市出发，经过每个城市恰好一次，然后回到出发城市。

假定图 G = (V, E)的顶点集为 V = {1, 2, …, n}，则哈密顿回路的可能解表示为 n 元组 $X = (x_1, x_2, \cdots, x_n)$，其中，$x_i \in \{1, 2, \cdots, n\}$。根据题意，有如下约束条件：

$$\begin{cases} (x_i, x_{i+1}) \in E (1 \leqslant i \leqslant n-1) \\ (x_m, x_1) \in E \\ x_i \neq x_j (1 \leqslant i, j \leqslant n, i \neq j) \end{cases}$$

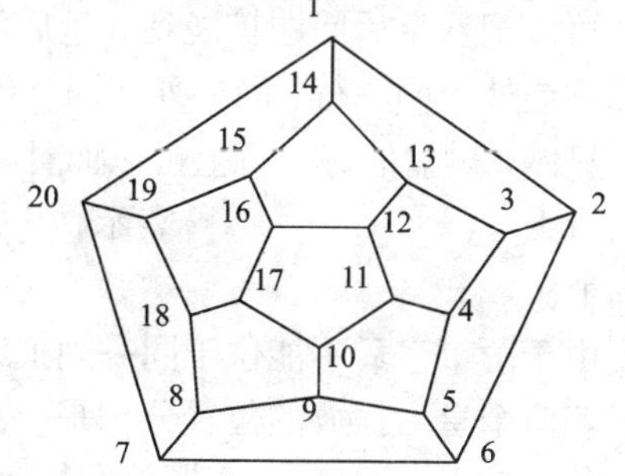

图 10 − 16　正十二面体的 20 个顶点

在哈密顿回路的可能解中，考虑到约束条件 $x_i \neq x_j (1 \leqslant i, j \leqslant n, i \neq j)$，则可能解应该是(1, 2, …, n)的一个排列，对应的解空间树中有 n! 个叶子结点。用回溯法求哈密顿回路示例如图 10 − 17 所示。

设数组 x[n]存储哈密顿回路上的顶点，数组 visited[n]存储顶点的访问标志，visited[i] = 1 表示哈密顿回路经过顶点 i，算法如下：

(1)将顶点数组 x[n]初始化为 0，标志数组 visited[n]初始化为 0；

(2)k = 1；visited[1] = 1；x[1] = 1；从顶点 1 出发构造哈密顿回路；

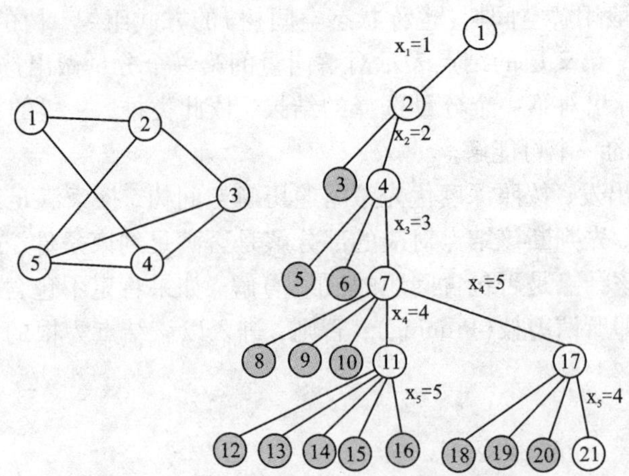

图 10－17 回溯法求哈密顿回路示例

(3) while (k>=1)

(3.1) x[k]=x[k]+1，搜索下一个顶点；

(3.2) 若 n 个顶点没有被穷举，则执行下列操作：

(3.2.1) 若顶点 x[k] 不在哈密顿回路上并且(x[k-1]，x[k])∈E，转步骤(3.3)；

(3.2.2) 否则，x[k]=x[k]+1，搜索下一个顶点；

(3.3) 若数组 x[n] 已形成哈密顿路径，则输出 x[n]，算法结束；

(3.4) 若数组 x[n] 构成部分解，则 k=k+1，转步骤(3)；

(3.5) 否则，重置 x[k]，k=k-1，取消顶点 x[k] 的访问标志，转步骤(3)。

3. 八皇后问题

八皇后问题是 19 世纪著名的数学家高斯于 1850 年提出的。问题是：在 8×8 的棋盘上摆放八个皇后，使其不能互相攻击，即任意两个皇后都不能处于同一行、同一列或同一斜线上。可以把八皇后问题扩展到 n 皇后问题，即在 n×n 的棋盘上摆放 n 个皇后，使任意两个皇后都不能处于同一行、同一列或同一斜线上。

显然，棋盘的每一行上可以而且必须摆放一个皇后，所以，n 皇后问题的可能解用一个 n 元向量 $X=(x_1, x_2, \cdots, x_n)$ 表示，其中，$1 \leqslant i \leqslant n$ 并且 $1 \leqslant x_i \leqslant n$，即第 i 个皇后放在第 i 行第 x_i 列上。

由于两个皇后不能位于同一列上，所以，解向量 X 必须满足约束条件：$x_i \neq x_j$。

若两个皇后摆放的位置分别是 (i, x_i) 和 (j, x_j)，若摆放在棋盘上斜率为 -1 的斜线上，满足条件 $i-j=x_i-x_j$；若摆放在棋盘上斜率为 1 的斜线上，满足条件 $i+j=x_i+x_j$。综合两种情况，由于两个皇后不能位于同一斜线上，所以，解向量 X 必须满足约束条件：$|i-x_i| \neq |j-x_j|$。

算法如下：

(1) 初始化解向量 x[n]={-1}；

(2) k=1；

(3) while (k>1)

(3.1) 把皇后 k 摆放在下一列的位置，即 x[k]++；

(3.2)从 x[k]开始依次考察每一列，如果皇后 k 摆放在 x[k]位置不发生冲突，则转步骤(3.3)；否则 x[k]++试探下一列；

(3.3)若 n 个皇后已全部摆放，则输出一个解，算法结束；

(3.4)若尚有皇后没摆放，则 k++，转步骤(3)摆放下一个皇后；

(3.5)若 x[k]出界，则回溯，x[k]=-1，k--，转步骤(3)重新摆放皇后 k；

(4)退出循环，说明 n 皇后问题无解。

4. 批处理作业调度问题

n 个作业{1，2，…，n}要在两台机器上处理，每个作业必须先由机器 1 处理，然后再由机器 2 处理，机器 1 处理作业 i 所需时间为 a_i，机器 2 处理作业 i 所需时间为 b_i($1 \leqslant i \leqslant n$)。批处理作业调度问题要求确定这 n 个作业的最优处理顺序，使得从第 1 个作业在机器 1 上处理开始，到最后一个作业在机器 2 上处理结束所需时间最少。

显然，批处理作业的一个最优调度应使机器 1 没有空闲时间，且机器 2 的空闲时间最小。可以证明，存在一个最优作业调度使得在机器 1 和机器 2 上作业以相同次序完成。

例如，有三个作业{1，2，3}，这三个作业在机器 1 上所需的处理时间为(2，3，2)，在机器 2 上所需的处理时间为(1，1，3)，则这三个作业存在 6 种可能的调度方案：(1，2，3)、(1，3，2)、(2，1，3)、(2，3，1)、(3，1，2)、(3，2，1)，相应的完成时间为 12，13，12，14，13，14，如图 10-18 所示。

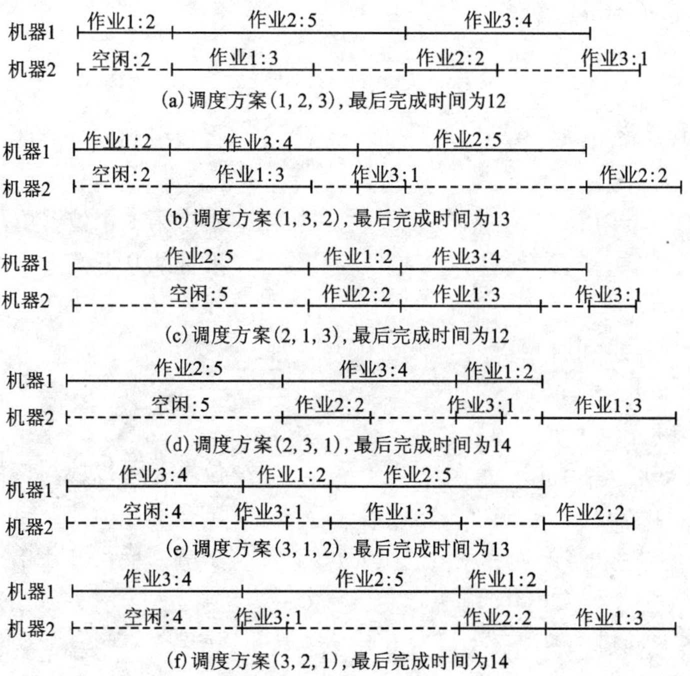

图 10-18　n=3 时批处理调度问题的调度方案

10.4.3 回溯法实践

1. 素数环问题

10

```
#include <iostream.h>
#include <math.h>
const int n = 20;
int a[n];
void PrimeCircle(int n);
int Check(int k);
int Prime(int x);
int main( )
{
  int n;
  cout<<"请输入一个整数:";
  cin>>n;
  PrimeCircle(n);
  return 0;
}
void PrimeCircle(int n)
{
  int i, k;
  for (i = 0; i < n; i++)                    //将数组a[n]初始化为0
  a[i] = 0;
  a[0] = 1; k = 1;                           //指定第1个位置填写1,注意数组
                                               下标从0开始
  while (k >=1)
  {
    a[k] = a[k]+1;
    while (a[k] <= n)
    if (Check(k) == 1) break;                //位置k可以填写整数a[k]
    else a[k] = a[k] + 1;                    //试探下一个数
    if (a[k] <= n && k == n - 1) {           //求解完毕,输出解
      for (i = 0; i < n; i++)
      cout<<a[i]<<"  ";
      return;
    }
    if (a[k] <= n && k < n - 1)
    k = k + 1;                               //处理下一个位置
    else {
```

```
            a[k] = 0; k = k - 1;                    //回溯
        }
    }
}
int Check(int k)                                    //判断位置 k 的填写是否满足约束条件
{
    int flag = 0;
    for (int i = 0; i < k; i++)                     //判断是否重复
    if (a[i] == a[k]) return 0;
    flag = Prime(a[k] + a[k - 1]);
    if (flag == 1 && k == n - 1) flag = Prime(a[k] + a[0]);
    return flag;
}
int Prime(int x)                                    //判断是否素数
{
    int i, n;
    n = (int)sqrt(x);
    for (i = 2; i <= n; i++)
    if (x % i == 0) return 0;
    return 1;
}
```

2. 哈密顿回路问题

```
#include <iostream.h>
const int n = 5;
int arc[n][n] = {{0, 1, 1, 0, 0}, {1, 0, 1, 1, 1}, {1, 1, 0, 0, 1}, {0, 1, 0, 0, 1},
{0, 1, 1, 1, 0}};
void Hamiton(int x[ ], int n);
int main()
{
    int x[n];
    Hamiton(x, n) ;
    return 0;
}
void Hamiton(int x[ ], int n)
{
    int i, k;
    int visited[10];                                //假设图最多有 10 个顶点
    for (i = 0; i < n; i++)                         //初始化顶点数组和标志数组
    {
```

```
        x[i] = 0;
        visited[i] = 0;
    }
    x[0] = 0; visited[0] = 1;                       //从顶点0出发
    k = 1;
    while (k >= 1)
    {
        x[k] = x[k] + 1;                            //搜索下一个顶点
        while (x[k] < n)
        if (visited[x[k]] == 0 && arc[x[k-1]][x[k]] == 1) break;
        else x[k] = x[k] + 1;
        if (x[k] < n && k == n - 1 && arc[x[k]][1] == 1) {
            for (k = 0; k < n; k++)
            cout << x[k] + 1 << " ";               //输出顶点的编号, 编号从1开始
            return;
        }
        else if (x[k] < n && k < n - 1 ) {
            visited[x[k]] = 1;
            k = k + 1;
        }
        else {                                      //回溯
            visited[x[k]] = 0;
            x[k] = 0;   k = k - 1;
        }
    }
}
```

3. **八皇后问题**

```
#include <iostream.h>                          //使用库函数printf、scanf
#include <math.h>                              //使用绝对值函数abs
const int N = 100;                             //假定最多求100皇后问题
int x[N] = {-1};                               //由于数组下标从0开始, 将数组x[N]
                                                 初始化为-1
void Queue(int n);                             //函数声明
int Place(int k);                              //函数声明
int main( )
{
    int n;
    cout << "请输入皇后的个数: ";               //输出提示信息
    cin >> n;                                  //输入皇后的个数
```

```
    Queue(n);                                //函数调用，求解 n 皇后问题
    return 0;                                //将 0 返回操作系统，表明程序正常结束
}
void Queue(int n)                            //函数定义，求解 n 皇后问题
{
    int k = 0;                               //num 存储解的个数
    while (k >= 0)                           //摆放皇后 k，注意 0≤k<n
    {
    x[k]++;                                  //在下一列摆放皇后 k
    while (x[k] < n && Place(k) == 1)        //发生冲突
    x[k]++;                                  //皇后 k 试探下一列
    if (x[k] < n && k == n - 1 )             //得到一个解，输出
    {
        for (int i = 0; i < n; i++)
        cout<<x[i]+1<<"  ";                  //数组下标从 0 开始，打印的列号从 1 开始
        cout<<endl;
        return;                              //只求出一个解即可
    }
    else if (x[k] < n && k < n - 1)          //尚有皇后未摆放
    k = k + 1;                               //准备摆放下一个皇后
    else
    x[k--] = -1;                             //重置 x[k]，回溯，重新摆放皇后 k
    }
    cout<<"无解"<<endl;
}
int Place(int k)                             //考察皇后 k 放置在 x[k]列是否发生冲突
{
    for (int i = 0; i < k; i++)
    if (x[i] == x[k] || abs(i - k) == abs( x[i] - x[k]))
                                             //违反约束条件
    return 1;                                //冲突，返回 1
    return 0;                                //不冲突，返回 0
}
```

4. 批处理作业调度问题

```
#include <iostream.h>
const int n = 3;
int BatchJob(int a[ ], int b[ ], int n);
int main()
{
```

10

```
    int a[n] = {2, 5, 4}, b[n] = {3, 2, 1};
    int bestTime = BatchJob(a, b, 3) ;
    cout<<"最短作业时间是: "<<bestTime<<endl;
    return 0;
}
int BatchJob(int a[ ], int b[ ], int n)
{
    int i, k;
    int x[6], sum1[6], sum2[6];
    int bestTime = 1000;                         //假定最后完成时间不超过1000
    for (i = 1; i <= n; i++)
    {
        x[i] = -1;
        sum1[i] = 0;
        sum2[i] = 0;
    }
    sum1[0] = 0; sum2[0] = 0;
    k = 1;
    while (k >= 1)
    {
      x[k] = x[k] + 1;
      while (x[k] < n)
      {
      for (i = 1; i < k; i++)                   //检测作业x[k]是否重复处理
      if (x[i] == x[k]) break;
      if (i == k) {                             //作业x[k]尚未处理
      sum1[k] = sum1[k-1] + a[x[k]];
      if (sum1[k] > sum2[k-1]) sum2[k] = sum1[k] + b[x[k]];
      else sum2[k] = sum2[k-1] + b[x[k]];
      if (sum2[k] < bestTime) break;
      else x[k] = x[k] + 1;
      }
     else x[k] = x[k] + 1;                      //作业x[k]已处理
    }
    if (x[k] < n && k < n)
    k = k + 1;                                  //安排下一个作业
    else {
     if (x[k] < n && k == n)                    //得到一个作业安排
     if (bestTime > sum2[k]){
```

```
        bestTime = sum2[k];
        cout<<"最短的作业安排是: ";
        for (int j = 1; j <= n; j++)
        cout<<x[j] + 1<<" ";        //数组下标从0开始，打印作业编号从1开始
        }
      x[k] = -1; k = k - 1;          //重置x[k]，回溯
    }
  }
  return bestTime;
}
```

10.5　习题9

1. 用贪心法求解如下背包问题的最优解：有7个物品，重量分别为(2, 3, 5, 7, 1, 4, 1)，价值分别为(10, 5, 15, 7, 6, 18, 3)，背包容量W=15。写出求解过程。

2. 设有n个顾客同时等待一项服务，顾客i需要的服务时间为t_i($1 \leq i \leq n$)，应如何安排n个顾客的服务次序才能使顾客总的等待时间达到最小?

3. 设有n个长度不等的有序表，各表中元素按升序排列，要求通过两两合并的方法将n个有序表最终合并成一个升序表，并要求在最坏情况下比较的总次数达到最少，请给出具体的合并策略，并说明理由。

4. 一辆汽车加满油后可行驶n公里，旅途中有若干个加油站，加油站之间的距离由数组A[m]给出，其中A[i]表示第i-1个加油站和第i个加油站之间的距离，旅途的起点和终点各有一个加油站。设计一个有效的算法，计算沿途需要停靠加油的地方，使加油的次数最少。

5. 对于待排序序列(5, 3, 1, 9)，分别画出归并排序和快速排序的递归运行轨迹。

6. 设计分治算法求一个数组中的最大元素，并分析时间性能。

7. 设计分治算法，实现将数组A[n]中所有元素循环左移k个位置，要求时间复杂性为O(n)，空间复杂性为O(1)。例如，对abcdefgh循环左移3位得到defghabc。

8. 在一个序列中出现次数最多的元素称为众数。请设计算法寻找众数并分析算法的时间复杂性。

9. 设a_1, a_2, …, a_n是集合{1, 2, …, n}的一个排列，如果i<j且$a_i > a_j$，则序偶(a_i, a_j)称为该排列的一个逆序。例如，2, 3, 1有两个逆序：(3, 1)和(2, 1)。设计算法统计给定排列中含有逆序的个数。

10. 格雷码是一个长度为2n的序列，序列中无相同元素，且每个元素都是长度为n的二进制位串，相邻元素恰好只有1位不同。例如长度为23的格雷码为(000, 001, 011, 010, 110, 111, 101, 100)。设计分治算法对任意的n值构造相应的格雷码。

11. 用动态规划法求如下0/1背包问题的最优解：有5个物品，其重量分别为(3, 2, 1, 4, 5)，价值分别为(25, 20, 15, 40, 50)，背包容量为6。写出求解过程。

12. 用动态规划法求两个字符串A="xzyzzyx"和B="zxyyzxz"的最长公共子序列。写出

求解过程。

13. 有三个作业{1, 2, 3}要在两台机器上处理，每个作业必须先由机器1处理，然后再由机器2处理，这三个作业在机器1上所需的处理时间为(2, 3, 2)，在机器2上所需的处理时间为(1, 1, 3)，用回溯法求解这三个作业完成的最短时间，画出搜索空间。

14. 给定一个正整数集合 $X=\{x_1, x_2, \cdots, x_n\}$ 和一个正整数y，设计回溯算法，求集合X的一个子集Y，使得Y中元素之和等于y。

15. 农夫过河。一个农夫带着一只狼、一只羊和一筐菜，想从河一边(左岸)乘船到另一边(右岸)，由于船太小，农夫每次只能带一样东西过河，而且如果没有农夫看管，则狼会吃羊，羊会吃菜。请用回溯法设计过河方案。

16. 错位问题。有n个人参加聚会，入场时随意将帽子挂在衣架上，走时再顺手拿一顶走，问没有一人拿对(即所有人拿走的都不是自己的帽子)的概率，并展示所有拿错帽子的具体情况。

第 3 篇　软件项目实习

第 11 章　基于 Qt 的电子点餐系统

11.1　点餐系统功能说明

点餐系统功能包括以下方面：

• 登录页面：顾客输入餐桌号和就餐人数，确认无误后，进入菜单页面。

• 菜单页面：有分类详细的菜种和酒水的图片以及各自的单价，可以添加或者删除菜品。

• 菜品详情：可以点击图片了解菜品的制作原料、风味介绍。

• 已选菜品：在添加菜品的同时，可以自动生成已选菜单详情和总价格。

• 备注功能：顾客可以在备注框内填写自身的饮食喜好、禁忌等内容。

• 确认菜单：在确认无误之后提交即可向服务器发送菜单。

• 查看功能：厨房人员通过服务器端，可以实时接收到顾客已点的菜单，具体有桌号、人数、备注、菜品等。

• 管理功能：登录服务器端可以选择操作：增加和删除菜品，修改菜品信息等。

11.2　电子点菜系统设计方案

该项目主要分为客户端和服务器端两个部分。

• 服务器端：所有的菜品是存在于服务器端的数据库内，餐饮管理人员可以在服务器端对菜品进行增加、删除等相关修改操作。服务器端再与客户端之间进行网络协议的相关通信，把服务器端的相关菜品传到客户端的数据库中。

• 客户端：顾客可以在客户端进行点菜操作，点好的菜单进入已选菜单列表，存入客户端的未完成订单数据库，客户端再将未完成订单数据库通过网络协议传入服务器端的数据库，当顾客结完账之后，客人的订单数据会载入已完成订单数据库内。

11.2.1　客户端信息管理功能的设计

点菜系统客户端组织结构图如图 11－1 所示。

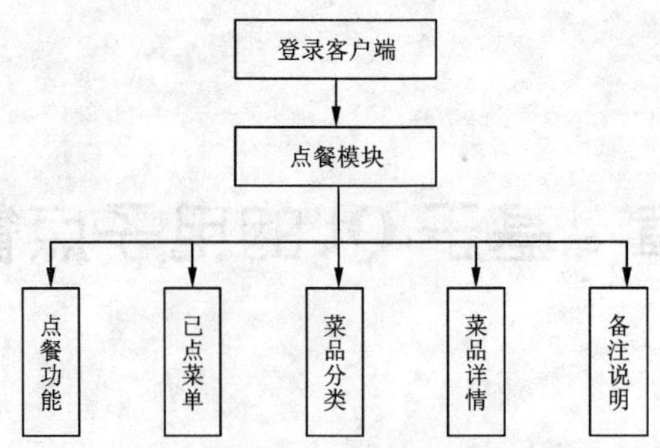

图 11－1 点菜系统客户端组织结构图

1. **登录模块**

系统启动时，主要进行程序对象的构建并初始化，加载部分文件中的数据并保存到相应的对象中，之后进入用户登录操作，登录界面如图 11－2 所示。

2. **点餐模块**

登录成功之后显示菜单页面，顾客可以通过菜单的选择，进入下一级菜单或者进行所选择的功能，确定自己想选的菜，点餐界面如图 11－3 所示。

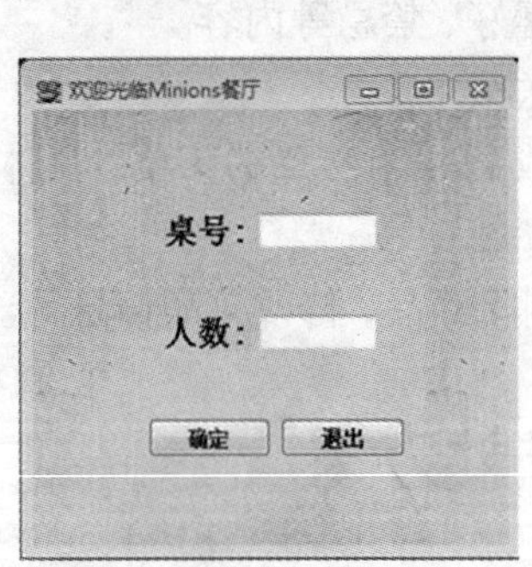

图 11－2 客户端登录界面

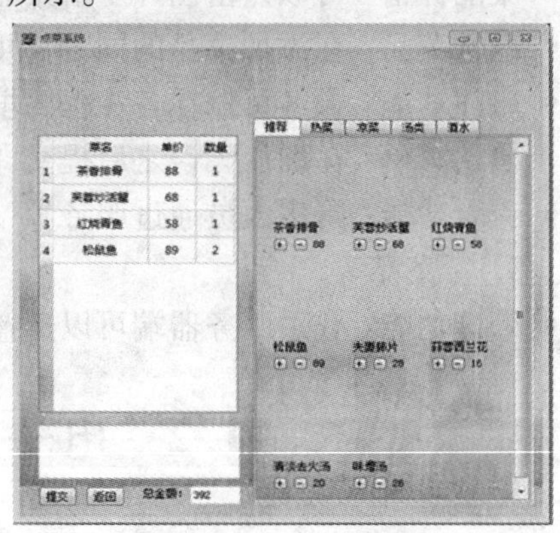

图 11－3 点餐界面

3. **菜品模块**

当顾客选择菜品时，若顾客想了解该菜品的详细信息，在该模块内可以查看，菜品详情界面如图 11－4 所示。

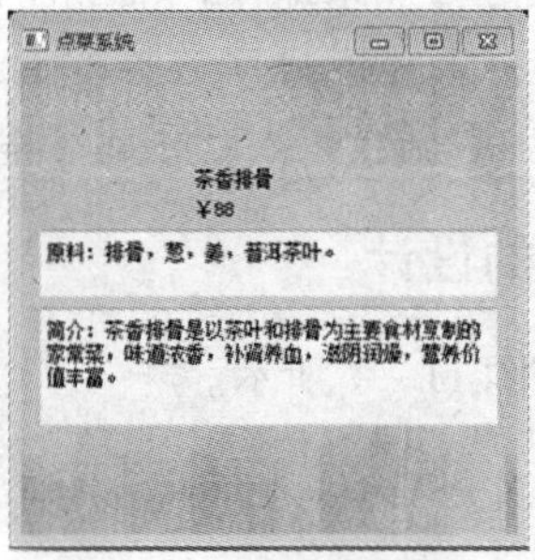

图 11－4 菜品详情界面

11.2.2　服务器信息管理功能设计

点菜系统服务器组织结构图如图 11－5 所示。

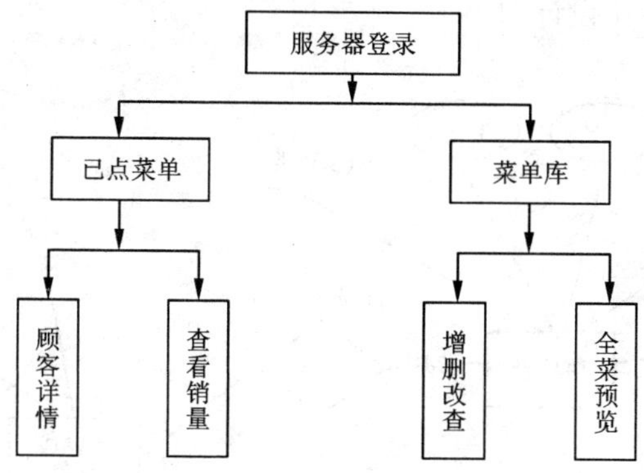

图 11－5　服务器组织结构图

1. 登录模块

系统启动时，主要进行程序对象的构建并初始化，加载部分文件中的数据并保存到相应的对象中，之后进入该餐厅管理人员的登录操作，如图 11－6 所示。

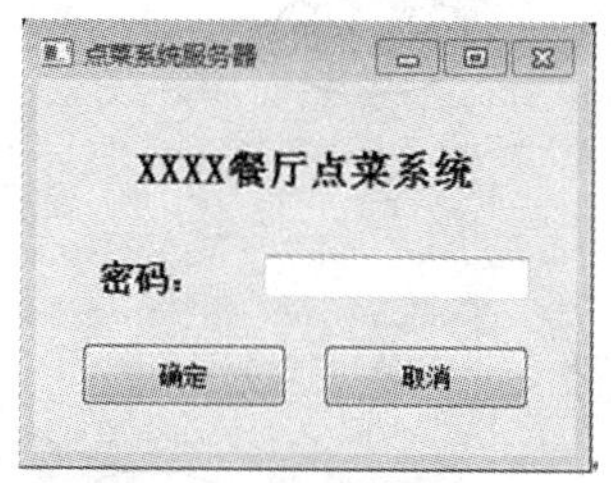

图 11－6　服务器登录界面

2. 订单管理模块

该模块可实现餐厅管理人员对菜品的相关操作，如增加菜品、删除菜品、修改菜品等相关操作，如图 11－7、图 11－8、图 11－9 所示。该模块还可以实现当顾客点餐结束之后的未完成订单的数据反馈到该模块。

图 11－7　订单管理界面

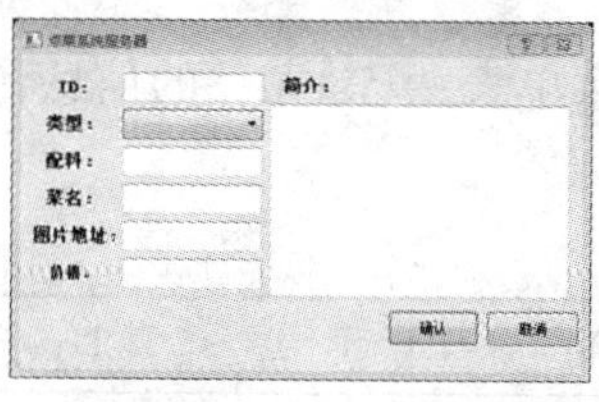

图 11－8　加菜界面

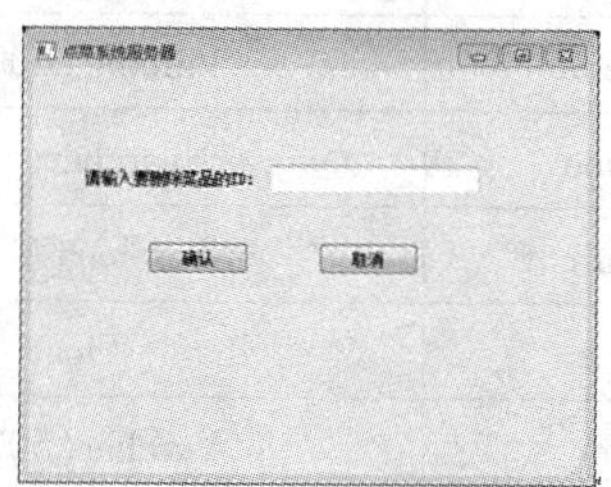

图 11－9　删菜界面

11

11.2.3 数据库设计

数据库采用简洁的 sqlite 数据库设计，包含菜单、未完成订单、已完成订单三张表。图 11-10 是这三张表的 E-R 设计图。

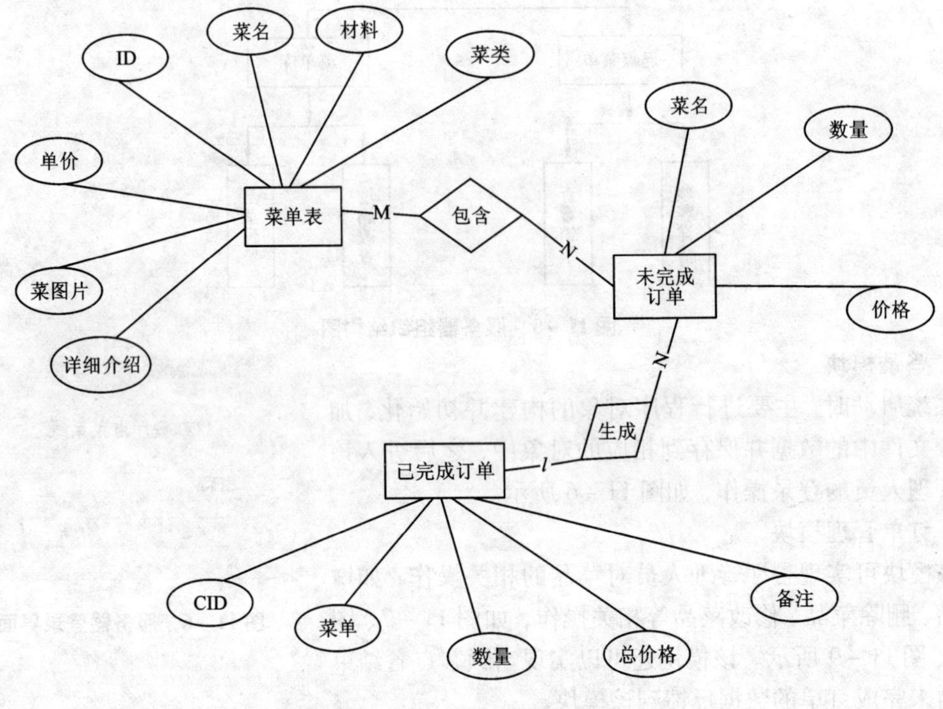

图 11-10 数据库 E-R 图

(1)菜单表：记录菜品的信息，如表 11-1 所示。

表 11-1 菜单表

Field	Type	Null	Key	Comment
ID	Int	No	Yes	标识递增
Item	Int	No	No	菜类
Materal	Varchar(4000)	No	No	材料
Fname	Nvarchar(50)	Yes	No	菜名
Picture	Nvarchar(MAX)	Yes	No	菜图片
Price	Float	No	No	价格
Intro	Varchar(500))	No	No	详细介绍

主要 SQL 语句：

create table menu("

```
    ID int primary key,
    Item int,
    Materal varchar(100),
    Fname nvarchar(50),
    Picture nvarchar(4000) not null,
    Price float,
    Intro varchar(500))";
```

（2）未完成订单表：记录顾客下单之后的信息，如表 11－2 所示。

表 11－2　未完成订单表

Field	Type	Null	Key	Comment
Fname	Nvarchar(50)	No	No	“，”分隔
Price	Float	No	No	介格
Num	Int	No	No	数量

主要 SQL 语句：

```
create table unfinishedorder("
Fname nvarchar(50)  primary key,
    Price float, Num int)";
```

（3）已完成订单表：记录顾客结完账之后返回给服务器的信息，如表 11－3 所示。

表 11－3　已完成订单表

Field	Type	Null	Key	Comment
CID	Int	No	Yes	标识递增
SNum	Int	No	No	数量
Fname	Nvarchar(50)	No	No	“，”分隔
Remark	Nvarchar(MAX)	Yes	No	备注
Amount	Float	No	No	总价格

主要 SQL 语句：

```
create table finishedorder("
    ID int  primary key,
    SNum int,
    Num int,
    Fname nvarchar(50),
    Remark nvarchar(4000) not null,
    Amount float)";
```

11.3 相关技术点拨

相关技术点拨如下：

(1)编程语言使用了C + +：一方面C + +语言是自己熟悉的编程语言，另一方面C + +语言也适合这个课题，因其面向对象的思想和封装的特点正是本课题所需要的。

(2)图形界面采用Qt编写：Qt是一个跨平台的图形界面开发库，支持Windows、Linux、Mac OS X等许多的操作系统。

(3)使用C/S(客户端/服务器)架构实现了网络通信功能：客户端/服务器模式是一种网络连接模式，即Client/Server。在客户端/服务器网络中，服务器是网络的核心，而客户端是网络的基础，客户端依靠服务器获得所需要的网络资源，而服务器为客户端提供网络必需的资源。这里客户端和服务器都是指通信中所涉及的两个应用进程。

客户端/服务器模式在操作过程中采取的是主动请求的方式。

客户端主要是负责顾客点菜完成之后，再通过网络把顾客的订单数据回馈到服务器端。

服务器端主要负责菜品的增加、删除、修改等相关操作，把菜品信息通过网络发送到客户端，并且对客户端发送到服务器的点菜信息进行相关的管理。

(4)网络通信采用TCP协议：对于本课题而言，传送的数据量少，并对可靠性有要求，因而选择TCP协议比较合适。主要是通过网络协议进行客户端与服务器之间的数据通信。其中服务器与客户端之间的网络连接是通过统一的IP地址和相同的端口号进行的，并且根据TCP/IP协议格式进行数据的截取，使得客户端和服务器之间正常通信。

网络协议表见表11 -4。

表11 -4 网络协议表

客户端			
订单管理协议		订单管理协议	
$ < ydcd - start > \r\n	数据头	$ < remark_food > \r\n	备注
$ < table - id > \r\n	桌号	$ < total_price > \r\n	总价
$ < menu - id > \r\n	订单号	$ < ydcd_end > \r\n	数据尾
$ < name - count > \r\n	菜名和数量		
服务器端			
更新菜单协议		删除菜品协议	
$ < update_menu > \r\n	数据头	$ < delete_food > \r\n	数据头
$ < name#info#class#price#picture > \r\n	更新菜品的信息	$ < food - name > \r\n	菜名
$ < update_end > \r\n	数据尾	$ < delete_end > \r\n	数据尾

(5)数据库：数据的存储使用SQLite3数据库。SQLlite是一个开源免费、嵌入式数据库，

一般用于嵌入系统或者小规模的应用软件开发中，可以像使用 Access 一样使用它，可以免费用于任何应用，包括商业应用，另外，它还支持各种平台和开发工具。它跟微软的 Access 差不多，只是一个.db 格式的文件。但是与 Access 不同的是，它不需要安装任何软件，非常轻巧。很多软件都用到了这个家伙，包括腾讯 QQ、迅雷(在迅雷的安装目录里可以看到有一个 sqlite3.dll 的文件，就是它了)，以及现在大名鼎鼎的 Android 等。SQLite3 是它的第三个主要版本。

优点：

①零配置(Zero Configuration)。SQLite3 不用安装，不用配置，不用启动，就可以关闭或者配置数据库实例。当系统崩溃后不用做任何恢复操作，在下次使用数据库的时候自动恢复。

②紧凑(Compactness)。SQLite 是被设计成轻量级的、自包含的。一个头文件，一个 lib 库，就可以使用关系数据库了，不用启动任何系统进程。一般来说，整个 SQLite 库小于 225KB。

③可移植(Portability)。它运行在 Windows，Linux，BSD，Mac OS X 和一些商用 Unix 系统中，比如 Sun 的 Solaris，IBM 的 AIX，同样，它也可以工作在许多嵌入式操作系统下，比如 QNX，VxWorks，Palm OS，Symbian 和 Windows CE。

最大特点：采用无数据类型，所以可以保存任何类型的数据，SQLite 采用的是动态数据类型，会根据存入值自动判断。

11.4　电子点菜系统的实现与程序代码

11.4.1　客户端信息管理功能实现

客户端主要是负责顾客点菜完成之后，再通过网络把顾客的订单数据回馈到服务器端。客户端又包含以下几个类，如表 11－5 所示。

表 11－5　客户端类

序号	类名	功能概述
1	class login	用于用户的登录
2	class Menu	用于查看菜单的相关信息
3	class Mprotocol	用于客户端与服务器之间的网络通信
4	class Particular	用于查看菜品的详细信息
5	class Test	用于操作整个工程的其他类，使程序整体运行

(1) class login：用于用户的登录，记录顾客的桌号和人数。类图如图 11－11 所示。

login 类详细描述如表 11－6 所示。

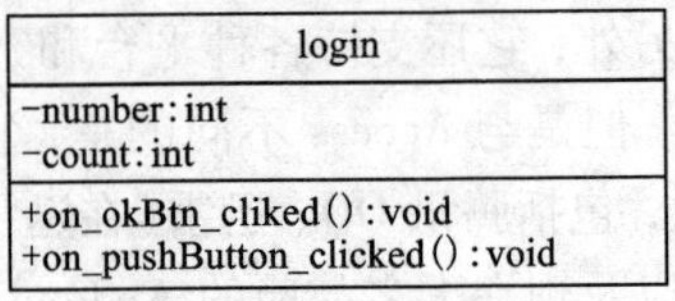

login
-number: int -count: int
+on_okBtn_cliked(): void +on_pushButton_clicked(): void

图 11-11　login 类图

表 11-6　login 类详细描述

类名	成员函数	功能说明
login	on_okBtn_cliked( ): void	确认后点击登录
	on_pushButton_clicked( ): void	放弃并退出

主要代码：

```
voidlogin:: on_okBtn_clicked()//确认按钮槽函数
{
  number = ui - > numEdit - > text( ). toInt( );
  count = ui - > countEdit - > text( ). toInt( ); //将输入的桌号和人数转化为 int
  if( number! =0&&count! =0){
  Test * t = newTest;
  t - > setnum( number, count);
  t - > show( );
  this - > close( );
  }
}
```

(2) class Menu 用于查看菜单的相关信息。类图如图 11-12 所示。

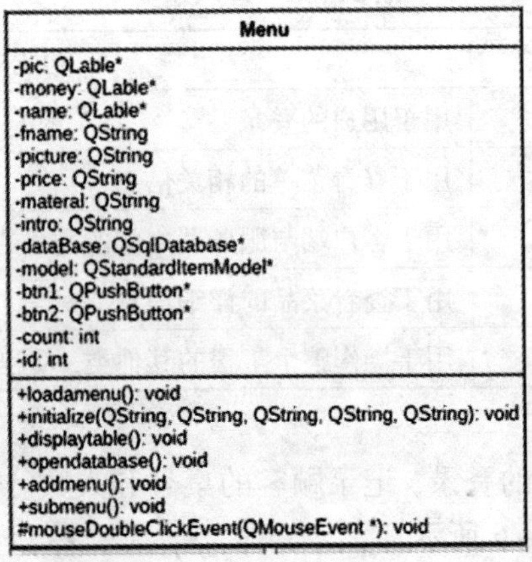

Menu
-pic: QLable* -money: QLable* -name: QLable* -fname: QString -picture: QString -price: QString -materal: QString -intro: QString -dataBase: QSqlDatabase* -model: QStandardItemModel* -btn1: QPushButton* -btn2: QPushButton* -count: int -id: int
+loadamenu(): void +initialize(QString, QString, QString, QString, QString): void +displaytable(): void +opendatabase(): void +addmenu(): void +submenu(): void #mouseDoubleClickEvent(QMouseEvent *): void

图 11-12　Menu 图

Menu 类详细描述如表 11 -7 所示。

表 11 -7　Menu 类详细描述

类名	成员函数	功能说明
Menu	opendatabase( ): void	打开菜单的数据库的函数
	displaytable( ): void	从数据库读取数据到页面的函数
	addmenu( ): void	添加菜品到订单的函数
	submenu( ): void	计算菜品总价的函数

主要代码：

```
void Menu:: opendatabase( )
{
  dataBase = newQSqlDatabase;
  * dataBase = QSqlDatabase:: addDatab  ase("QSQLITE");           //增加数据库
  dataBase - > setHostName("localhost");
  dataBase - > setDatabaseName("menu.db");                        //设置数据库名字
  dataBase - > setHostName("admin");
  dataBase - > setPassword("123456");                             //设置数据库密码
  if(dataBase - > open()){                                        //打开数据库
  qDebug() < < "databaseopensuc!";
  }
  else{
  qDebug() < < "databaseopenfail!";
  }
}
voidMenu:: addmenu( )                                             //添加菜品函数
{
  opendatabase();                                                 //判断菜品的数量
  QSqlQueryc, d;
  QStringstr = QString ( " selectcount ( * ) fromunfinishedorderwhereFname = '%1'"). arg
(fname);
  QStringstr1 = "selectcount( * )fromunfinishedorder";
  c.exec(str);
  d.exec(str1);
  if(c.next()){
  if((c.value(0).toInt())!  =0)
  {
   c.exec(QString("selectNumfromunfinishedorderwhereFname = '%1'").arg(fname));
   if(c.next())
```

```
        count = c. value(0). toInt( );
        qDebug( ) < <" count: " < < count;
        count = count + 1;
        QStringCount; Count. setNum( count);
        qDebug( ) < <" Count: " < < Count;
        QStringinsert = QString ( " updateunfinishedordersetNum = %1whereFname = '%2'" ). arg
( Count, fname);
        QSqlQueryquery;
        query. exec( insert);
      }
      else{
      if( d. next( ) ){
      str1 = d. value(0). toString( );
      id = str1. toInt( ) + 1; }
      count = 1;
      QStringId; Id. setNum( id); QStringCount; Count. setNum( count);
      QStringinsert = QString( " insertintounfinishedordervalues( %1, '%2', %3, %4); " ). arg
(Id, fname, price, Count);
      QSqlQueryquery;
      query. exec( insert);
      }}
      displaytable( );
      emitmark( model);
      emitamount( price. toInt( ) );
      dataBase - > commit( );
    }
```

(3) class Mprotocol 用于客户端与服务器之间的网络通信，类图如图 11 - 13 所示。

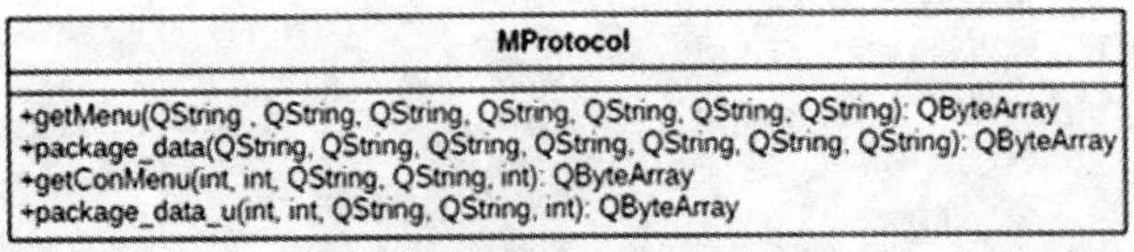

MProtocol
+getMenu(QString , QString, QString, QString, QString, QString, QString): QByteArray +package_data(QString, QString, QString, QString, QString, QString, QString): QByteArray +getConMenu(int, int, QString, QString, int): QByteArray +package_data_u(int, int, QString, QString, int): QByteArray

图 11 - 13　Mprotocol 类图

Mprotocol 类详细描述如表 11 - 8 所示。

表 11－8　Mprotocol 类详细描述

类名	成员函数	功能说明
Mprotocol	GetMenu（QStringid，QStringpic，QStringname，QStringval，QStringbard，QStringdes，QString-combo）：QByteArray	为订单数据添加协议的函数
	Package-data（QStringid，QStringpic，QStringname，QStringval，QStringbard，QStringdes，QString-combo）：QByteArray	打包数据的函数
	GetConMenu（intnum，intpnim，QString name，QStringdes，intval）：QByteArray	为菜单其他数据添加协议的函数

关键代码：

```
QByteArrayMProtocol:: getMenu(QStringid, QStringpic, QStringname,
QStringval, QStringbard, QStringdes, QStringcombo)
{
  QByteArraydata;
  data.append(tr("$<id>%1/r/n").arg(id));
  data.append(tr("$<pic>%1/r/n").arg(pic));
  data.append(tr("$<name>%1/r/n").arg(name));
  data.append(tr("$<val>%1/r/n").arg(val));
  data.append(tr("$<bard>%1/r/n").arg(bard));
  data.append(tr("$<des>%1/r/n").arg(des));
  data.append(tr("$<combo>%1/r/n").arg(combo));
  returndata;
}

QByteArrayMProtocol:: package_data(QStringid, QStringpic, QStringname, QStringval,
QStringbard, QStringdes, QStringcombo)
{
  QByteArraydata;
  data.clear();
  data.append("$<start>$/r/n");        //追加协议头
  data.append(getMenu(id, pic, name, val, bard, des, combo));
  data.append("$<end>$/r/n/r/n");      //追加协议尾
  returndata;
}
```

(4) class Particular 用于查看菜品的详细信息，类图如图 11 - 14 所示。

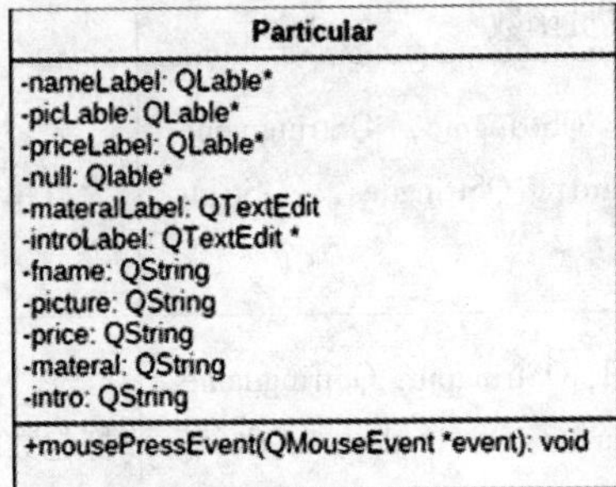

图 11 - 14　Particular 类图

Particular 类详细描述，如表 11 - 9 所示。

表 11 - 9　Particular 类详细描述

类名	成员函数	功能说明
Particular	Particular (QString f, QString pic, QString p, QString m, QStringi) : void	在菜单页面布局菜品信息的函数
	MousePressEvent( ) : void	重写鼠标事件实现关闭窗口

关键代码：

```
voidParticular::mousePressEvent(QMouseEvent * event)
{
    if(Qt::LeftButton == event->button()) {
        this->close();
    }
    QWidget::mousePressEvent(event);
}
```

(5) class Test 用于操作整个工程的其他类，使程序整体运行，类图如图 11 - 15 所示。

```
Test
-tableeView: QTableView *
-s: QString
-sttr: QString
-list: QString
-remark: QString
-pix: QPixmap*
-i: int
-addm: int
-seatnum: int
-pnum: int
+amount: int
-dataBase: QSqlDatabase
-pic: QLable
-money: Qlable
-name: Qlable
-socket: QTcpSocket *
-clientlist: QList<QTcpSocket*>
-mpro: MProtocol*
-byte: QByteArray
+opendatabase(): void
+loadmenu(QString, QString): void
+setnum(int s, int p): void
+cleartable(): void
+mconnect(): void
+translateServer(QByteArray data): void
+insertDatabase(QString, QString, QString, QString, QString, QString, QString): void
```

图 11 - 15　Test 类图

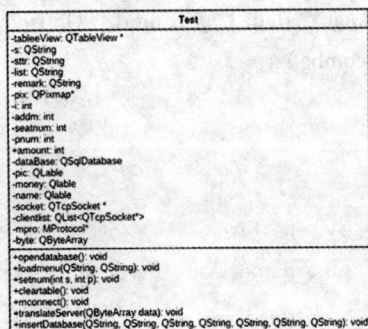

Test 类详细描述如表 11 - 10 所示。

表 11 - 10　Test 类详细描述

类名	成员函数	功能说明
Test	TranslateServer(QByteArray data): void	解析数据的函数
	Mconnect(): void	实现客户端和服务器连接的函数
	Send(): void	客户端向服务器发送数据
	InsertDatabase (QString id, QString item, QStringmateral, QStringfname, QString picture, QString price, QString intro): void	向已完成订单插入解析好的数据，并显示在服务器页面
	Opendatabase(): void	打开数据库

关键代码：

```
voidTest:: send()
{
  dataBase = newQSqlDatabase;
  * dataBase = QSqlDatabase:: addDatabase("QSQLITE");
  dataBase - > setHostName("localhost");
  dataBase - > setDatabaseName("menu. db");
  dataBase - > setHostName("admin");
  dataBase - > setPassword("123456");
  if(dataBase - > open()){
    qDebug() < < "databaseopensuc!";
  }else{
    qDebug() < < "databaseopenfail!";
  }
  QStringselect = "select * fromunfinishedorder; ";
  QStringstr1;
  QSqlQueryquery;
  query. exec(select);
  while(query. next()){
    str1 = query. value(1). toString();
    list = list. append(QString("%1, "). arg(str1));
  }
  cleartable();
  remark = ui - > textEdit - > toPlainText(); //remark 存储备注, addm 存储金额, list 存
储菜单
  byte. clear();
  byte = mpro - > package_data_u(seatnum, pnum, list, remark, addm);
  tableView - > close();
```

```
//发送!!
socket->write(byte);
if(!socket->waitForBytesWritten()){
    qDebug()<<"发送失败";
    return;
}
qDebug()<<"成功";
addm=0; remark.clear(); list.clear(); pnum=0; seatnum=0;
QStringsss; sss.setNum(addm);
ui->lineEdit->setText(sss);
}
```

11

11.4.2 服务器端信息管理功能实现

服务器端由餐厅管理者使用，可以查看顾客已点菜单和全部菜单，对菜品进行增加或删减操作。

1. 登录模块

餐厅管理者输入密码后，进入服务器端。

主要代码：

```
voidmenuServer::on_conBtnClicked()
{
    QStringstr=ui->lineEdit->text();
    intPasswd=str.toInt();
    if(Passwd==1){
    this->hide();
    MenlList*s=newMenlList();
    connect(this, SIGNAL(queryMenu()), s, SLOT(queryMenu()));
    connect(this, SIGNAL(queryfinishedorder()), s, SLOT(queryfinishedorder()));
    connect(s, SIGNAL(sendsignals(QByteArray)), this, SLOT(sendMenu(QByteArray)));
    s->show();
    }else{
    QMessageBox::information(this, "error", "密码错误");
    }
    //网络
    connect(server, SIGNAL(newConnection()), this, SLOT(newConnectionSlots()));
    server->listen(QHostAddress::Any, 11000);
    qDebug()<<"已启动监听，等待客户端连接";
}
```

2. 菜单列表模块

菜单列表模块包括顾客已点菜单和餐厅菜单，已点菜单和餐厅菜单存储在数据库中，只要将数据库中数据显示出来即可。类图如图 11-16 所示。

关键代码：

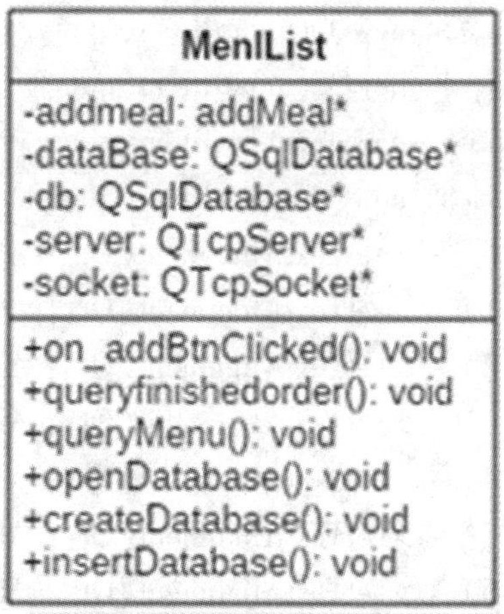

MenlList
-addmeal: addMeal* -dataBase: QSqlDatabase* -db: QSqlDatabase* -server: QTcpServer* -socket: QTcpSocket*
+on_addBtnClicked(): void +queryfinishedorder(): void +queryMenu(): void +openDatabase(): void +createDatabase(): void +insertDatabase(): void

图 11 - 16　MenlList 类图

```
voidMenlList::queryMenu()
{
    qDebug()<<"queryMenu...";
    QStringselectMenu = "select * frommenu";
    QSqlQueryquery;
    query.exec(selectMenu);
    QStandardItemModel * menu_model = newQStandardItemModel();
    menu_model->setHorizontalHeaderItem(0, newQStandardItem(QObject::tr("ID")));
    menu_model->setHorizontalHeaderItem(1, newQStandardItem(QObject::tr("类型")));
    menu_model->setHorizontalHeaderItem(2, newQStandardItem(QObject::tr("配料")));
    menu_model->setHorizontalHeaderItem(3, newQStandardItem(QObject::tr("菜名")));
    menu_model->setHorizontalHeaderItem(4, newQStandardItem(QObject::tr("图片")));
    menu_model->setHorizontalHeaderItem(5, newQStandardItem(QObject::tr("价格")));
    menu_model->setHorizontalHeaderItem(6, newQStandardItem(QObject::tr("简介")));
    //利用 setModel()方法将数据模型与 QtableView 绑定
    inti = 0;
    while(query.next()){
    menu_model->setItem(i, 0, newQStandardItem(query.value(0).toString()));
    menu_model->setItem(i, 1, newQStandardItem(query.value(1).toString()));
```

```
    menu_model - > setItem( i, 2, newQStandardItem( query. value(2). toString( ) ) );
    menu_model - > setItem( i, 3, newQStandardItem( query. value(3). toString( ) ) );
    menu_model - > setItem( i, 4, newQStandardItem( query. value(4). toString( ) ) );
    menu_model - > setItem( i, 5, newQStandardItem( query. value(5). toString( ) ) );
    menu_model - > setItem( i, 6, newQStandardItem( query. value(6). toString( ) ) );
    menu_model - > item( i, 0) - > setTextAlignment( Qt: : AlignCenter) ;
    menu_model - > item( i, 1) - > setTextAlignment( Qt: : AlignCenter) ;
    menu_model - > item( i, 2) - > setTextAlignment( Qt: : AlignCenter) ;
    menu_model - > item( i, 3) - > setTextAlignment( Qt: : AlignCenter) ;
    menu_model - > item( i, 4) - > setTextAlignment( Qt: : AlignCenter) ;
    menu_model - > item( i, 5) - > setTextAlignment( Qt: : AlignCenter) ;
    menu_model - > item( i, 6) - > setTextAlignment( Qt: : AlignCenter) ;
    + + i;
    }
    ui - > tableView - > setEditTriggers( QAbstractItemView: : NoEditTriggers) ;
    ui - > tableView - > setModel( menu_model) ;
    this - > dataBase - > commit( ) ;
}
```

3. 添加菜品模块

添加菜品模块：将要添加的菜品信息填入，确认后写入数据库，刷新显示列表。类图如图 11 - 17 所示。

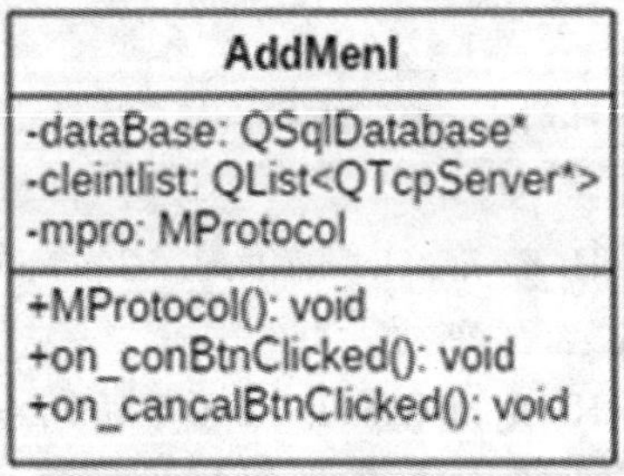

AddMenl
-dataBase: QSqlDatabase* -cleintlist: QList<QTcpServer*> -mpro: MProtocol
+MProtocol(): void +on_conBtnClicked(): void +on_cancalBtnClicked(): void

图 11 - 17　AddMenl 类图

关键代码：

```
voidaddMenl: : on_conBtnClicked( )
{
    dataBase = newQSqlDatabase( ) ;
    QStringId = ui - > idEdit - > text( ) ;
    intcom = ui - > comboBox - > currentIndex( ) ;
    QStringCombo = QString: : number( com) ;
```

```
    QStringBard = ui - > bardEdit - > text( ) ;
    QStringName = ui - > nameEdit - > text( ) ;
    QStringPicture = ui - > pictureEdit - > text( ) ;
    QStringPrice = ui - > priceEdit - > text( ) ;
    QStringCut = ui - > introduceEdit - > toPlainText( ) ;
    qDebug( ) < < " insertmenu. . . add. . . " ;
    QStringinsmenu = " insertintomenuvalues( '%1', '%2', '%3', '%4', '%5', '%6', '%7')" ;
    QStringcmd = insmenu. arg( Id) . arg( Combo) . arg( Bard) .
    arg( Name) . arg( Picture) . arg( Price) . arg( Cut) ;
    qDebug( ) < < cmd;
    QSqlQueryquery;
    boolok;
    ok = query. exec( cmd) ;
    if( ok) {
    qDebug( ) < < " ok" ;
    } else{
    qDebug( ) < < " false" ;
    qDebug( ) < < query. lastError( ) ;
    }
    dataBase - > commit( ) ;
    QByteArraydata = mpro. package_data( Id, Picture, Bard,
    Name, Price, Cut, Combo) ;
    emitsendbyte( data) ;
    EditClear( ) ;
    this - > close( ) ;
}
```

4. 删除菜品模块

删除菜品模块：输入想要删除菜品的 ID，根据 ID 找到相关信息，然后从数据库中删除相关信息，刷新显示列表。类图如图 11 －18 所示。

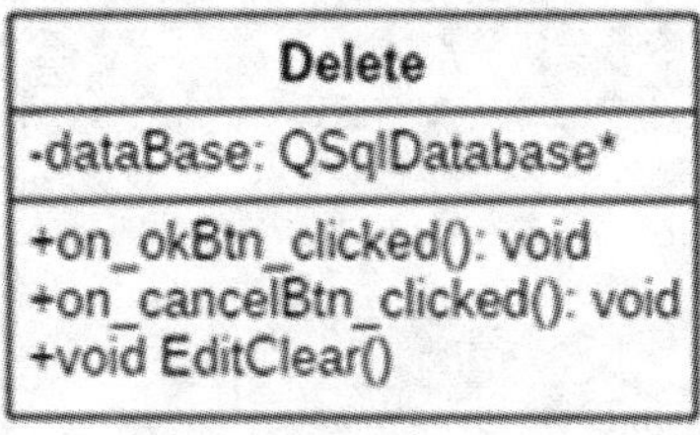

图 11 －18　Delete 类图

关键代码：

```
voidDelete:: on_okBtn_clicked()
{
    dataBase = newQSqlDatabase();
    QStringId = ui - > lineEdit - > text();
    QStringdele = " deletefrommenuwhereID = '%1'";
    QStringcmd = dele. arg(Id);
    qDebug() < < Id;
    QSqlQueryquery;
    boolok;
    ok = query. exec(cmd);
    if(ok) {
    qDebug() < < "ok";
    } else {
    qDebug() < < "false";
    qDebug() < < query. lastError();
    }
    dataBase - > commit();
    EditClear();
    this - > close();
    emitdddd(); //刷新表的信号
}
```

第 12 章　多文本编辑器的设计与实现

12.1　多文本编辑器系统功能说明

本系统是基于 Qt 的多文本编辑器，主要功能如下：

(1)新建文本：新建一个空白文本。

(2)保存、另存为：可对当前文本进行保存或另存为。

(3)打开：可以打开一个已经存在的文本，进行编辑。

(4)复制、剪切、粘贴：可对文本中的文字进行复制、剪切和粘贴。

(5)撤销、重做：可连续撤销操作，或重做。

(6)加粗、倾斜、下划线：对文本中文字加粗、倾斜、加下划线。

(7)文字对齐方式：可设置文字的对齐方式：左对齐、右对齐、居中、左右两端同时对齐。

(8)字体、字号、颜色：可根据需要设置文字的字体、字号和颜色。

12.2　多文本编辑器系统设计方案

本编辑器以 QMainWindow 类为主窗口，以 QMdiArea 类为多文档区域，以 QtextEdit 类为子窗口部件。主窗口用于总体布局，菜单栏包含五个按钮——文件、编辑、格式、窗口和帮助。工具栏包含大量的快捷按钮，用于处理常见事物，以便提高软件的使用效率。系统框图如图 12－1 所示。

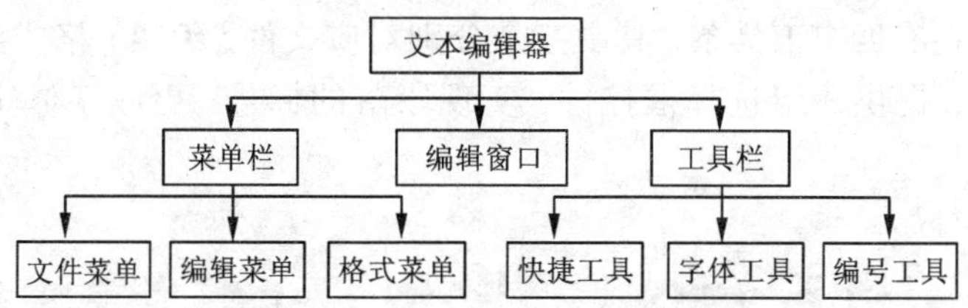

图 12－1　多文本编辑器系统框图

12.2.1　中心窗口的设计

QMdiArea 类所对应的控件为中心部件，它是一个有滚动条的控件。先在中心窗口中加入一个文本编辑器 TextEdit，以它作为文本编辑器的子窗口部件。TextEdit 是一个文本编辑框，用以对文字进行编辑，支持大多数的编辑功能。

中心窗口部件处在主窗口的中心，且一个主窗口只含有一个中心部件。主窗口 QMainWindow 具有自己的布局管理器，因此在 QMainWindow 窗口上设置布局管理器或创建一个父窗口部件为 QMainWindow 的布局管理器都是不允许的。但可以在主窗口的中心窗口部件上设置布局管理器。

12.2.2 菜单栏设计

菜单栏是一系列命令的列表。菜单可以让用户浏览应用程序并且处理一些事物，快捷菜单和工具栏放了一些常用的功能项。

1. 文件菜单栏

文件菜单下包含所有的文件操作，包括新建、打开、保存、另存为、打印等。通过 newQAction 实例化，addAction 添加到菜单栏。如图 12－2 所示。

2. 编辑菜单栏

编辑菜单包含所有的编辑操作，有撤销、重做、复制、剪切、粘贴等。如图 12－3 所示。

3. 格式菜单栏

格式菜单包括所有的格式操作，包括加粗、倾斜、下划线、居中、左对齐、右对齐、字体、颜色等。如图 12－4 所示。

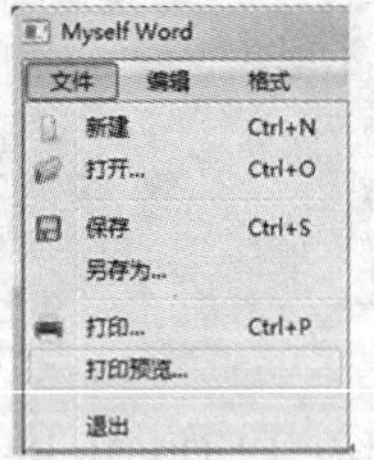

图 12－2 文件菜单栏

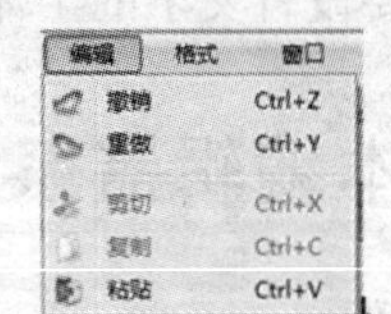

图 12－3 编辑菜单栏

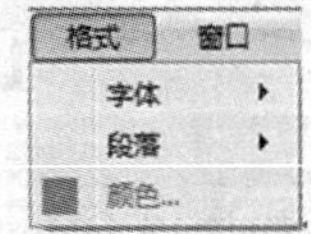

图 12－4 格式菜单栏

12.2.3 工具栏设计

本系统的工具栏有四个工具条，其中三个分别对应文件、编辑、格式菜单的功能，最后一个为组合选择栏，提供一组选择框控件，实现段落的标号、更改字体字号的功能。如图 12－5所示。

图 12－5 工具栏

12.3　相关技术点拨

1. Qt 编程机制——信号与槽机制简介

信号和槽机制是 Qt 区别于其他软件最显著的特征也是 Qt 的核心机制。它与 Windows 下消息机制类似，消息机制是基于回调函数的。回调函数是指通过函数形参传递定位到其他某一块可执行代码的引用。这一设计允许了底层代码调用在高层定义的子程序。回调函数实现的机制是：①定义一个回调函数。②提供函数实现的一方在初始化的时候，将回调函数的指针注册给调用者。③当特定的时间或条件发生时，调用者使用函数指针调用回调函数对事件进行处理。它有两个根本的缺陷：①它并不是类型安全的，在调用过程中没有办法确定处理程序会调用正确参数的回调函数。②回调函数耦合于处理函数，所以处理函数必须清楚去调用哪个回调函数。

但是在 Qt 中提供了回调的替代技术——信号和槽（Signal&Slot）。用信号和槽来替代函数指针，会使得程序更安全简洁。它可以将互不相关的对象绑定在一起，实现对象之间的通信。信号是当对象的状态改变时，该对象发射出去的，而且对象仅仅只负责信号的发送，它并不知道由谁来接收它发送的这个信号。这样就真正做到了信息封装，可以确保对象被当作一个真正的软件组来使用。Qt 的 Widget 中就有许多预定义的信号，也可以在其子类中添加自定义的信号。槽是用于接收信号的，而且它只是普通的对象成员函数。槽并不知道是否有一个或多个信号与自己相连。对象也并不知道具体的通信机制。Qt 的窗口部件中同样有很多预定义的槽，也可以向它的子类中添加自定义的槽。

信号和槽机制能代替回调函数是因为它是类型安全的，它的信号的签名必须跟接收的槽的签名匹配。而且信号和槽是松耦合的，即一个类产生一个信号，也不用关心这个信号由谁来接收。这一机制保证了连接了的信号和槽会在适当的时间带着信号的参数被调用。它完全是类型安全的，可以附带任何类型、任何数量的参数。一个信号可以连接多个槽，一个槽也可以连接多个信号，甚至两个信号可以直接相连。

2. 编程语言使用 C＋＋

编程语言使用了 C＋＋。一方面 C＋＋语言是自己熟悉的编程语言，另一方面 C＋＋语言也适合这个课题，因其面向对象的思想和封装的特点正是本课题所需要的。

12.4　系统实现与程序代码

本系统包含两个类：MyWord 类和 MyChild 类。MyChild 类为子窗口的中心部件，继承自 QtextEdit 类。

12.4.1　文件操作功能的实现

文件编辑器都应该具有文件的存取功能，包含的菜单项有打开、新建、关闭、保存、另存为等。首先定义“文件”主菜单下各个功能项的 QAction，再实现具体功能。

1. 新建功能

首先创建 MyChild 部件，并将它作为子窗口的中心部件，添加到多文档区域。接着关联编辑器的信号和菜单动作。最后返回 MyChild 对象指针。关键代码如下：

```
voidMyWord:: fileNew()
{
  MyChild * child = createMyChild();          //创建子窗口
  child - > newFile();
  child - > show();
  enabledText();                              //使字体设置菜单可用
}
```

12

新建功能实现截图如图 12 -6 所示。

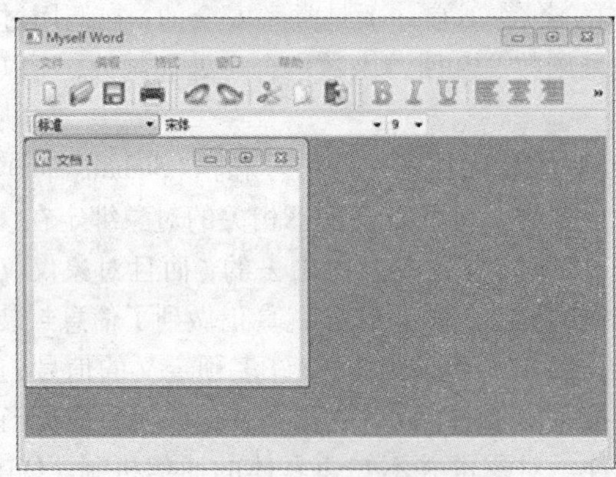

图 12 -6　新建功能实现截图

2. 打开功能

实现打开文件功能需要在子窗口类 MyChild 中定义加载文件操作。加载文件操作步骤如下：

- 打开指定的文件，并读取文件内容到编辑器。
- 设置当前文件的 setCurrentFile()，该函数可获取文件路径，完成文件和窗口状态设置。
- 关联文档内容改变信号到显示文档更改状态标志槽，加载文件操作采用 loadFile()函数实现。

关键代码如下：

```
voidMyWord:: fileOpen()
{
   QStringfileName = QFileDialog:: getOpenFileName(this, tr("打开"), QString(), tr("
HTML 文档(*.htm *.html);;所有文件(*.*)"));
   if(! fileName.isEmpty()){
   QMdiSubWindow * existing = findMyChild(fileName);
   if(existing){
   mdiArea - > setActiveSubWindow(existing);
   return;
   }
   MyChild * child = createMyChild();
```

```
    if( child - >loadFile( fileName) ) {
    statusBar( ) - >showMessage( tr( "文件已载入"), 2000);
    child - >show( );
    enabledText( ); //使字体设置菜单可用
    } else{
     child - >close( );
     }
    }
}
```

打开功能实现截图如图 12 -7 所示。

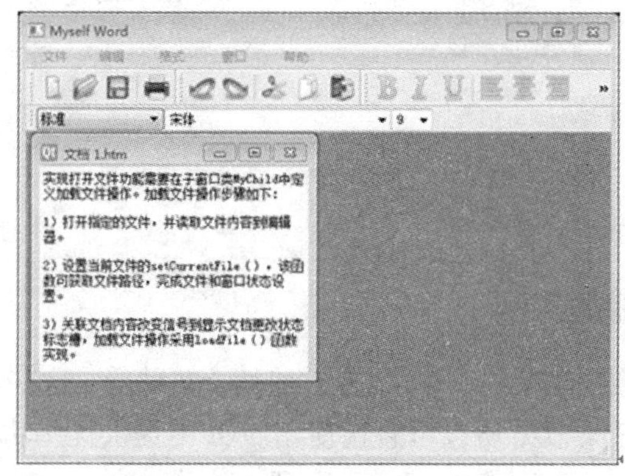

图 12 -7　打开功能实现截图

3. **保存、另存为功能**

保存文件功能分为保存和另存为两种操作，这两种操作都需要在子窗口类 MyChild 中定义。保存文件操作步骤：

- 如果文件没有被保存过(用 isUntitled 判断)，则执行另存为操作 saveAs。
- 否则直接保存文件 saveFile( )，该函数首先打开指定文件，然后将编辑器的内容写入该文件，最后设置当前文件 setCurrentFile( )。
- 另存为操作 saveAs( )的逻辑如下：

从文件对话框获取文件路径，如果路径不为空，则保存文件 saveFile( )。

关键代码如下：

```
voidMyWord:: fileSave( )          //保存文件
{
  if( activeMyChild( )&&activeMyChild( ) - >save( ))
  statusBar( ) - >showMessage( tr( "保存成功"), 2000);
}
voidMyWord:: fileSaveAs( )        //文件另存为
{
```

```
    if(activeMyChild()&&activeMyChild()->saveAs())
    statusBar()->showMessage(tr("保存成功"),2000);
}
```

文件另存为功能实现截图如图 12-8 所示。

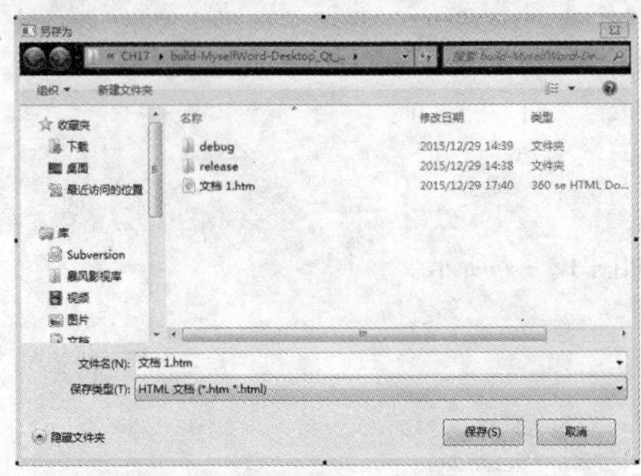

图 12-8 文件另存为功能实现截图

12

12.4.2 编辑操作功能的实现

最基本的文本操作包括撤销、重做、复制、剪切、粘贴等，这些功能都由 QtextEdit 类提供，因为 MyWord 类继承自该类，所以可直接使用。Qt 中提供这些功能函数，直接调用即可。关键代码如下。

```
voidMyWord::undo()                                  //撤销
{
    if(activeMyChild())
    activeMyChild()->undo();
}
voidMyWord::redo()                                  //重做
{
    if(activeMyChild())
    activeMyChild()->redo();
}
voidMyWord::cut()                                   //剪切
{
    if(activeMyChild())
    activeMyChild()->cut();
}
voidMyWord::copy()                                  //复制
{
    if(activeMyChild())
```

```
  activeMyChild() - >copy();
}
voidMyWord:: paste()                              //粘贴
{
  if(activeMyChild())
  activeMyChild() - >paste();
}
```

复制功能实现截图如图 12 - 9 所示。

图 12 - 9　复制功能实现截图

12.4.3　格式操作功能的实现

格式操作包括文档排版，设置字体、字号、颜色等高级美化功能。

1. 字体功能

基本设置包括加粗、倾斜和加下划线。子窗口通过 mergeFormatOnWordOrSelection()函数操作设置字体格式。关键代码如下：

```
voidMyChild:: mergeFormatOnWordOrSelection(constQtextCharFormat&format)
{
  QtextCursorcursor = this - >textCursor();
  if(! cursor. hasSelection())
  cursor. select(QtextCursor:: WordUnderCursor);
  cursor. mergeCharFormat(format);
  this - >mergeCurrentCharFormat(format);
}
```

字体格式功能实现截图如图 12 - 10 所示。

2. 段落功能

段落功能由 MyChild 类实现，Qt 中提供了相关函数。关键代码如下：

12

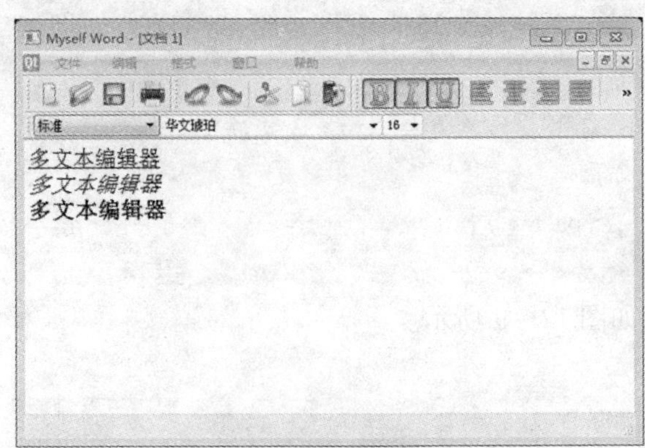

图 12-10 字体格式功能实现截图

```
voidMyChild::setAlign(intalign)//段落对齐设置
{
  if(align==1)
  this->setAlignment(Qt::AlignLeft|Qt::AlignAbsolute);
  elseif(align==2)
  this->setAlignment(Qt::AlignHCenter);
  elseif(align==3)
  this->setAlignment(Qt::AlignRight|Qt::AlignAbsolute);
  elseif(align==4)
  this->setAlignment(Qt::AlignJustify);
}
```

段落功能实现截图如图 12-11 所示。

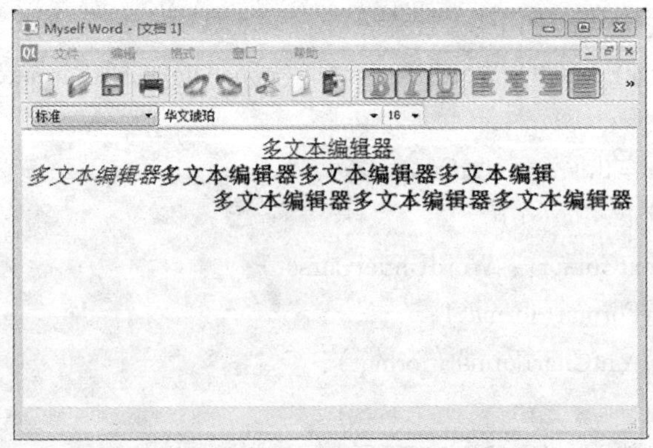

图 12-11 段落功能实现截图

3. 颜色功能

选中要修改颜色的文字，点击颜色按钮，出现图 12－12，选择颜色。确认后字体颜色就改变了。颜色设置功能实现截图如图 12－13 所示。

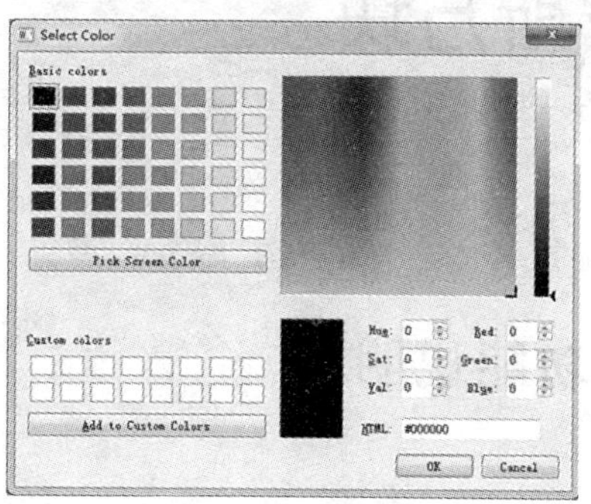

图 12－12　颜色选择

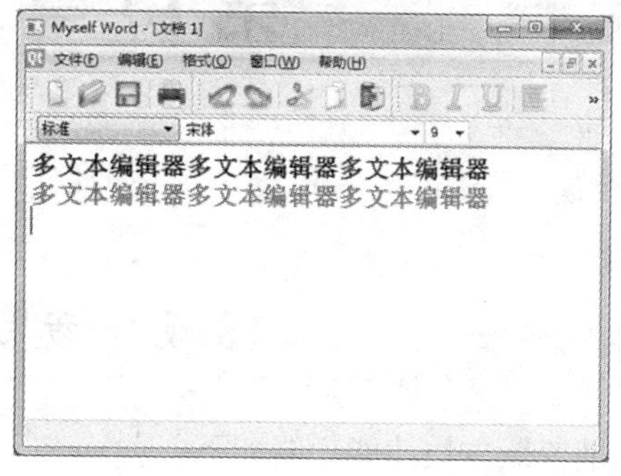

图 12－13　颜色设置功能实现截图

第13章 俄罗斯方块

13

13.1 俄罗斯方块功能说明

俄罗斯方块功能说明如下：

(1)游戏的开始和结束；

(2)游戏中7种图形的下落、左移、右移；

(3)完成七种图形的四种变换模式；

(4)游戏中图形的加速下落；

(5)当图形堆叠满一行时，自动消除；

(6)消除一行，游戏得分加十；

(7)当得分满150分时，游戏等级加一，速度加快一个维度；

(8)当图形堆叠到顶端时，游戏结束。

13.2 俄罗斯方块系统设计方案

28种状态的方块随机产生，自由下落，落下时可由玩家用上、下、左、右控制键控制翻转和移动，以便以玩家所需要的形态和位置落下。如果落下时，方块的方格能填满某一行，则这一行可消去。消去一行后，游戏可给玩家加分，若由存在空格的方块填满整个窗口，则游戏失败。游戏的实现主要由三个部分设计而成：图形的产生处理、主窗口的显示以及游戏的具体实现方式。俄罗斯方块结构框图如图13－1所示。

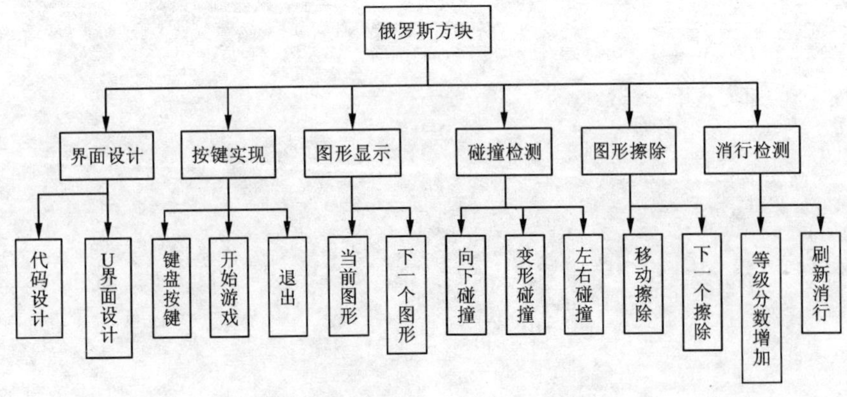

图13－1 俄罗斯方块结构框图

13.2.1　俄罗斯方块的外观设计

当系统启动后，进入主界面，界面较为简单。主界面包括游戏窗口、下一个图形显示、得分、等级、开始、暂停、退出等。游戏开始后，28 种图形随机下落，旁边会显示下一个图形的形状，每消一行，得分加 10，当得分达到 150 分时，等级变为 2。点击退出时，退出游戏。游戏界面如图 13 - 2 所示。

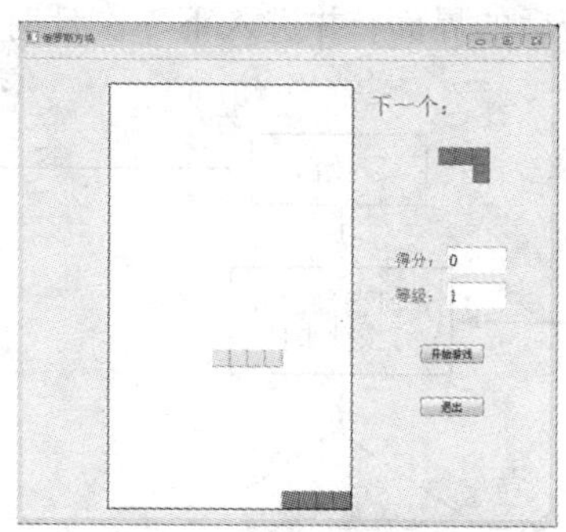

图 13 - 2　俄罗斯方块界面

13.2.2　俄罗斯方块图形的产生和处理

用三维数组作为存储方块 28 种状态的数据结构，即长条形、Z 字形、反 Z 字形、田字形、7 字形、反 7 字形、倒 T 字形，各个方块实现变形，设为逆时针变形。用三维数组的右下角标判断是四种变化中的哪一种。七种图形的数组保存方式如图 13 - 3 所示。

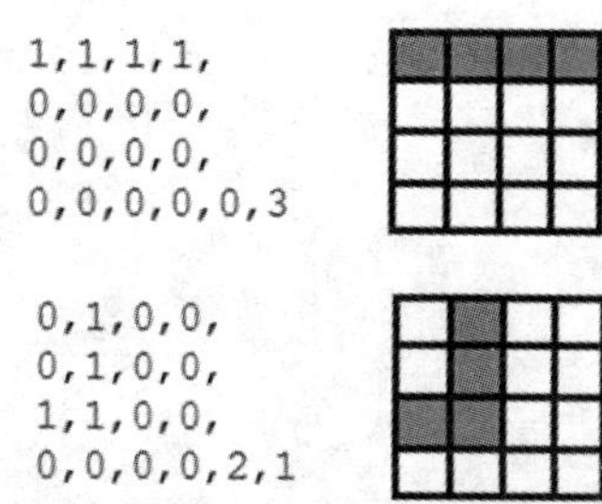

图 13 - 3　七种图形的数组保存方式

用随机数决定出现七种图形中的哪一种，如图 13 - 4 所示。

图形的旋转是通过绘制 4 个方向的方块，在不同旋转角度显示不同方向的方块来实现的。当键盘按键按下时，方块逆时针旋转 90°，同时界面刷新一次，方块的变形就实现了。

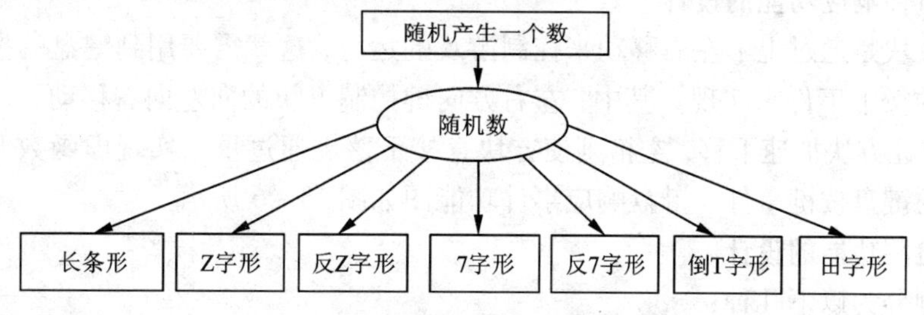

图 13 - 4　用随机数决定产生图形

13.2.3　俄罗斯方块游戏功能的设计

游戏核心功能：游戏区域的绘制、方块的移动、游戏区域背景及区域内方块的绘制、游戏的运行、游戏的满行及消行、游戏的结束判断等。

游戏其他功能：游戏区域及方块颜色的设置、响应键盘按下事件等。

1. 方块下落功能的设计

功能：判断图形能否向下移动，显示下移后的界面，或者结束游戏。

实现：先向下移动一步，此时并不在界面上显示下移后的界面，判断是否到底，若到底则消行记录分数，出现下一个图形；判断是否在一开始就与其他图形重合，若是则游戏结束；经过以上判断，方可显示下一步后的界面，并进入下一次计时。流程图如图 13－5 所示。

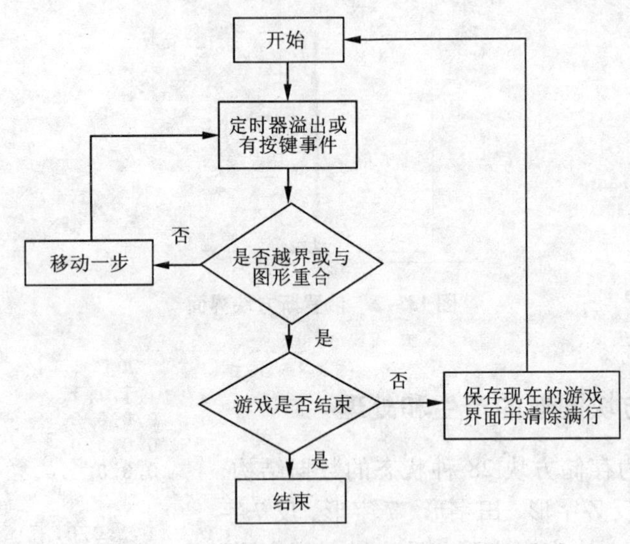

图 13－5　下移一步流程图

2. 满行及消行判断功能的设计

功能：判断是否已有满行，然后把该行消去。

实现：数组 14 个为一行，行遍历，遍历到－1，表示有空，给 empty 赋值为 true，表示该行有空的；如果 empty 不为空则说明该行可以消除。根据状态数组刷新游戏框，实现消行。消行成功，则分数加 10，当分数累积到 150 分时，等级加 1，速度加快。

3. 键盘事件响应功能的设计

俄罗斯方块是通过上下左右移动来控制游戏的运行，这就需要用到键盘的按下事件，通过响应键盘的按下事件来实现。其中，左右方向键控制方块的向左向右移动，上键控制方块的变形，下键让方块加速下移，空格则使方块直接下落。通过重新实现虚函数 keyPressEvent 来响应相应的键盘按键事件。键盘响应事件功能图如图 13－6 所示。

4. 碰撞检测功能的设计

碰撞检测分为以下几种：

向下的碰撞检测函数，分边界碰撞和方块碰撞，只要碰撞就返回 true。

变形的碰撞检测函数，分边界碰撞和方块碰撞，只要碰撞就返回 true，变形不能越过边界以及变形后不能覆盖其他方块。

左移和右移的碰撞检测函数，分边界碰撞和方块碰撞，只要碰撞就返回 true。

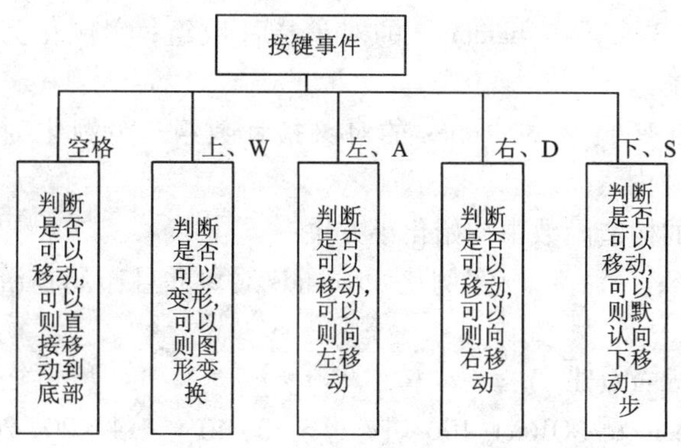

图 13－6　键盘响应事件功能图

注意：

①避免左边界越界。因为图形都是从左上角开始画的，图形的位置也是左上角方块标识的，所以看图形位置是否越界就可以了。

②右边界碰撞。和左移不同，图形的右边具有不确定性，因此需要图形数组的第 18 个元素来标识图形最右边位置，以此判定边界是否碰撞。

13.3　相关技术点拨

1. 编程语言使用 C＋＋

编程语言使用了 C＋＋，一方面 C＋＋语言是自己熟悉的编程语言，另一方面 C＋＋语言也适合这个课题，因其面向对象的思想和封装的特点正是本课题所需要的。

2. 图形界面采用 Qt 编写

Qt 是一个跨平台的 C＋＋图形用户界面应用程序框架，支持 Windows、Linux、Mac OS 等许多的操作系统。

Qt 已经成为全世界范围内数千种成功的应用程序的基础和流行的 Linux 桌面环境 KDE 的基础。它给应用程序开发者提供建立艺术级的图形用户界面所需的所有功能。而且，Qt 很容易扩展，并且允许真正地组件编程。

信号和槽（Signal & Slot）是 Qt 的最核心的机制，是一种应用于对象之间通信的高级接口，这一核心特性也是 Qt 区别于其他编程软件的重要特点。

13.4　俄罗斯方块实现与程序代码

13.4.1　俄罗斯方块图形绘制功能的实现

系统包含两个类：game_win 和 diamonds。game_win 类继承 QMainWindow；diamonds 类是重写的一个 QFrame 类，用它来完成组成图形的小方块的设计，并在 diamonds. cpp 的构造函数中构造小方块。在 game_win. cpp 的构造函数中初始化小方块。关键代码如下：

在 game_win. h 中定义小方块：

```
diamonds *blank[336]; //diamonds 的对象指针数组，实例化为一个 20*20 的透明frame 将会布局在游戏框内
diamonds *blank1[16]; //diamonds 的对象指针数组，实例化为一个 20*20 的透明frame 将会布局在预显区内
```

在 game_win.cpp 的构造函数中初始化小方块：

```
for(int i=0; i<336; i++){//实例化 diamonds 对象并且布局在游戏框内，用网格布局可以达到相同的效果
blank[i]=new diamonds(this);
blank[i]->setGeometry(QRect(100+i%14*20, 40+i/14*20, 20, 20));
}
for(int i=0; i<16; i++){//实例化 diamonds 对象并且布局在预显区内
blank1[i]=new diamonds(this);
blank1[i]->setGeometry(QRect(480+i%4*20, 110+i/4*20, 20, 20)); }
```

13

13.4.2 俄罗斯方块游戏功能的实现

1. 方块下落功能的实现

方块的下落功能在类 game_win 中实现，首先要进行向下碰撞检测，如果检测到碰撞，且在初始位置时，游戏结束；如果没有碰撞，则消除当前图形，让图形位置下移，显示当前图形。

```
void game_win::go_down()
{
  if(down_collide()){                    //检测到向下碰撞，且位置在初始位置时，游戏结束，弹出对话框
  if(now_site==6){
  QMessageBox::information(this,
  "info",
  "游戏结束",
  QMessageBox::Ok);
  game_start=false;
  }
  int a, b;
  for(int i=0; i<16; i++){
  a=i/4;
  b=i%4;
  if(tetris_arr[now_shape][now_s tate][i]==1){
  tetris_win[now_site+a*14+b]=now_color;  //改变标识游戏框状态的数组，将当前向下碰撞的图形保存
  }
  }
  clear_row();                           //消行函数，检测到执行消行
```

```
    next_down();                    //下一个图形的显示
    return;
    }
    cleartetris();                  //向下不碰撞时执行，消除当前图形
    now_site + =14;                 //图形位置下移，因为是一维数组，且是 14 * 28，所
                                      以向下就是 +14;
    displaytetris();                //显示当前图形
}
```

2. **满行及消行功能的实现**

满行判断和消行功能在类 game_win 中实现。数组 14 个为一行，行遍历，遍历到 -1，表示有空，给 empty 赋值为 true，表示该行有空的，不可以消行，否则就消掉满的行，分数加 10 分，每满 150 分时等级加 1，同时方块下落速度加快，显示到界面上。

```
voidgame_win::clear_row()           //消行检测，检测到消行
{
    boolempty = false;              //标识是否有空，初始值为 false 表示不为空
    introw;
    for(int i =0; i<24; i + +){
    row =i;
    empty = false;
    for(int j =0; j<14; j + +){
    if(tetris_win[i * 14 +j] = = -1){
    empty = true;                   //数组 14 个为一行，行遍历，遍历到 -1，表示有空，
                                      给 empty 赋值为 true，表示该行有空的
    }
    }
    if(! empty){                    //如果 empty 不为空则说明该行可以消除
    for(int a =row; a>0; a - -){
    for(int b =0; b<14; b + +){
    tetris_win[a * 14 +b] =tetris_win[a * 14 +b -14];
    //从该行起每一个标识游戏框状态的数组元素 =其上一行同一列的数组元素(抽象成
2 个矩阵来看)
    }
    }
    new_win();                      //根据状态数组刷新游戏框，实现消行
    score + =10;                    //消行成功分数 +10;
    if(score%150 = =0){             //每获得 150 分时，让等级 +1;
    level + +;
    timer - >start(800/level);      //根据等级改变定时器的速率，实现下落速度的改变
    QStringstr;
```

```
    str. setNum( level) ;
    this - > ui - > leveledit - > setText( str) ;                    //显示等级到界面上
    }
    QStringstr;
    str. setNum( score) ;
    this - > ui - > scoreedit - > setText( str) ;                    //显示分数到界面上
    }
    }
}
```

13

3. 键盘响应功能的实现

该功能的实现通过重写 keyPressEvent( )函数，检测到按键后判断有无碰撞，若有，则不能移动，按键无效；若没有碰撞，执行响应的操作。关键代码如下：

```
voidgame_win: : keyPressEvent( QKeyEvent * e)//键盘控制，W 和上：变形，A 和左：左移，S 和下：下移，D 和右：右移，空格：移动到底
{
    e - > accept( ) ;
    if( ! game_start) {
    qDebug( ) < < "gameisnotstart" ;
    return;
    }
    switch( e - > key( ) ) {
    caseQt: : Key_A: {
    go_left( ) ;
    } break;
    caseQt: : Key_D: {
    go_right( ) ;
    } break;
    caseQt: : Key_W: {
    go_turn_state( ) ;
    } break;
    caseQt: : Key_S: {
    go_down( ) ;
    } break;
    caseQt: : Key_Left: {
    go_left( ) ;
    } break;
    caseQt: : Key_Right: {
    go_right( ) ;
    } break;
```

```
caseQt::Key_Up:{
go_turn_state();
}break;
caseQt::Key_Down:{
go_down();
}break;
caseQt::Key_Space:{
go_down_end();
}break;
default:break;
}
e->ignore();
}
```

4. 碰撞检测功能的实现

碰撞检测大致可以分为两种，边界碰撞和图形碰撞。接收到响应的按键之后，先要做碰撞检测。检测是否到达边界、是否和其他方块碰撞，只要碰撞就返回 true，并且方块不能再移动。

```
boolgame_win::up_collide()//变形的碰撞检测函数，分边界碰撞和方块碰撞，只要碰撞就返回 true
//变形不能越过边界，变形后不能覆盖其他方块
{
int a, b;
int state = (now_state + 1)%4;
for(int i=0; i<16; i++){
a = i/4;
b = i%4;
if(tetris_arr[now_shape][state][i]==1){
for(int j=0; j<24; j++){
if((now_site + i%4)==(j*14+13)){
if(i%4 < tetris_arr[now_shape][state][17]){
return true;
} } }
if(now_site + i/4*14 + i%4 >335){
return true;
}
if(tetris_win[now_site + a*14 + b]!=-1){
return true;
} } }
return false;
}
```

第14章 基于Qt的画图板功能的实现

14.1 画图板功能说明

本系统是基于Qt Creator的画图板，它的基本功能与Windows系统自带的画图板类似。主要功能有以下几个方面：

(1)新建画板：新建一张空白的画布。

(2)图片的保存、另存为：可对画板上编辑的图片进行保存或另存为。

(3)打开图片：可以打开已存在的图片，对图片进行编辑。

(4)基本图形绘制：画板可以绘制基本的图形，例如：涂鸦、直线、圆、矩形、四边形等。

(5)文本插入：可以在任意位置插入文本。

(6)画板的放大、缩小、旋转：对正在编辑的图片可以放大、缩小和旋转。

(7)清空画板：画板可以在当前任何状态下对正在编辑的图片进行清空，回到初始新建画板的状态。

(8)画笔设置：画板可以选择当前画笔的颜色和线宽。

(9)截图：画板可以截取任意地方和大小区域进行编辑。

(10)画板上锁：在绘画过程中，为了防止他人改变图片，可以给图片上锁。

14.2 画图板系统设计方案

该画图板系统详细划分为两大模块：画图模块和编辑模块。画图模块用以实现画图板绘制基本图形的功能，包括绘制线性类型的图形、非线性类型的图形以及文字插入的功能。画图模块中还设计了一个自由绘图功能，通过这个功能便可模拟铅笔的实现。在画图模块中为了表现图形元素的多样化加入了两个辅助功能：画画的颜色、画画的线宽。

编辑模块主要是为了方便用户对图片的处理操作。在该模块下设计了两种方式的编辑。文件编辑主要是对文件的操作：新建图片、保存图片、打开图片。图片编辑主要是对图片显示的操作：图片的放大缩小、截取屏幕图片、清空显示图片和对图片上锁保护。

本画图板的整体功能划分如图14-1所示。

因为Qt是高度面向对象的，所以流程图较为简单，如图14-2所示。简单来说可以概括为打开画图板，选择绘图或打开已有图片或截取屏幕图片进行编辑。编辑完成是否保存，然后关闭。

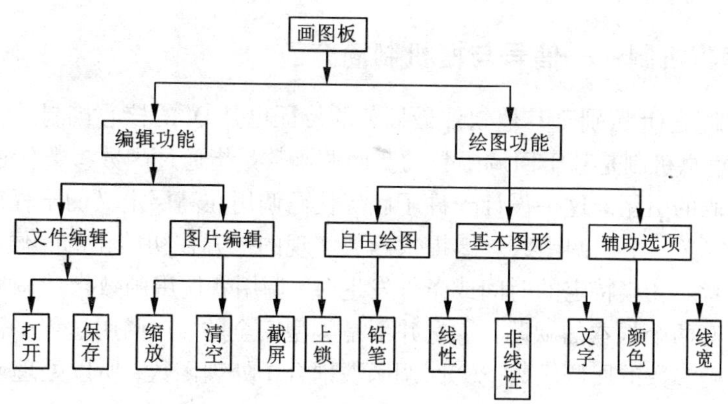

图 14－1　画图板整体功能划分

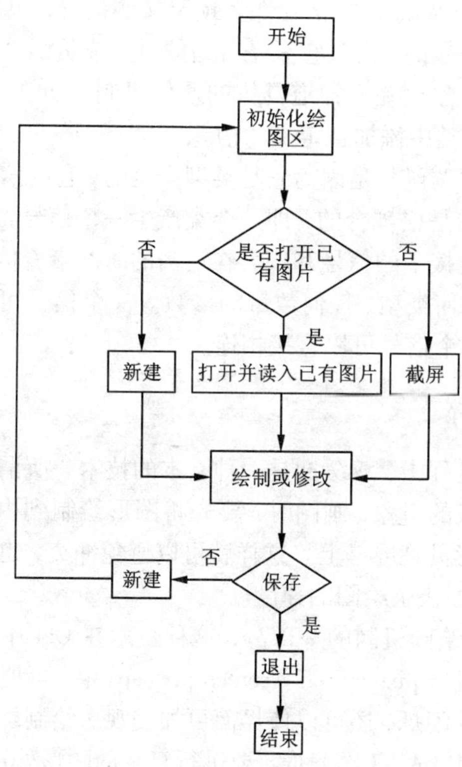

图 14－2　画图板程序操作流程图

14.3 相关技术点拨

14

14.3.1 Qt 编程机制——信号与槽机制简介

信号和槽机制是 Qt 区别于其他软件最显著的特征也是 Qt 的核心机制。它与 Windows 下消息机制类似，消息机制是基于回调函数的。回调函数是指通过函数参数传递到其他代码的某一块可执行代码的引用。这一设计允许了底层代码调用在高层定义的子程序。回调函数实现的机制是：①定义一个回调函数。②提供函数实现的一方在初始化的时候，将回调函数的指针注册给调用者。③当特定的时间或条件发生时，调用者使用函数指针调用回调函数对事件进行处理。它有两个根本的缺陷：①它并不是类型安全的，在调用过程中没有办法确定处理程序会调用正确参数的回调函数。②回调函数耦合于处理函数，所以处理函数必须清楚去调用哪个回调函数。

但是在 Qt 中提供了回调的替代技术：信号和槽(Signal&Slot)。用信号和槽来替代函数指针，会使得程序更安全简洁。它可以将互不相关的对象绑定在一起，实现对象之间的通信。信号是当对象的状态改变时，该对象发射出去的，而且对象仅仅只负责信号的发送，它并不知道由谁来接收它发送的这个信号。这样就真正做到了信息封装，可以确保对象被当作一个真正的软件组来使用。Qt 的 Widget 中就有许多预定义的信号，也可以在其子类中添加自定义的信号。槽是用于接收信号的，而且它只是普通的对象成员函数。槽并不知道是否有一个或多个信号与自己相连。对象也并不知道具体的通信机制。Qt 的窗口部件中同样有很多预定义的槽，也可以向它的子类中添加自定义的槽。

信号和槽机制能代替回调函数是因为它是类型安全的，它的信号的签名必须跟接收的槽的签名匹配。而且信号和槽是松耦合的，即一个类产生一个信号，也不用关心这个信号由谁来接收。这一机制保证了连接了的信号和槽会在适当的时间带着信号的参数被调用。它完全是类型安全的，可以附带任何类型、任何数量的参数。一个信号可以连接多个槽，一个槽也可以连接多个信号，甚至两个信号可以直接相连。

14.3.2 双缓冲绘图技术

在图形图像处理编程过程中，双缓冲是一种基本的技术。所谓双缓冲就是要在内存中创建一个与屏幕绘图区域一致的对象，画图时，要先将图形绘制到内存中的这个对象上，再一次性将这个对象上的图形拷贝到屏幕上。这样就可以避免冲突，也不再需要每读写一个数据单元进行同步/互斥操作，加快了绘图的速度。

Qt 的双缓冲技术是 Qt 绘画机制的一部分，这种技术在 Qt4 中被全面采用。核心就是把一个窗口部件渲染到一个脱屏 pixmap(off-screen pixmap)中，再把这个 pixmap 复制到显示屏幕上。这样可以消除屏幕的闪烁，还可以使界面更加美观。绘制屏幕时，只要调用 paint 函数就可以了。窗体在响应 WM_PAINT 消息时，要进行复杂的图形处理，所以当我们在屏幕上绘制了太多的图形之后，就会发现屏幕上的东西很凌乱。这就是窗体在重绘时频繁的刷新引起的闪烁现象。窗体在刷新时，会有一个擦除原来图像的过程，它利用了背景色填充窗体绘图区，然后再调用新的绘图代码进行重绘这一操作。这样一擦一写就造成了图像颜色的反差。

尤其是当它响应频繁时，这种反差也就更加明显，我们就看到了所谓的闪烁。有人会想，避免背景色的填充是最直接的办法，但如果那样的话，窗体就会变得一团糟。如果每次绘制新的图像时不擦除原来的图像，就会造成图像残留，导致的直接结果就是绘图界面凌乱不堪。所以这样是不行的。双缓冲技术可以有效地解决这一问题。

双缓冲实现过程如下：

(1)内存中创建与画布一致的缓冲区；

(2)在缓冲区画图；

(3)将缓冲区的图像拷贝到当前画布上；

(4)释放缓冲区。

双缓冲和直接绘图的区别如图 14－3 所示。

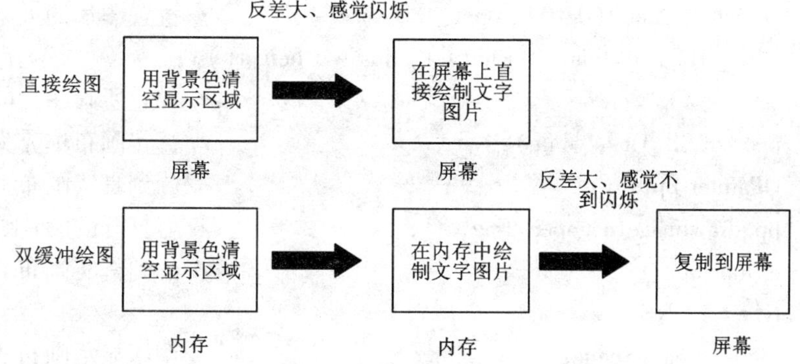

图 14－3　双缓冲与直接绘图的区别

14.4　画图板系统设计与程序代码

14.4.1　画图板界面设计

画图板的界面是用 Qt 的 GUI 界面设计器（Qt Designer）来设计界面的，将所需的控件拖入界面即可。画图板界面如图 14－4 所示。

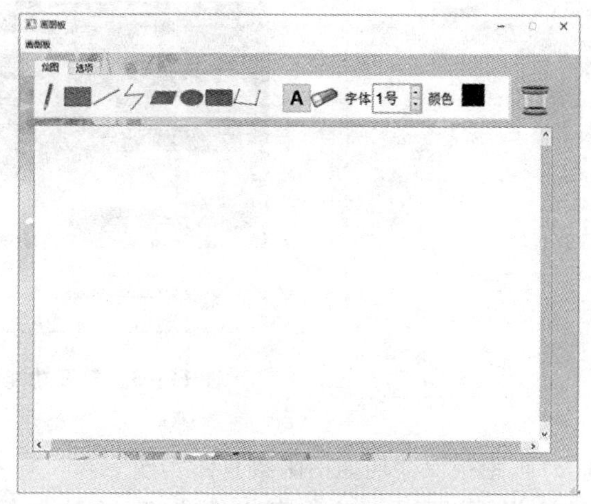

图 14－4　画图板界面

14.4.2　画图板功能详细设计

设计好界面之后，开始实现画图板的主要功能。根据所画的功能模块图的分布思想来完成代码编辑。具体实现细节将根据功能分别介绍。

在本设计中一共用到了三个类：MainWindow、Widget 和 textInsert。以

下为类的类图和类中的函数接口作详细说明。其中 MainWindow 类主要实现了界面的布局，加入了实现功能的按钮，控制绘图板的各个属性。

1. 画图板的文件编辑功能实现

(1)画图板打开功能的实现

首先利用 QFileDialog 弹出文件对话框获得要打开文件的路径，然后将在 MainWindow 中定义好的 openfileSignal(QString)信号传送给 Widget 中的槽函数。

本功能的槽函数定义在 Widget.cpp 中，具体实现如下：

14

```
void Widget::openFileSlot(QString filename)              //打开图片槽函数
{
        QImage open_Img;
        open_Img.load(filename);                          //读取文件路径中的图片
        QRect s(QPoint(0, 0), open_Img.size());           //设置图片的大小
        QRect t(0, 0, this->width(), this->height());
                                                          //设置所画图片的大小
        pix->fill(Qt::white);                             //真实画布填充为白色
        QPainter pp(pix);                                 //画到真实画布上
        pp.drawImage(t, open_Img, s);                     //将打开的图片画到画布上
        isDrawing = 1;                                    //画到真实画布
        type = NONE;
        this->paintScene();                               //调用显示画布函数
}
```

打开功能实现截图如图 14-5 所示。

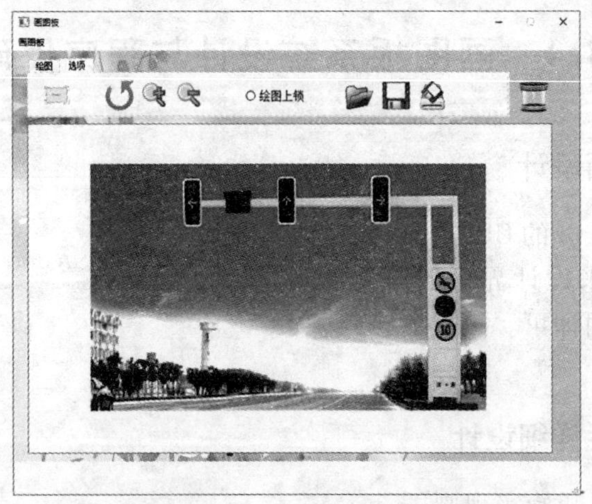

图 14-5 打开功能实现截图

(2)画图板保存功能槽函数具体实现

在主界面设置了一个保存文件按钮，点击按钮后调用槽函数 on_savaAsBtn_clicked()。利用 QFileDialog 打开文件对话框获得要保存文件的路径，发送 saveFileSignal(QString)信号给

Widget 里的槽函数接收。

```
void Widget::saveAsSlot()                    //另存为图片槽函数
  {
        QString saveName = QFileDialog::getSaveFileName
          (this, tr("另存为"), "E:/", tr("图片(*.png)"));
      pix->save(saveName); }//将画布上的真实图片保存到该路径
```

另存为功能实现截图如图 14-6 所示。

图 14-6　另存为功能实现截图

2. **画图板的图片编辑功能实现**

该部分主要实现图片的放大、缩小、旋转和截图功能。在 QGraphicsView 中 Qt 封装了一个 scale() 函数，该函数能让场景按比例进行放大和缩小，利用 QGraphicView 中的 rotate() 函数可以设置场景的旋转。如何让画图板按我们的要求进行放大、缩小以及旋转？我们只需要设置好对应的按钮和槽函数。以放大为例，槽函数的具体实现如下：

```
/*放大功能槽函数*/
  void Widget::showZoomIn() {          //放大槽函数
      if(zoomIndex < -5)return;        //如果放大次数大于五次，就不能再放大
      this->scale(1.1, 1.1);           //设置放大倍数，并放大
      zoomIndex--; }
```

/*旋转功能槽函数*/

旋转功能的实现使用 Qt 提供的函数 rotate(90)，90 为每次旋转的角度。

```
/*截图功能槽函数*/
void Widget::getScreenPix(QPixmap screenPix){        //截图槽函数
      QPainter pp(pix);
      pix->fill(Qt::white);
      pp.drawPixmap(0, 0, screenPix);                //将截屏图片画到真实画布上
```

```
        isDrawing = 1;
        this - > paintScene( ); }
```

放大功能、旋转功能、截图功能实现截图如图 14 -7、图 14 -8、图 14 -9 所示。

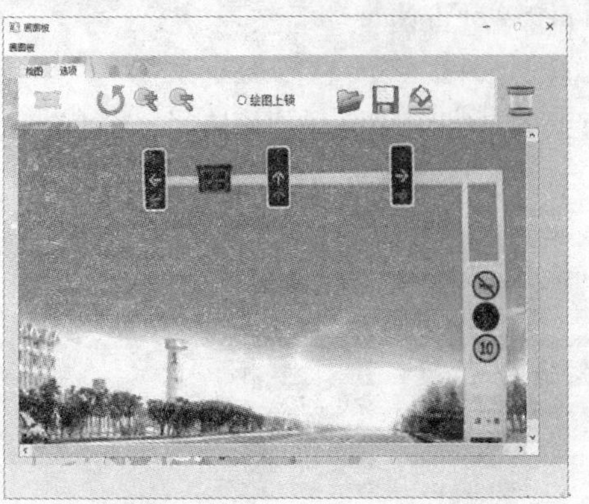

图 14 -7　放大功能实现截图

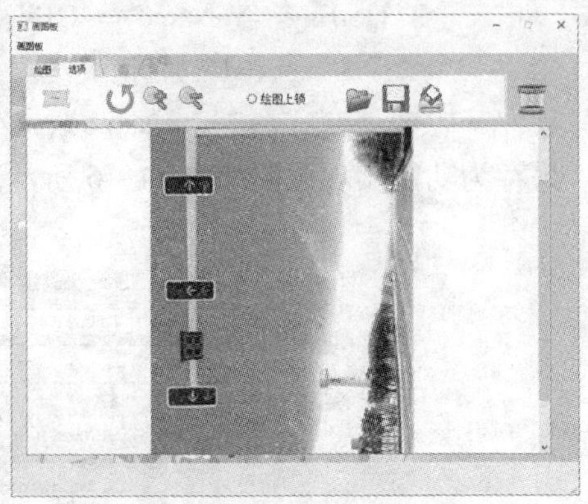

图 14 -8　旋转功能实现截图

图 14 -9　截图功能实现截图

本画图板的清空功能设计思路大体如下：首先要用一个 QMessageBox 去让用户选择到底是清空还是不清空，这一步为了防止用户的不当操作带来的失误。如果要清空就将一个空白的 QPixmap 画在真实画布上去擦除原来的图片元素。具体的代码如下：

```
void Widget:: clearDraw( ) {                    //清空画布
  QPixmap whitepix( pix - > size( ) );          //创建一个和真实画布一样大小的画布
  QPainter pp( pix);                            //将缓冲画布上的图片画到真实画布上
  whitepix. fill( Qt:: white);                  //画布填充为白色
pp. drawPixmap(0, 0, whitepix);                 //将创建的空白画布替换真实画布
  isDrawing = 1;                                //画到真实画布
  this - > paintScene( ); }                     //调用显示画布函数
```

清空功能实现截图如图 14 - 10 所示。

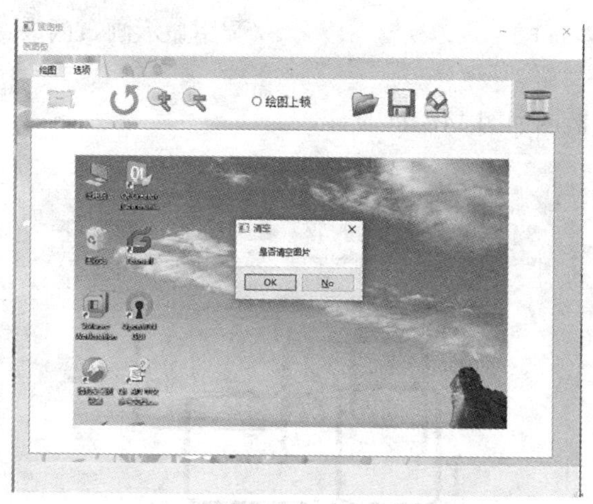

图 14－10　清空功能实现截图

3. 画图板的基本图形绘制功能实现

在基本图形的绘制中又将它们分为两类：线性和非线性。其中线性包括直线，非线性包括矩形、圆角矩形、圆、四边形、多边形等。

首先在 MainWindow 类里定义这些基本图形对应的按钮 QPushButton，按下按钮产生对应的槽函数再调用 Widget 对象的 setTpye( )方法去设置画图区域的作图类型。这里就列举一个圆角矩形画图过程的列子来说明非线性图形的绘制，因为基本的非线性图形都可以通过 QPainter 中对应的 draw 方法绘制。

```
/*圆角矩形*/
void MainWindow::on_LineBtn_clicked()
{
    if(isDrawing==false)return;                          //该变量等于 false 时，图片
                                                          上锁
    ui->drawWidget->setType(Widget::RoundRect);          //设置所画图形为圆
    if(type==RoundRect){
        QPainter pp(cppix);                               //用来执行绘制的操作，绘
                                                          到缓冲画布
        pp.setPen(pen);                                   //选择画笔
        isDrawing=0;                                      //将图形画到缓冲区中
        QPixmap whitepix;
        whitepix.fill(Qt::white);                         //将画布填充为白色
        pp.drawPixmap(0, 0, whitepix);                    //把画布刷白
        pp.drawPixmap(0, 0, *pix);                        //将真实画布上的图形画到
                                                          缓冲区中
        QRect rect(startP.x(), startP.y(),
    e->x()-startP.x(), e->y()-startP.y());                //画图形
        pp.drawRoundRect(rect);                           //绘制圆角矩形函数
```

```
    his - > paintScene( );                  //调用显示画布函数
}
```

圆角矩形功能实现截图如图 14 - 11 所示。

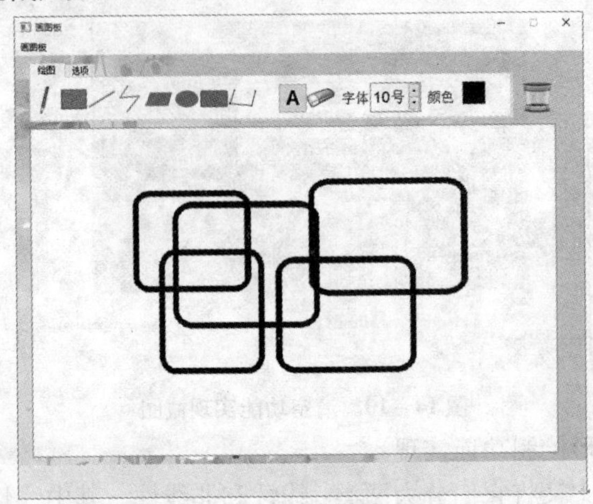

图 14 - 11　圆角矩形功能实现截图

14

4. 画图板自由绘图功能实现

本画图板中的自由绘图的工具包括铅笔、橡皮和文本插入。自由绘画不等同于线性绘画，一般来讲它都不能通过 draw 方法直接获得我们想要的效果，我们必须对它进行算法的处理。铅笔的实现虽然用到了 drawLine( ) 方法去绘制，但这并不是画直线，因此在鼠标移动事件 mouseMoveEvent( ) 中让 startP 起始点等于移动点 e - > pos( )，这样才会达到一个流畅的自由画笔效果。橡皮功能的实现：系统在接收橡皮的槽函数的时候会创建一块很小的画布，用像打补丁一样的方式贴在画布上来掩盖掉画布中的图形元素。文本插入功能的实现：系统单独封装了一个类和界面去让用户输入要插入的文字，在用户点击确定后界面会把获得的字符串 QString 通过信号的方式传给 Widget 中的 InsertText，用户只需要选定要插入的区域就能显示文字了。

橡皮擦的实现在 MainWindow. cpp 中，具体实现如下：

```
/ * 橡皮擦 * /
void MainWindow: : on_EraseBtn_clicked( )
{
    if( isDrawing = = false) return;      //该变量等于 false 时，图片上锁
    ui - > drawWidget - > setType( Widget: : Eraser); }//设置类型为按钮
```

橡皮擦功能实现截图如图 14 - 12 所示。

```
/ * 铅笔 * /
void MainWindow: : on_PointsBtn_clicked( )
{
    if( isDrawing = = false) return;        //该变量等于 false 时，图片上锁
    ui - > drawWidget - > setType( Widget: : Points);
                                //设置 Widget 中 Type 的值
}
```

铅笔功能实现截图如图 14－13 所示。

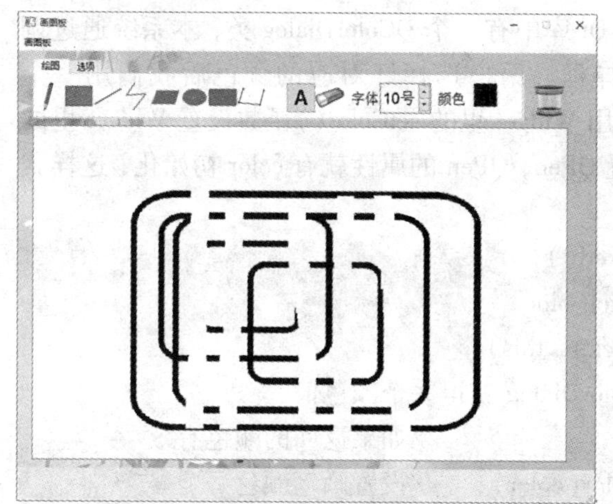

图 14－12　橡皮擦功能实现截图

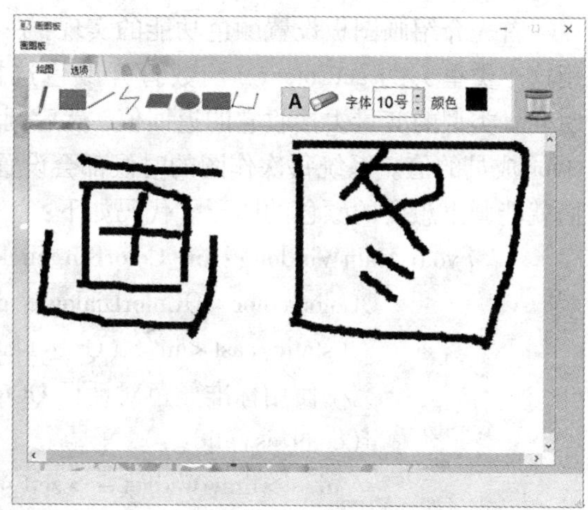

图 14－13　铅笔功能实现截图

在这里文本插入单独为一个类，具体实现在 textInsert. cpp 中给出。具体实现细节如下：

```
/ * 文本插入 * /
    void TextInsert:: yesBtn_onClicked( ){
        QString text = lineEdit - > text( );          //获得要写的文字
        emit sendTextSignal( text);                   //发送写文本信号
        this - > close( );                            //当前界面关闭
    }
```

文本插入功能实现截图如图 14－14 所示。

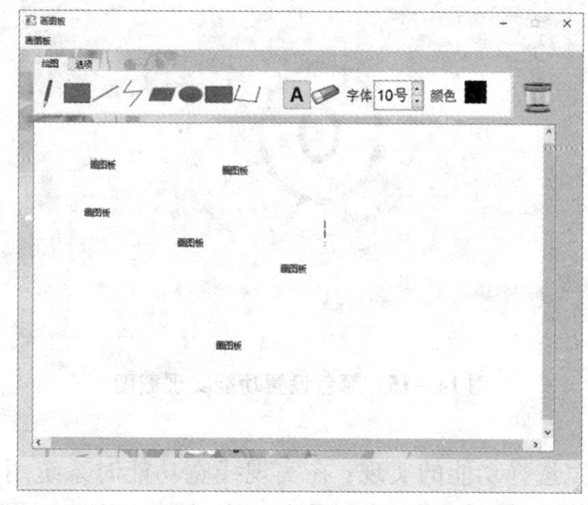

图 14－14　文本插入功能实现截图

14

5. 画图板辅助功能实现

首先介绍画图板设置颜色功能的实现：在 Qt 库中有一个 QColorDialog 类，本系统通过调用这个类里头的 getColor( ) 函数打开颜色选择框。用户选择好对应的颜色后我们用一个 QColor 类型的变量去接收它的返回值，然后调用 Widget 里的 setColor( ) 函数设置 Widget 里的 color 成员的值。系统每次作图的时候都会设置 QPen，QPen 的属性就有 color 初始化，这样我们就能画出想要的颜色的图形。代码如下：

```
void MainWindow::on_ColorBtn_clicked(){
        QColor color = QColorDialog::getColor
          (static_cast<int>(Qt::black), this);
          //使用标准颜色对话框 QColorDialog 获得一个颜色值
        if(color.isValid()){                         //如果返回的颜色有效
           ui->drawWidget->setColor(color);    //设置画笔颜色
           QPixmap p(50, 50);                       //创建一个 50*50 像素点的图片
           p.fill(color);                           //用获得的颜色去填充图片
           ui->ColorBtn->setIconSize(ui->ColorBtn->size());
                                                    //设置颜色按钮图标的大小
           ui->ColorBtn->setIcon(QIcon(p));  //设置颜色按钮图标
        }}
```

颜色设置功能实现截图如图 14-15 所示。

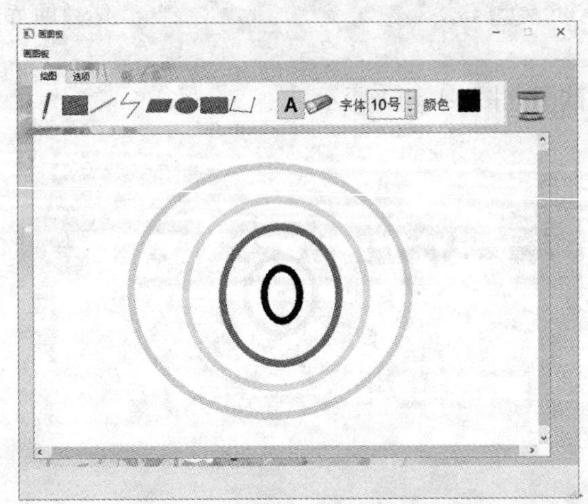

图 14-15 颜色设置功能实现截图

其次介绍画图板线宽选择功能的实现：在实现线宽功能时系统用到了 spinBox 控件，该控件有上下按钮设置取值范围。用让它去记录和改变线宽。当用户按了上下按钮中的一个时会调用一个如下的槽函数：

```
void MainWindow:: on_spinBox_valueChanged(int arg1){
    if(isDrawing = =false)return;                    //该变量等于 false 时，图片上锁
    ui - >drawWidget - >setWeight(arg1);             //设置 Widget 中的 weight 的值
}
```

该槽函数会把当前 spinBox 里的值通过 Widget 里的 setWeight( ) 函数设置给 Widget 的私有属性 weight，在接下来的作图中，QPainter 中的 QPen 的 weight 属性值设置为 Widget 中的 weight 值，达到做出相应线宽的图形。

线宽设置功能实现截图如图 14 – 16 所示。

图 14 – 16　线宽设置功能实现截图

最后介绍画图板图片上锁功能的实现：上锁功能主要是为了对已经绘制好的图片进行保护，防止用户一些不可逆转的操作。主界面上的 QRdioButton 圆点按钮，当有圆点时系统判定它上锁了，当无圆点时系统为画板进行解锁操作。我们用 isDrawing 变量去记录系统是否上锁，如果被锁了任何改变图片的操作都会被打断。

```
void MainWindow:: on_lockBtn_clicked(bool checked)
{
    if(checked){//判定圆点按钮按下的状态
        isDrawing =false; //上锁
        ui - >drawWidget - >setType(Widget:: NONE); //将画板图形设置为空
    }else{
        isDrawing =true; }}//解锁
```

第15章 视频监控系统的设计与实现

15

15.1 视频监控系统功能说明

视频监控系统功能说明如下：

(1)本系统由服务器端和客户端组成的视频监控系统。

(2)视频采集：服务器启动后，摄像头开始采集视频。

(3)多画面显示：客户端可以显示多个摄像头采集的视频。

(4)截图：可以对任意时间的视频截图。

(5)录像：可以对采集的一段视频录像。

15.2 视频监控系统设计方案

本系统主要由服务器端和客户端两部分组成。服务器端驱动摄像头采集视频，客户端连接到服务器之后便可以显示接收到的视频信息，并且可同时显示多个摄像头的视频。系统结构图如图15-1、图15-2所示。

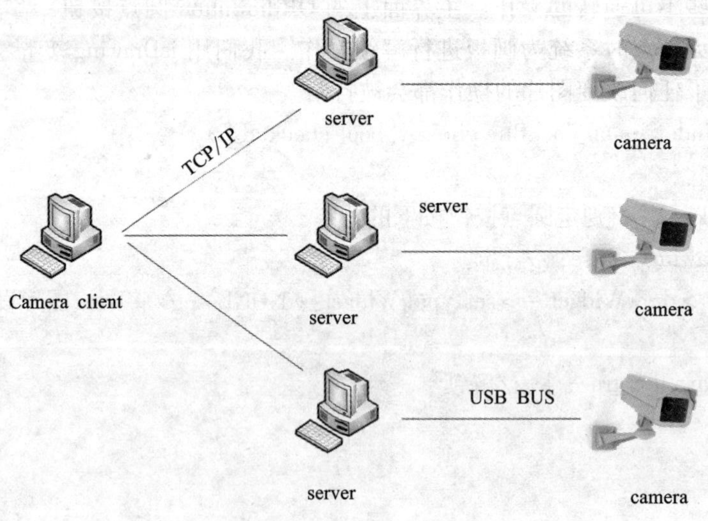

图15-1 系统结构图一

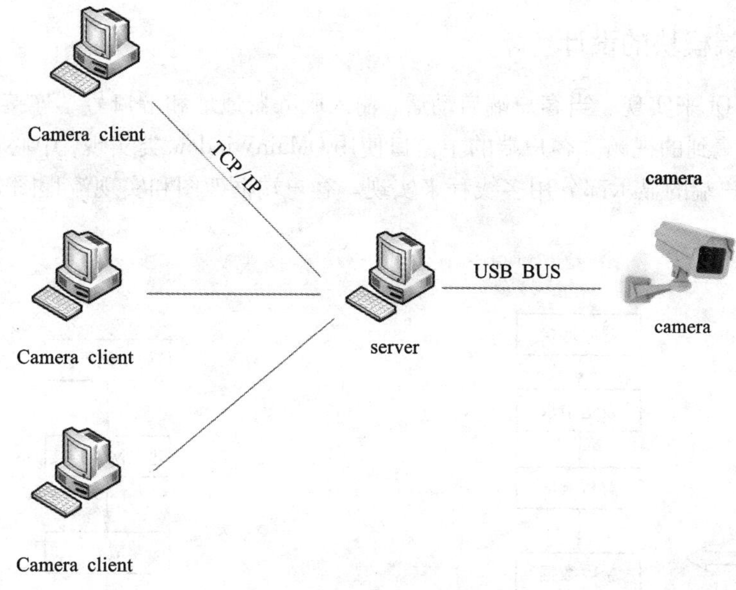

图 15-2　系统结构图二

15.2.1　服务器端的设计

本系统在网络传输层采用 TCP 协议，是因为数据量小且对可靠性有要求，相对于 UDP 协议 TCP 协议更合适。在网络应用层用的是自己设计的协议。对于本设计来说，网络连接采用客户端—服务器—客户端通信模式。启动服务器以后，服务器开启监听模式，开始采集视频，等待与其端口号和 IP 地址一致的客户端进行连接。如果有客户端连接则显示客户端 IP 已连接，所有客户端统一连接到服务器进行数据传输。

视频的采集使用 V4L2 视频架构，V4L2 是内核提供给应用程序访问音、视频驱动的统一接口。

V4L2 流程图如图 15-3 所示。服务器端系统流程图如图 15-4 所示。

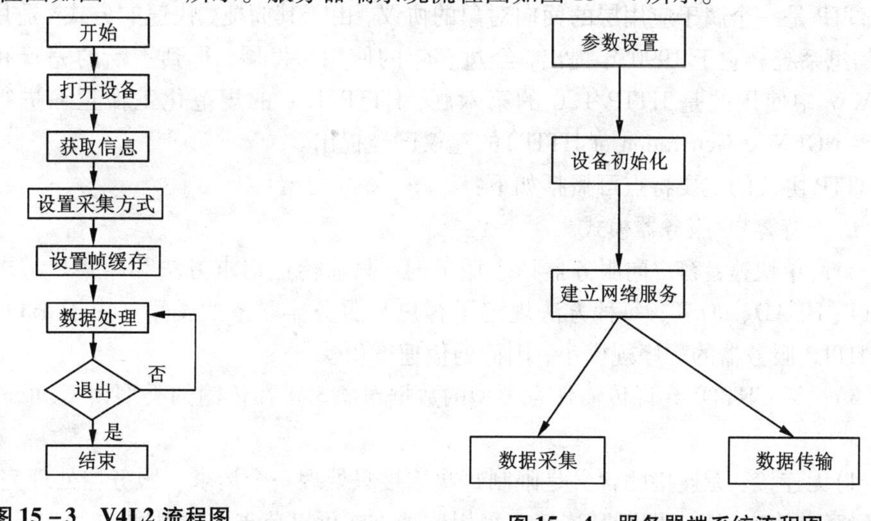

图 15-3　V4L2 流程图

图 15-4　服务器端系统流程图

15.2.2 客户端模块的设计

客户端使用 Qt 来实现。当客户端启动后，输入服务器地址和端口号。连接到网络，便可显示从服务器采集到的视频。客户端的主窗口使用 QMainWindow 类实现，中心窗口要显示多个视频，所以客户端的显示部分用多线程来实现。客户端框架图和实现流程图分别如图 15 - 5、图 15 - 6 所示。

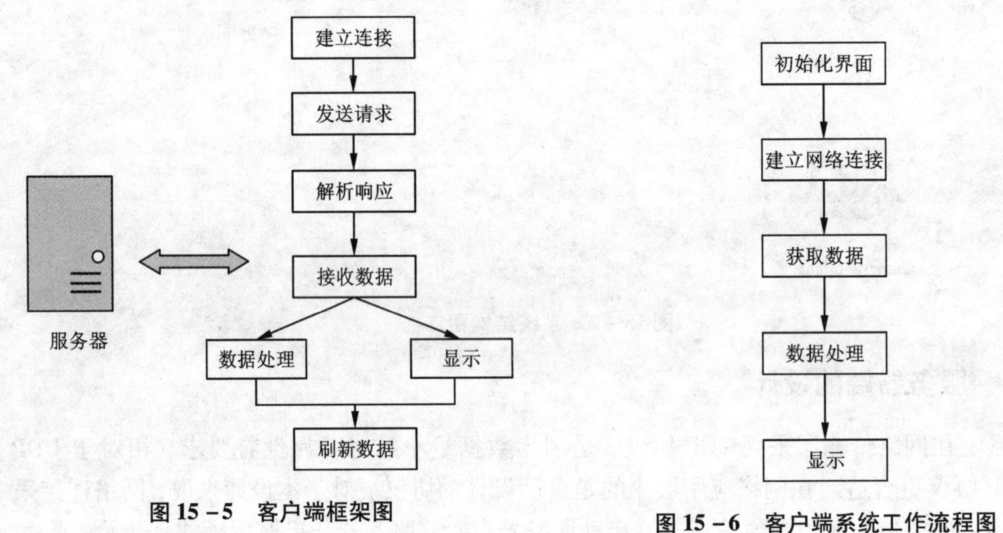

图 15 - 5 客户端框架图

图 15 - 6 客户端系统工作流程图

15.3 相关技术点拨

1. HTTP 协议

HTTP 是一个属于应用层的面向对象的协议，由于其简捷、快速的方式，适用于分布式超媒体信息系统。它于 1990 年提出，经过多年的使用与发展，得到不断的完善和扩展。目前在 WWW 中使用的是 HTTP/1. 0 的第六版，HTTP/1. 1 的规范化工作正在进行之中，而且 HTTP - NG(Next Generation of HTTP)的建议已经提出。

HTTP 协议的主要特点可概括如下：

(1)支持客户/服务器模式。

(2)简单快速：客户向服务器请求服务时，只需传送请求方法和路径。请求方法常用的有 GET、HEAD、POST。每种方法规定了客户与服务器联系的类型。由于 HTTP 协议简单，使得 HTTP 服务器的程序规模小，因而通信速度很快。

(3)灵活：HTTP 允许传输任意类型的数据对象。正在传输的类型由 Content - Type 加以标记。

(4)无连接：无连接的含义是限制每次连接只处理一个请求。服务器处理完客户的请求，并收到客户的应答后，即断开连接。采用这种方式可以节省传输时间。

(5)无状态：HTTP 协议是无状态协议。无状态协议指对于事务处理没有记忆能力。缺少状态意味着如果后续处理需要前面的信息，则它必须重传，这样可能导致每次连接传送的数据量增大。另一方面，在服务器不需要先前信息时，它的应答较快。

2. TCP 协议

在因特网协议族中，TCP 层是位于 IP 层之上、应用层之下的传输层。不同主机的应用层之间经常需要可靠的、像管道一样的连接，但是 IP 层不提供这样的流机制，而是提供不可靠的包交换。

应用层向 TCP 层发送用于网间传输、用 8 位字节表示的数据流，然后 TCP 把数据流分割成适当长度的报文段(通常受该计算机连接的网络的数据链路层的最大传送单元(MTU)的限制)。之后 TCP 把结果包传给 IP 层，由它来通过网络将包传送给接收端实体的 TCP 层。TCP 为了保证不发生丢包，就给每个字节一个序号，同时序号也保证了接收端实体按序接收。然后接收端实体对已成功收到的字节发回一个相应的确认(ACK)；如果发送端实体在合理的往返时延(RTT)内未收到确认，那么对应的数据(假设丢失了)将会被重传。TCP 用一个校验和函数来检验数据是否有错误；在发送和接收时都要计算和校验。TCP 网络编程流程图如图 15-7 所示。

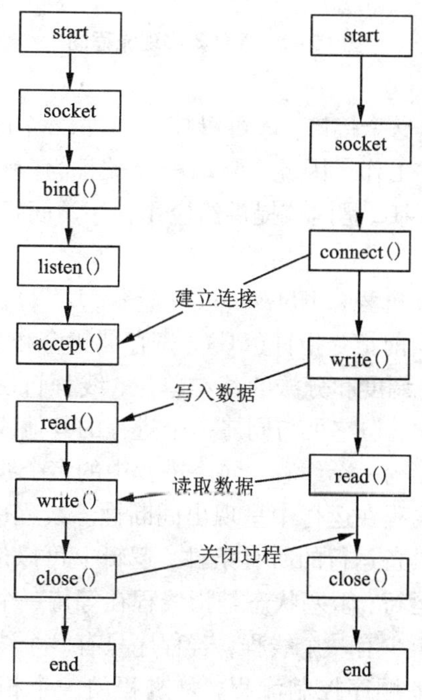

图 15-7　TCP 网络编程流程图

3. V4L2 视频框架

V4L2 较 V4L 有较大的改动，并已成为 2.6 的标准接口，多数驱动都在向 V4L2 迁移。V4L2 采用流水线的方式，操作简单直观，实现流程图如图 15-8 所示。

4. 驱动

全称为“设备驱动程序”，是一种可以使计算机和设备通信的特殊程序，可以说相当于硬

15

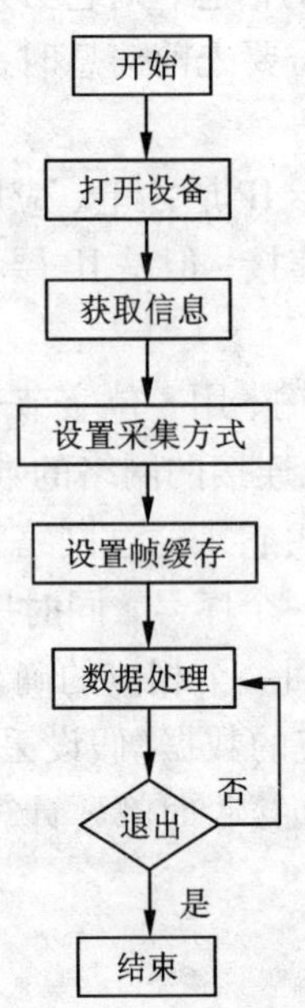

图 15-8　V4L2 实现流程图

件的接口，操作系统只有通过这个接口，才可以控制硬件设备的工作，假如某设备的驱动程序未能正确安装，便不能正常工作。因此，驱动程序被誉为“硬件的灵魂”“硬件的主宰”和“硬件和系统之间的桥梁”。V4L2 是内核提供给应用程序访问音、视频驱动的统一接口。

5. 线程

线程，有时被称为轻量级进程(Lightweight Process，LWP)，是程序执行流的最小单元。一个标准的线程由线程 ID、当前指令指针(PC)、寄存器集合和堆栈组成。另外，线程是进程中的一个实体，是被系统独立调度和分派的基本单位，线程自己不拥有系统资源，只拥有一点儿在运行中必不可少的资源，但它可与同属一个进程的其他线程共享进程所拥有的全部资源。一个线程可以创建和撤消另一个线程，同一进程中的多个线程之间可以并发执行。由于线程之间的相互制约，致使线程在运行中呈现出间断性。线程也有就绪、阻塞和运行三种基本状态。就绪状态是指线程具备运行的所有条件，逻辑上可以运行，在等待处理机；运行状态是指线程占有处理机正在运行；阻塞状态是指线程在等待一个事件(如某个信号量)，逻辑上不可执行。每一个程序都至少有一个线程，若程序只有一个线程，那就是程序本身。

线程是程序中一个单一的顺序控制流程，是进程内一个相对独立的、可调度的执行单元，是系统进行调度的基本单位。在单个程序中同时运行多个线程完成不同的工作，称为多线程。

15.4　视频监控系统实现与程序代码

15.4.1　服务器端功能的实现

服务器端功能的实现分为入口模块、视频控制模块、打印输出模块和网络服务模块。

1. 入口模块功能的实现

入口函数为程序的入口，包括信号处理函数和主函数两部分。主函数中要判断参数是否完整，捕获终止信号和管道破裂信号，以非阻塞方式打开摄像头，获取和打印设备的信息并初始化设备，初始化服务器，服务器开始监听，处理请求。关键代码如下：

```
//信号处理函数
void sig_handler(int signo)
{
    if(signo = =SIGINT)
    {
      if(on_off)
      cam_off();                                    //关闭摄像头
      uninit_socket();                              //卸载服务器
      uninit_dev();                                 //卸载设备
      exit(0);
    }
    if(signo = =SIGPIPE)
    {
      printf("SIGPIPE! \n");
    }
}
int main(int argc, char * argv[])
{
    if(argc <3)
    {
      fprintf(stderr, " - usage: %s[dev][port]\n", argv[0]);
      exit(1);
    }
    //设置信号
    //当收到 Ctrl + C 的信号时停止捕获图像
    if(signal(SIGINT, sig_handler) = =SIG_ERR)
    {
      fprintf(stderr, "signal: %s\n", strerror(errno));
      exit(1);
```

15

```
    }
    if(signal(SIGPIPE, sig_handler) = =SIG_ERR)
    {
        fprintf(stderr, "signal: %s\n", strerror(errno));
        exit(1);
    }
    //清屏
    printf("\033[1H\033[2J");
    fflush(stdout);
    camera_fd = open(argv[1], O_RDWR|O_NONBLOCK, 0);
    get_dev_info();
    init_dev();                                  //初始化设备
    get_dev_info();
    int port = atoi(argv[2]);
    init_socket(port);                           //初始化服务器 socket
    lis_acc(20);                                 //监听并处理请求
    return0;
}
```

2. 视频监控模块功能的实现

本模块中用到 v4l2_capability、v4l2_format 两个结构体，并需要使用到的系统控制命令分别为 VIDIOC_QUERYCAP、VIDIOC_G_FMT、VIDIOC_S_FMT。实现步骤：

(1)通过文件描述符打印出设备信息，使用结构体和 ioctl 命令实现。

(2)初始化设备。包括初始化视频输出格式和初始化内存映射。

(3)卸载设备。使用循环断开内存映射，释放用户分配的用户空间和二级缓存，关闭设备文件描述符。

(4)开启摄像头。首先准备参数结构体，然后系统调用开启视频流，最后通过循环将缓存入队，刷新内核缓存。

(5)关闭摄像头。准备枚举类型参数，系统调用关闭视频流，判断关闭结果。

(6)采集图片。准备存放缓冲数据的结构体，selectIO 多路转换，系统调用缓冲数据出队，处理缓冲数据，系统调用缓冲数据入队，判断执行结果。

关键代码如下：

```
intget_dev_info(void)                            //查看设备信息
{
    intres;
    structv4l2_capabilitycap;
    structv4l2_formatfmt;

    memset(&cap, 0, sizeof(cap));
```

```
    //获取当前设备的属性
    res = ioctl(camera_fd, VIDIOC_QUERYCAP, &cap);
    suc_err(res, "Query_cap");
    memset(&fmt, 0, sizeof(fmt));
    fmt.type = V4L2_BUF_TYPE_VIDEO_CAPTURE;
    //获取当前设备的输出格式
    res = ioctl(camera_fd, VIDIOC_G_FMT, &fmt);
    suc_err(res, "G_fmt");
    //获取当前设备的帧率
    structv4l2_streamparmparm;
    memset(&parm, 0, sizeof(parm));
    parm.type = V4L2_BUF_TYPE_VIDEO_CAPTURE;
    res = ioctl(camera_fd, VIDIOC_G_PARM, &parm);
    suc_err(res, "G_parm");
    printf("-------------dev_info-------------\n");
    printf("driver: %s\n", cap.driver);
    printf("card: %s\n", cap.card);                    //摄像头的设备名
    printf("bus: %s\n", cap.bus_info);
    printf("width: %d\n", fmt.fmt.pix.width);          //当前的图像输出宽度
    printf("height: %d\n", fmt.fmt.pix.height);        //当前的图像输出高度
    printf("FPS: %d\n", parm.parm.capture.timeperframe.denominator);
    printf("--------------end---------------\n");
    return0;
}
//捕获图像
intget_frame(void)
{
    structv4l2_bufferbuf;
    inti = 0, res;
    counter++;
    memset(&buf, 0, sizeof(buf));
    buf.type = V4L2_BUF_TYPE_VIDEO_CAPTURE;
    buf.memory = V4L2_MEMORY_MMAP;

    fd_setreadfds;
    FD_ZERO(&readfds);
    FD_SET(camera_fd, &readfds);
    structtimevaltv;                                   //设置设备响应时间
    tv.tv_sec = 1;                                     //秒
```

```
    tv.tv_usec =0; //微秒
    while(select(camera_fd +1, &readfds, NULL, NULL, &tv) < =0)
    {
        fprintf(stderr, "camerabusy, Dq_buftimeout\n");
        FD_ZERO(&readfds);
        FD_SET(camera_fd, &readfds);
        tv.tv_sec =1;
        tv.tv_usec =0;
    }
    res = ioctl(camera_fd, VIDIOC_DQBUF, &buf);
    suc_err(res, "Dq_buf");

    //buf.index 表示已经刷新好的可用的缓存索引号
    okindex = buf.index;
    //更新缓存已用大小
    buffer[okindex].length = buf.bytesused;
    //把图像放入缓存队列中(入列)
    res = ioctl(camera_fd, VIDIOC_QBUF, &buf);
    suc_err(res, "Q_buf");
    return0;
}
```

3.网络服务模块功能的实现

实现步骤:

(1)初始化服务器。系统调用 socket 得到一个文件描述符，判断 socket 返回结果，构建地址结构体变量作为绑定 socket 时的参数，设置端口可以重复使用，绑定 socket，初始化互斥锁、条件变量、线程属性。

(2)卸载服务器。关闭 socket 描述符。

(3)监听网络。监听 socket，创建视频采集线程，准备 socket 地址变量，用于接收准备连接的返回的客户端 socket 变量，循环等待客户端连接。

关键代码如下:

```
intlis_acc(intmax_lis)                          //监听网络
{
    listen(s_sockfd, 10);                       //开始接受客户端请求，等待队列长度为10
    pthread_tth;
    interr;
    err = pthread_create(&th, &attr, th_getframe, NULL);
    if(err <0)
    {
        fprintf(stderr, "pthread_create: %s\n", strerror(err));
```

```
        return -1;
    }
    structsockaddr_incaddr;
    socklen_tclen = (caddr);
    intsockfd;
    while(1)
    {
        memset(&caddr, 0, clen);
        sockfd = accept(s_sockfd, (structsockaddr *)&caddr, &clen); //获得连接请求并
                                                                    建立连接
        if(sockfd <0)
        {
            fprintf(stderr, "accept: %s\n", strerror(errno));
        }
        else
        {
            out_addr_port(&caddr);
            printf("connected\tsockfd: %dclients: %d\n", sockfd, clients);
            fflush(stdout);
            err = pthread_create(&th, &attr, th_service, (void *)sockfd);
            if(err <0)
            {
                fprintf(stderr, "pthread_create: %s\n", strerror(err));
                continue;
            }
        }
    }
}
```

15.4.2 客户端功能的实现

1. CentralCreator 类

CentralCreator 类是视频监控系统客户端中心主控件类，继承自 QWidget 类，负责中心显示窗口的绘制。CentralCreator 类图如图 15－9 所示。

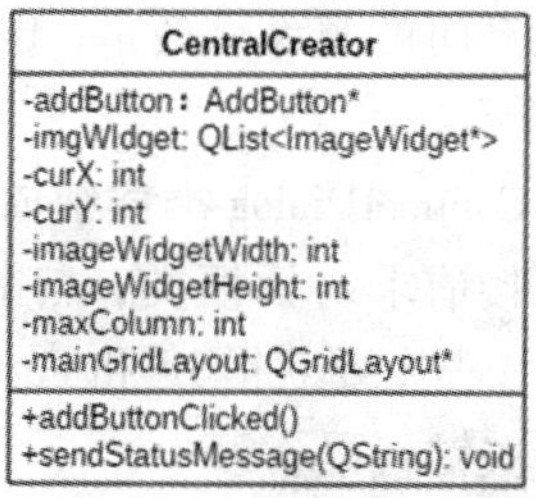

CentralCreator 类详细描述：视频监控系统客户端中心主控件类，中心显示视频的部分，可以点击添加视频窗口，addButtonClicked( )是该控件的槽函数，sendStatusMessage( )函数用于向上层传递状态信息。

CentralCreator
-addButton：AddButton* -imgWIdget: QList<ImageWidget*> -curX: int -curY: int -imageWidgetWidth: int -imageWidgetHeight: int -maxColumn: int -mainGridLayout: QGridLayout*
+addButtonClicked() +sendStatusMessage(QString): void

图 15－9　CentralCreator 类类图

关键代码：

```
voidCentralCreator::addButtonClicked()
{
    intindex = imgWidgets.count();
    curX = index/maxColumn;                              //当前新图像的 X 坐标
    curY = index%maxColumn;                              //当前新图像的 Y 坐标
    if(index + 1 < maxColumn)
    {
     //当接口小于每行能容纳的最大个数时
     //增加列宽度
     this->setFixedWidth(imageWidgetWidth * (index + 2));
    }
    //实例化并添加新显示组件
    ImageWidget * imageWidget = newImageWidget(this);
    connect(imageWidget, SIGNAL(statusMessage(QString)),
    this, SLOT(sendStatusMessage(QString)));
    imgWidgets.append(imageWidget);
    mainGridLayout->removeWidget(addButton);
    mainGridLayout->addWidget(imgWidgets[index], curX, curY);
    if(curY == maxColumn - 1)
    {
     //当一行放不下的时候增加行宽度
     //并将按钮放置在下一行
     curX++;
     curY = -1;
     this->setFixedHeight(imageWidgetHeight * (curX + 1));
    }
    mainGridLayout->addWidget(addButton, curX, curY + 1);
}
```

2. ConnectDialog 类

ConnectDialog 类是视频监控系统客户端连接请求对话框类，继承自 QDialog，负责 IP 和端口号的输入界面的显示。ConnectDialog 类类图如图 15－10 所示。

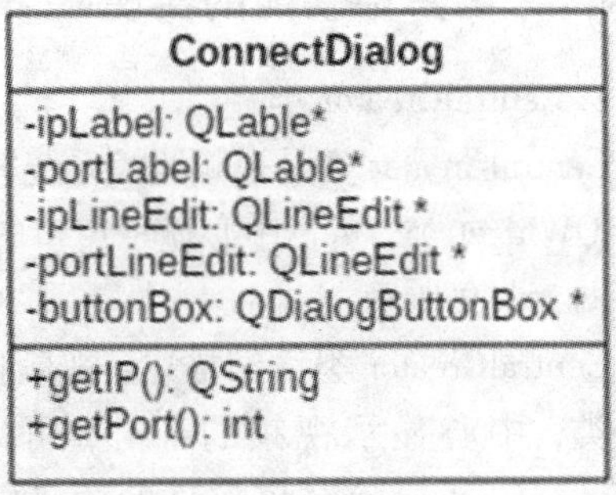

ConnectDialog 类详细描述：视频监控系统客户端连接请求对话框类，点击连接服务器后出现弹框，该类主要获得 IP 和 Port 号。

关键代码：

ConnectDialog
-ipLabel: QLable* -portLabel: QLable* -ipLineEdit: QLineEdit * -portLineEdit: QLineEdit * -buttonBox: QDialogButtonBox *
+getIP(): QString +getPort(): int

图 15－10　ConnectDialog 类类图

```
QStringConnectDialog:: getIP()
{
  returnipLineEdit->text();
}
intConnectDialog:: getPort()
{
  returnportLineEdit->text().toInt();
}
```

ConnectDialog 类实现截图如图 15－11 所示。

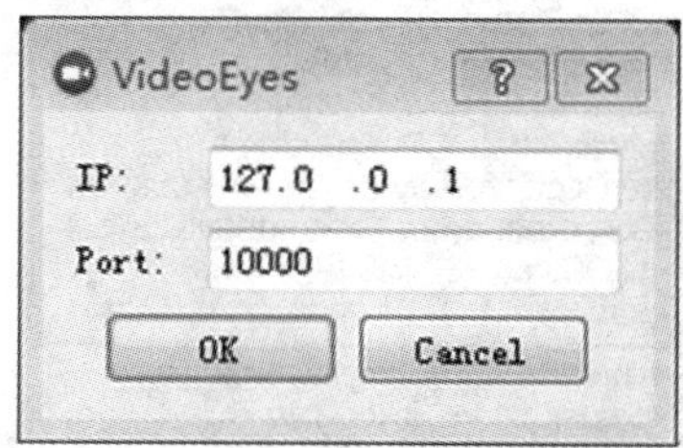

图 15－11　ConnectDialog 类实现截图

3. FullScreenDialog **类**

FullScreenDialog 类是视频监控系统客户端全屏窗口类，继承自 QDialog 类，负责实现全屏功能。FullScreenDialog 类类图如图 15－12 所示。

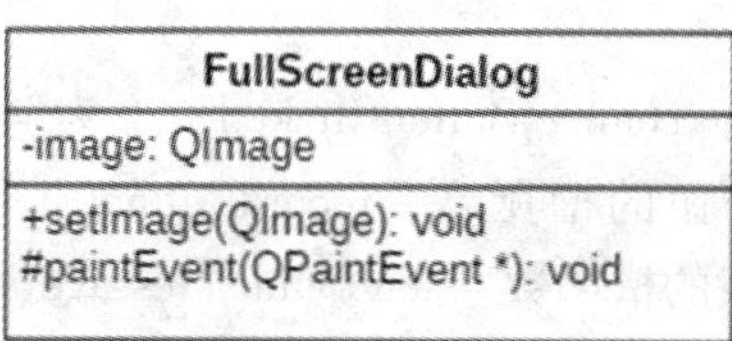

图 15－12　FullScreenDialog 类类图

FullScreenDialog 类详细描述：获取到服务器的视频后，点击全屏按钮后，由该类实现全屏。重写 paintEvent()实现界面的重绘。

关键代码：

```
voidFullScreenDialog:: paintEvent(QPaintEvent *)
{
  QPainterpainter(this);
  QRecttarget(0, 0, this->width(), this->height());
  painter.drawImage(target, image);
  painter.setFont(QFont("Monospace", 20, QFont:: Bold));
  painter.setPen(QPen(Qt:: yellow));
  painter.drawText(50, 50, "PressESCtoexit.");
}
```

4. ImageWidget 类

ImageWidget 类是视频监控系统客户端图片显示类，继承自 QWidget，包括视频的显示和连接服务器、全屏、录制和截图按钮的实现。因为要同时显示多个视频窗口，这里用到了线程。ImageWidget 类类图如图 15 – 13 所示。

ImageWidget
-image: QImage -frame: QFrame * -adrLabel: QLabel * -stateLabel: QLabel * -connectButton: QPushButton * -pauseButton: QPushButton * -fullScrButton: QPushButton * -recordButton: QPushButton * -stopButton: QPushButton * -photoButton: QPushButton * -connectStackLayout: QStackedLayout * -QStackedLayout *: recordStackLayout -ip: QString -port: int
+connectButtonClicked(): void +pauseButtonClicked(): void +fullScrButtonClicked(): void +recordButtonClicked(): void +stopButtonClicked(): void +photoButtonClicked(): void +setButtonsEnable(bool): void +sendStatusMessage(QString): void +setErrorState(QString): void +setImage(QImage): void #paintEvent(QPaintEvent *): void

图 15 – 13　ImageWidget 类类图

ImageWidget 类详细描述：connectButtonClicked( ) 为连接服务器按钮的槽函数，fullScrButtonClicked( )为全屏按钮的槽函数，recordButtonClicked( )为录制按钮的槽函数，photoButtonClicked( )为截屏按钮的槽函数。sendStatusMessage( )为发射状态信息信号的函数，setButtonsEnable( )为设置按钮可用的功能函数。

关键代码：

```
voidImageWidget::connectButtonClicked()          //连接服务器
{
  ConnectDialogcntDialog(this, ip, port);
  cntDialog.exec();
  if(cntDialog.result() == QDialog::Accepted)
  {
   ip = cntDialog.getIP();
   port = cntDialog.getPort();
   adrLabel->setText(QString("%1:%2").arg(ip).arg(port));
   stateLabel->setText("Playing...");
   connectStackLayout->setCurrentIndex(1);
   //设置线程
```

```
        videoTh - >setHostAddress(ip, port);
        //启动线程
        videoTh - >start();
       }
      else
       {
        stateLabel - >setText("Canceled.");
       }
    }
voidImageWidget:: fullScrButtonClicked()        //全屏
    {
      //全屏显示视频信息
      FullScreenDialogfullScrDialog(this);
      connect(videoTh, SIGNAL(curImgChanged(QImage)), &fullScrDialog, SLOT(setImage
(QImage)));
      //停止前台非全屏显示区的图像显示
       disconnect(videoTh, SIGNAL(curImgChanged(QImage)), this, SLOT(setImage
(QImage)));
      //隐藏鼠标
      QApplication:: setOverrideCursor(QCursor(Qt:: BlankCursor));
      fullScrDialog.exec();
      //显示鼠标
      QApplication:: setOverrideCursor(QCursor(Qt:: ArrowCursor));
      //重新开始刷新前台非全屏区的图像显示
      connect(videoTh, SIGNAL(curImgChanged(QImage)),
      this, SLOT(setImage(QImage)));
    }
voidImageWidget:: recordButtonClicked()        //录制
    {
      recordStackLayout - >setCurrentIndex(1);
      adrLabel - >setText(QString("%1: %2").arg(ip).arg(port));
      stateLabel - >setText("<fontcolor='red'>Recording...");
      //开始录像
      videoTh - >setRecordEnable(true);
    }
```

5. VideoMonitor 类

VideoMonitor 类是视频监控系统客户端主界面类，继承自 QMainWindow 类，负责整个界面的绘制，包含菜单栏、工具栏和状态栏。VideoMonitor 类类图如图 15 - 14 所示。

VideoMonitor 类详细描述：createMenus()为创建菜单栏功能函数，用 QMenu 定义属性，通过 addMenu( )加入到菜单中。createToolBars( )为创建工具栏功能函数，用 updateCurTime( )显示当前时间，用 QDateTime 获取当前时间，显示到 lable 上。closeEvent( )为关闭窗口功能函数，调用 Qt 提供的 close( )函数即可实现。

VideoMonitor 类实现截图如图 15 - 15 所示。

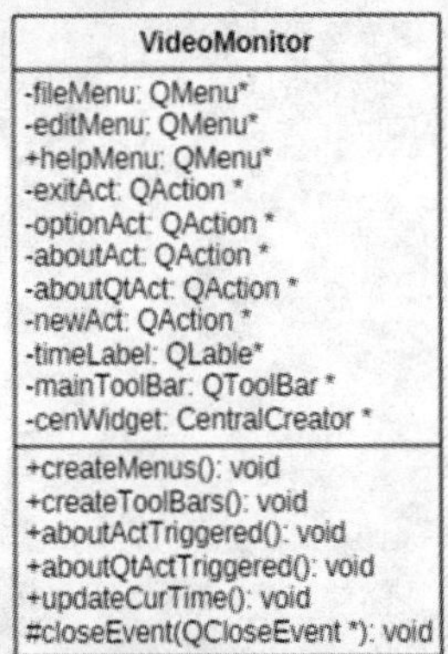

图 15 - 14　VideoMonitor 类类图

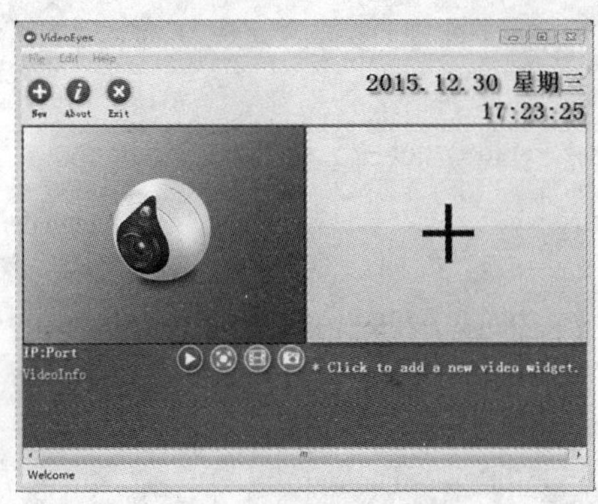

图 15 - 15　VideoMonitor 类实现截图

6. VideoThread 类

VideoThread 类是视频监控系统客户端视频线程类，继承自 Qthread 类，实现同时显示多个视频的功能。VideoThread 类类图如图 15 - 16 所示。

VideoThread 类详细描述：setHostAddress( )设置 IP 和端口，stopCapture( )为停止捕获视频功能函数，setRecordEnable( )在录像时打开文件，停止时关闭文件。

线程类实现截图如图 15 - 17 所示。

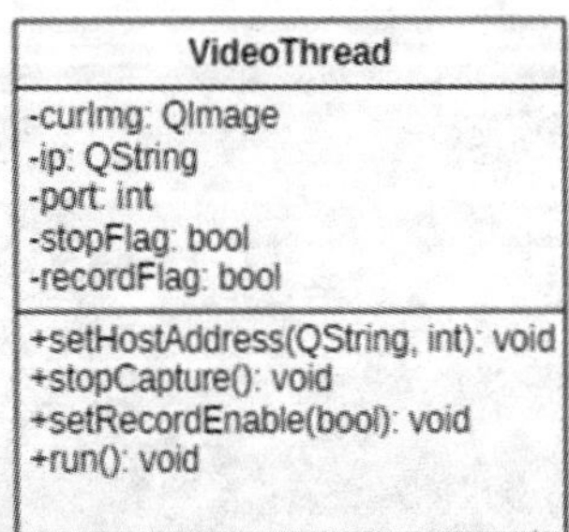

图 15 - 16　VideoThread 类类图

图 15 - 17　线程类实现截图

第16章　基于Qt的扫雷游戏设计与实现

16.1　扫雷游戏的系统需求说明

扫雷游戏的系统需求说明如下：

(1)游戏的初始化。

(2)菜单栏功能的实现，包括新游戏、设置和关于游戏等。

(3)游戏难度的选择，有简单、中级和困难三个等级。

(4)雷数的随机布置，根据所选难度不同，布置雷数，并且位置随机。

(5)英雄榜的实现，记录游戏的前十名。

(6)播放背景音乐的实现，当系统启动后，就开始播放背景音乐。

16.2　扫雷游戏的系统设计方案

本设计是基于Qt的扫雷游戏。游戏要求在不掀开任何藏有地雷的方块情况下，以最快的速度找出所有的地雷。如果在掀开方块的过程中，不小心翻到地雷方块，则游戏失败；唯有将所有不含地雷的方块掀开，游戏才算成功。

游戏者可以根据雷区内的数字提示了解以数字为中心的其周围八个方块中包含的地雷数，假如翻开的数字为“3”，则表示周围有三颗雷。当按下的方块不是地雷，且周边八个方块也没有雷时，将会以被翻开方块的八个方向将空白方块翻开。

游戏开始时，会根据玩家所选的游戏难度画出雷区，同时产生地雷并且开始计时。游戏过程中，通过扩散的观念来检查周边的方块是否含有地雷及是否继续往外翻开，以及鼠标右键的标记功能。判断游戏是否结束有两种情况：第一种是踩到雷，游戏失败，会弹出提示框提示输掉游戏；第二种是没有踩到雷，成功翻开所有不含雷的方块，成功完成游戏，也会有提示框提示赢了游戏。系统框图如图16－1所示。

本系统的游戏控制主要通过鼠标来实现，所以鼠标事件为设计的重点。鼠标事件流程图如图16－2所示。

16

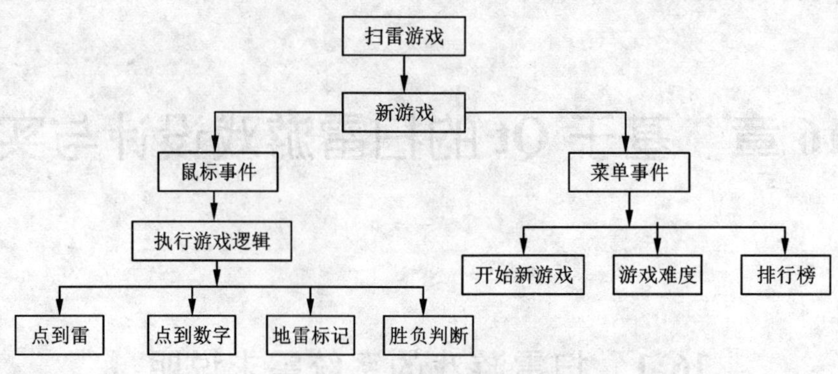

图 16－1　扫雷游戏系统框图

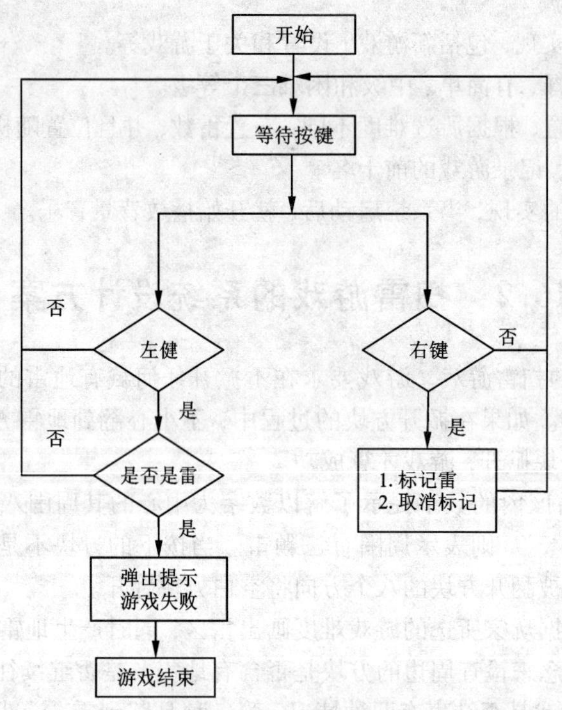

图 16－2　鼠标事件流程图

16.2.1　扫雷游戏的外观设计

主界面包括菜单栏和游戏区以及时间和雷数的显示。菜单栏中主要有游戏的开始、退出和排行榜，游戏难度的选择和关于等。游戏开始后，左下方的时间部分开始计时，当前的雷数也有显示。而雷数是根据所选的难度决定的。关于部分是游戏玩法和 Qt 的介绍。

扫雷游戏界面如图 16－3 所示。

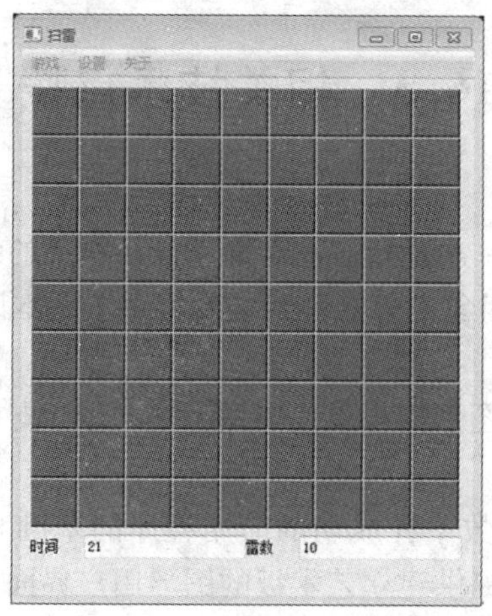

图16－3　扫雷游戏界面

16.2.2　扫雷游戏的鼠标事件的设计

在游戏过程中，利用鼠标发出的信息了解游戏者的意图，进而做出相应的动作。游戏操作方面主要以鼠标为主，当鼠标指针对准未翻开的方块按下左键时即表示翻开方块，当鼠标指针对准未翻开的方块按下右键时即表示标记或取消标记地雷，反复按下右键则方块会在标记、取消两者之间不断循环。

16.2.3　扫雷游戏逻辑的设计

在程序中，使用QMainWindow类完成所有的逻辑功能，主要功能：游戏界面初始化，生成随机的地雷数，根据生成的地雷数排位置，将其余并非地雷的位置填上数字，数字代表周围八个格子里共有几个地雷。

游戏基本属性：地雷数组行数、列数、地雷数量、游戏难度。

游戏状态：游戏初始界面，游戏进行中，游戏成功，游戏失败。

设置游戏等级：初级、中级和高级。

扫雷表现形式：用二维数组存储当前的游戏状态。例如该格子是雷，可以用数字－1表示，周围一个雷也没有用0来表示。

扫雷游戏状态分类：当玩家扫雷时，用鼠标左右键点击一个格子时，有以下几种状态：

(1)踩到雷：游戏失败，结束游戏。

(2)点到的是数字：显示数字，游戏继续。

(3)点到的格子周围没有雷：采用递归算法，继续向周围扩展。

(4)点开所有非雷的格子：游戏成功，游戏结束。

(5)标示雷：右键点击出现小红旗，表示该格子有雷。

16.2.4　扫雷游戏的排行榜设计

当玩家将所有的雷都正确地标示出来，或把雷全部留下不去翻开，游戏成功。如果分数为前十名，就会弹出一个对话框“请输入你的姓名”，这样就会在排行榜上显示你创造的记录。

16.3 相关技术点拨

1. 编程语言使用 C++

编程语言使用了 C++，一方面 C++语言是自己熟悉的编程语言，另一方面 C++语言也适合这个课题，因其面向对象的思想和封装的特点正是本课题所需要的。

2. 图形界面采用 Qt 编写

Qt 是一个跨平台的 C++图形用户界面应用程序框架，支持 Windows、Linux、Mac OS 等许多的操作系统。

Qt 已经成为全世界范围内数千种成功的应用程序的基础和流行的 Linux 桌面环境 KDE 的基础。它给应用程序开发者提供建立艺术级的图形用户界面所需的所有功能。而且，Qt 很容易扩展，并且允许真正地组件编程。

信号和槽(Signal & Slot)是 Qt 的最核心的机制，信号和槽是一种应用于对象之间通信的高级接口，这一核心特性也是 Qt 区别于其他编程软件的重要特点。

3. 使用 SQLite

在扫雷项目中，排行榜的功能运用了数据库来统计用时最短的十次操作的玩家排名。而由于大部分的数据库(如 Oracle、MySQL 等)除了提供最基础的增删改查等功能外，还提供了如数据备份、索引以及高级储存等功能。这样将浪费很多资源与内存，从而我们使用了比较精简的 SQLite。

SQLite 占有资源较少，是一个方便使用且便捷的数据库，其相对而言优点有：

(1)SQLite 运用 C 语言代码编译，应用非常广泛，并得到各方面人士的认同。

(2)源代码开源，有良好的注释与很高的测试覆盖率。

(3)所占内存极少，节省了大部分的内存。

(4)SQLite 与其他公用数据库引擎相比，可直接读取磁盘的文件，灵活性较强。

(5)SQLite 支持视图、触发器和事物。

(6)SQLite 引擎不依赖于第三方软件，不需要安装即可正常运行。

(7)运行速度快，比绝大多数常见的数据库都要快。

(8)整体简单易懂。

(9)具有良好的跨平台移植的能力。

当然，有优必有劣。其缺点主要有：

(1)由于内存小，执行速率高，所以并不适用于复杂、数据庞大的系统，其自身并不具备一些特殊的功能。

(2)SQLite 不进行类型检查，可以在整数中插入浮点型数据或者字符串。所以使用时应当注意这个问题。

(3)SQLite 在并发(多进程和多线程)时执行不理想。如在读写一同进行时，则可能只进行写操作，而读操作得不到很好的展示。

现在越来越多的人使用 SQLite 数据库。它同时受到了大公司的重视。如 Google 已将它整合到了它的产品中。相信未来，SQLite 会发展得越来越好。

16.4　实现与程序代码

16.4.1　扫雷游戏菜单栏功能的实现

菜单栏包括游戏、设置、关于等菜单栏。这部分设计使用界面设计器完成。界面如图 16－4、图 16－5 所示。

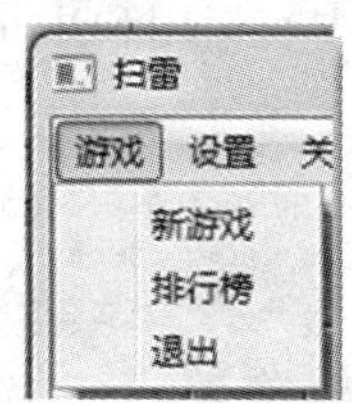

图 16－4　游戏菜单

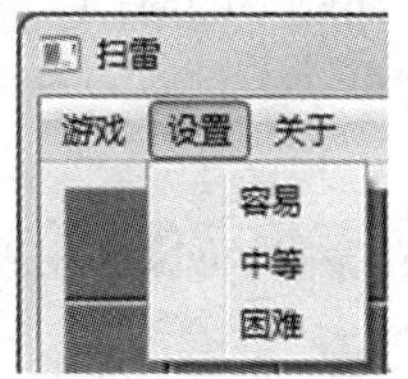

图 16－5　设置菜单

16.4.2　扫雷游戏的鼠标事件的实现

在 MousePressEvent 事件中，可以捕捉鼠标所按下或放开按键、鼠标光标在该组件上的坐标及是否按下辅助键等。假如玩家发现标示地雷的小旗是错误的，再重新点一下右键就会取消小旗。关键代码如下：

```
voidblock::mousePressEvent(QMouseEvent * e)
{
  if(Qt::LeftButton = =e - >buttons())
{
   emitmouseLeftClick();
}
   elseif(Qt::RightButton = =e - >buttons())
{
   emitmouseRightClick();
}
  QPushButton::mousePressEvent(e);
}
```

16.4.3　雷区的随机分布

当游戏界面初始化完成后，并不布置地雷，只有玩家第一次点击左键后，才在地雷区中随机布置当前难度下的地雷数，不能让玩家第一次就踩到地雷。

16.4.4　清除未靠近地雷的方块

清除未靠近地雷的方块是本设计的重点。在游戏过程中，当游戏者按下非地雷方块时，方块会沿四周八个方向向外翻开非地雷的方块。程序的执行方面必须判断：以按下方块为中心，检查周围八个方块是否为非地雷方块，若其中有一个非地雷方块，则又以其为中心，向外检查周围八个方块，如此反复执行即构成递归的使用条件。当判断方块的内容为数字时，停止递归。

16.4.5 扫雷游戏排行榜的实现

游戏结束后，运用 SQLite 数据库储存游戏所用时间排行情况，统计出前十的记录，记录到排行榜中。在操作数据库前，必须要先创建 SQLite 的连接。核心应用 SQLite 关键代码如下。玩家当达到前十的时间，则可以将玩家的名字写到排行榜中。运用 SQLite 使统计简单并且占用内存较小。

16

关键代码：

```
voidmine::paihangbang()//排行榜
{
    QStringsql;
    QSqlQueryquery;
    QStringjiluxianshi;
    QStringtemp;
    sql = tr("select * fromusers");
    query.exec(sql);
    QStringjilu[10] = {0};
    int i =0;
    while(query.next()){
    jilu[i] =query.value("shijian").toString();
    if(i<10){
    i++;
    }
    }
    for(int j =0; j<10; j++){
    for(int k =j; k<10; k++){
    if(jilu[i] <jilu[k]){
    temp =jilu[k];
    jilu[k] =jilu[j];
    jilu[j] =temp;
    }
    }
    }
    for(i =0; i<10; i++){
    qDebug()<<jilu[i];
    qDebug()<<i;
    jiluxianshi+="第";
```

```
    jiluxianshi + = QString: : number(i + 1);
    jiluxianshi + = "名";
    jiluxianshi + = " ";
    jiluxianshi + = jilu[i];
    jiluxianshi + = " ";
    jiluxianshi + = '\n';
    }
    QMessageBox: : about(this, "排行榜", jiluxianshi);
}
```

第17章 基于Qt的图书管理系统

17

17.1 图书管理系统功能说明

图书管理系统功能说明如下:

(1)图书管理者凭密码登录系统。

(2)查看现有图书信息,包括图书类别、作者、书价、库存等。

(3)图书管理者管理图书。包括:

①删除已下架的图书。

②添加新书信息。

③修改图书信息,包括图书的价钱、库存等。

④查询图书信息,可查询图书的价格、库存、类别和作者等。

(4)账户管理,可修改管理员的登录密码。

17.2 图书管理系统设计方案

系统模块整体划分为了三个大的模块:第一个是系统登录模块;第二个是图书管理模块;第三个是管理员模块。如图17-1所示。

17.2.1 系统登录模块

书店的信息需要保密,所以这就要求系统有一定的保密性。登录模块要求输入管理员密码,才能进入系统查看或修改相关的图书信息。本系统登录模块设计相对简单,只需要一个密码。输入密码后判断密码是否正确,如果正确就进入系统,否则提示密码错误,重新输入。

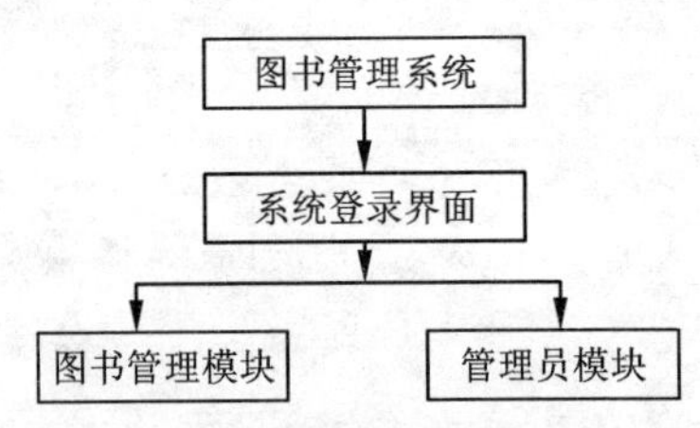

图17-1 总体模块划分

17.2.2 图书管理模块

对图书的管理,即对图书信息的管理,所以对图书的管理主要分为显示图书的基本信息、将不再出售的图书下架、添加一本新的图书、修改图书的信息、查看图书的信息等。模块内部划分如图17-2所示。

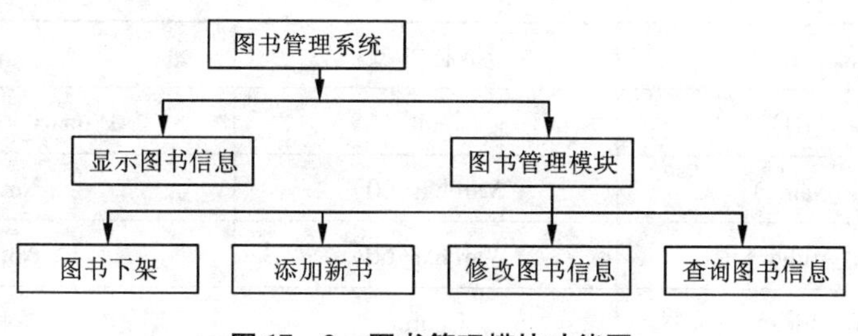

图 17－2　图书管理模块功能图

1. 图书下架功能的设计

如果一本书已经下架，需要从显示的图书信息中删除，就输入该图书的书名，确认后将删除该书的所有相关信息。

2. 添加新书功能的设计

添加新书时要填写图书的书名、作者、价格、库存、类别等信息，如果图书信息填写不全，就点击确定按钮，则会提示信息不完整，如果信息填写完全后点击确定按钮后，系统会自动统计数据库中的图书信息，计算出新加图书的编号将其添加到数据库中，并给出添加成功信息。如果在添加到一半想要重新开始则可以点击取消按钮来清空填写的内容。

3. 修改图书信息功能的设计

修改图书信息时，首先选择要修改图书的信息，包括图书的书名、库存、价格等信息，然后输入要修改图书的书名，根据图书的书名来索引，然后执行相应的命令将其信息进行修改。

4. 查询图书信息功能的设计

查询图书信息时，先选择要查找的内容，然后输入要查找图书的书名，然后对数据库进行索引，最后输出相应的信息。

17.2.3　管理员模块的设计

本模块中设计了管理员密码修改功能，管理员登录后便可修改密码。密码存储在数据库中。输入新密码后和确认密码后，若两次输入密码一致，弹框提示修改密码成功，否则提示错误，修改失败。修改成功后下次登录时即可使用新密码。

17.2.4　数据库设计

数据库是用来存储图书的一些基本信息，比如：编号、书名、作者、价格、库存等，还有就是用来存储管理员的密码信息。在数据库中建立两张表，表 17－1 存储图书信息，表 2 存储管理员密码。

17

表 17 - 1 图书信息表

列名	数据类型	备注
书号(Book_ID)	Int	Primary key/Not null
书名(Book_Name)	Varchar(60)	Not null
作者(Book_Author)	Varchar(60)	Not null
书价(Book_Price)	Double	Not null
图片(Book_Picture)	Varchar(100)	Not null
库存(Book_Number)	Int	Not nul
种类(Book_Type)	Int	Not null

表 17 - 2 密码表

列名	类型
密码(passwd)	Varchar(20)

17.3 相关技术点拨

1. 编程语言使用 C + +

编程语言使用了 C + + 一方面 C + + 语言是自己熟悉的编程语言，另一方面 C + + 语言也适合这个课题，因其面向对象的思想和封装的特点正是本课题所需要的。

2. 图形界面采用 Qt 编写

Qt 是一个跨平台的图形界面开发库，支持 Windows、Linux、Mac OS 等许多的操作系统。

3. 数据库

数据的存储使用 SQLite3 数据库。SQLite 是一个开源免费、嵌入式数据库，一般用于嵌入系统或者小规模的应用软件开发中，可以像使用 Access 一样使用它，可以免费用于任何应用，包括商业应用，另外，它还支持各种平台和开发工具。它跟微软的 Access 差不多，只是一个. db 格式的文件。但是与 Access 不同的是，它不需要安装任何软件，非常轻巧。很多软件都用到了这个家伙，包括腾讯 QQ、迅雷(在迅雷的安装目录里可以看到有一个 sqlite3. dll 的文件，就是它了)，以及现在大名鼎鼎的 Android 等。SQLite3 是它的第三个主要版本。

(1)优点

①零配置(Zero Configuration)。SQLite3 不用安装、不用配置、不用启动，就可以关闭或者配置数据库实例。当系统崩溃后不用做任何恢复操作，在下次使用数据库时会自动恢复。

②紧凑(compactness)。SQLite 是被设计成轻量级的、自包含的。一个头文件、一个 lib 库，就可以使用关系数据库了，不用启动任何系统进程。一般来说，整个 SQLite 库小于 225KB。

③可移植(Portability)。它是运行在 Windows，Linux，BSD，Mac OS X 和一些商用 Unix 系

统，比如 Sun 的 Solaris，IBM 的 AIX，同样，它也可以工作在许多嵌入式操作系统下，比如 QNX，VxWorks，Palm OS，Symbian 和 Windows CE。

(2)最大特点

采用无数据类型，所以可以保存任何类型的数据，SQLite 采用的是动态数据类型，会根据存入值自动判断。

17.4　图书管理系统实现与程序代码

17.4.1　登录模块

登录界面使用 UI 来设计，将所需控件直接拖拽到界面上，使用布局管理器进行布局。为了使界面美观，通过 piantEvent 这个函数给界面设置上背景色。该函数是在 QWidget 类中申明的虚函数，它可以被所有继承 QWidget 的派生类进行重写，系统下运行起来后它的调用是通过 update()函数来实现的。即每当界面发生任何的改变，该槽函数就会触发。该槽函数执行后系统就会自动调用 paintEvent 函数，进而实现了背景的刷新。

在函数内部先用 QPainter 构造画笔和用 QImage 类构建一个用于加载背景图片的对象，还使用 QRect 构建两个类对象 source 和 target，分别用来存放要画的图片和所画位置的平面坐标，包括了 X 和 Y 坐标值以及长宽信息等。然后用画笔将图片画到控件背景上，从而达到设置背景的效果。

登录界面除了有引导用户的作用，在界面上我们还可以看到要求输入密码，这就是登录界面的保密性，当输入密码正确后就进入系统，错误后则弹出提示消息框。

登录功能是通过触发界面上的确定按钮的点击信号，传递到后台业务层的槽函数并通过槽函数的响应来实现的，槽函数原型如下：

```
voidon_SurepushButton_clicked();
```

当登录界面的确认按钮被按下时就会触发该函数，该函数主要的工作是构造一个 QSqlDatabase 对象访问数据库中保存密码信息的表，并通过 QSqlQuery 的类对象将数据读出，再从界面将管理员输入的密码获取到并保存到 QString 声明的变量中，然后将两个密码进行对比，判断正确与否并执行相应的操作。

关键代码如下：

```
voidBookSystem::on_SurepushButton_clicked()
{
  passwd = QSqlDatabase::addDatabase("QSQLITE");
  passwd.setDatabaseName("Book.db");
  passwd.setHostName("localhost");
  passwd.open();
  QSqlQueryquery;
  QStringcmd;
  cmd = "selectpasswdfrompasswd;";
  query.exec(cmd);
  QStringPW;
  while(query.next())
```

```
if(query.value(0).toString()! ="")
PW.append(query.value(0).toString());
if(PW==(ui->passwd->text())){
this->hide();
mainbook.show();
}else{
QMessageBox::information(this,"flase","密码错误，请重新输入",QMessageBox::Ok);
ui->passwd->setText("");
}
}
```

17

登录界面如图 17-3 所示。

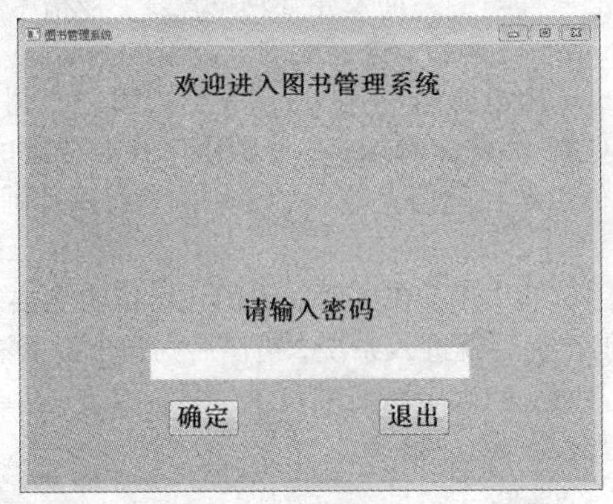

图 17-3　登录界面

17.4.2　图书管理模块

系统功能主要有图书信息的显示、图书管理、账户管理等。

1. 显示图书信息功能的实现

显示图书时，用到了一个 Scroll Area 控件，该控件包含一个 frame，只有当添加在 frame 上的子窗体的大小大于 frame 的大小时，该控件才会自动出现滚动条。但这样的子窗体必须被指定函数 setWidget()。将 Scroll Area 作为书架，用一个类 bookwidget 来代替所有输出的共性，因为每本书都有相同的属性信息，比如书名、作者等，所以我们只需要为图书搭建一个显示的框架，将数据添加进去即可。

首先是在数据库中查找出相应的图书类型，然后遍历所有查找到的信息，并为每一条信息构造一个 bookwidget 对象，并将对象加入 ScrollArea 控件的布局中。该布局是用代码建立的水平布局。在加入布局的同时，要通过 bookwidget 对象调用其成员函数 void setWidget(QStringB_Name, QStringB_Author, QStringB_Price, QStringB_Counter, QStringB_Picture)实现信息显示。

setWidget( )的主要功能就是将传过来的图书信息设置到 bookwidget 的 UI 界面上的对应位置，从而实现图书信息显示的功能。

关键代码：

```
voidBookWidget:: setWidget( QStringB_Name, QStringB_Author,
QStringB_Price, QStringB_Counter, QStringB_Picture)
{
    ui - > b_nameLabl - > setText( B_Name) ;
    ui - > b_athorLabel - > setText( B_Author) ;
    ui - > b_countLabel - > setText( B_Counter) ;
    ui - > b_priceLabel - > setText( B_Price) ;
    ui - > b_pictureLabel - > setPixmap( QPixmap( B_Picture) ) ;
}
```

显示文学类图书信息：

```
voidMainBook:: setWXInfo( )
{
    Book_db. open( ) ;
    QSqlQueryquery( "select * fromBookInfowhereBook_Type = 1" ) ;
    query. exec( ) ;
    while( query. next( ) ) {
    BookWidget * wxbook = newBookWidget( ui - > WXwidget) ;
    wxbook - > setWidget( query. value(1). toString( ), query. value(2).
    toString( ), query. value(3). toString( ), query. value(5).
    toString( ), query. value(4). toString( ) ) ;
    WXLayout - > addWidget( wxbook) ;
    }
}
```

显示图书信息界面截图如图 17 - 4 所示。

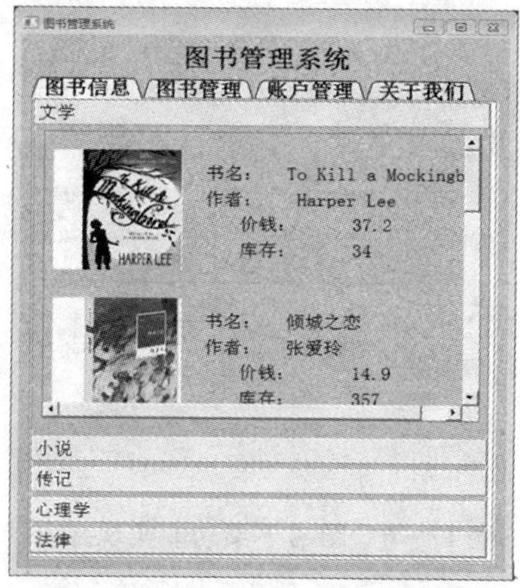

图 17 - 4　显示图书信息界面截图

17

2. 图书管理功能的实现

(1)图书下架

图书下架功能的实现主要是依赖槽函数 void on_subBSurebtn_clicked( ), 该函数首先会获取 UI 界面上存放要下架图书名称的 LineEdit 中的内容, 然后, 再到数据库中寻找对应图书的信息, 然后执行数据库语句将该图书信息删除, 即图书下架。流程图如图 17 - 5 所示。

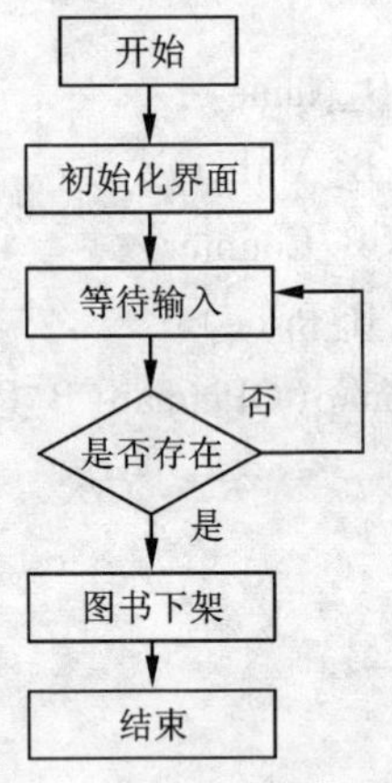

图 17 - 5 图书下架流程图

该函数的主要代码如下:

```
QStringcmd = "delete from BookInfo where Book_Name = '%1'; "
cmd = cmd.arg(text);
query.exec(cmd);
QMessageBox::information(this, "OK", "删除图书成功!!", QMessageBox::Ok);
ui->subBNamelineEdit->setText("");
```

图书下架功能实现截图如图 17 - 6 所示。

图 17 - 6 图书下架功能实现截图

(2)添加新书

首先从系统界面输入新添加图书的信息, 如书名、作者、书价等, 当点击界面上的确定按钮后其主要功能是通过该按钮的槽函数来实现的。

点击确认按钮并进入槽函数后，第一步是获取系统界面发送的内容，就会弹出提示消息框，该消息框是通过 QMessageBox 类来调用它本身的成员函数 information()来实现的。第二步是建立在第一步不成立的基础上，即所有图书信息都已填写完善，接下来是执行数据库查询语言，从数据库中找出图书编号的最大值 Max，目的是用来确定接下来要插入图书的编号，即为 Max + 1。

然后在界面上会有一个下拉框，是用来选择图书类型的。它的实现是用 UI 上的 Combo Box也是 Qt 中的 QComboBox 类的对象实现的，因为在 Qt 中 UI 上的每一个控件都是 Qt 中的类实现的。这时我们会发现，在数据库中我们存储的图书类型是使用 int 来保存的，但现在的图书类型却是文学、小说等的字眼，这时我们就要手动将其进行转化。添加新书执行流程图如图 17 – 7 所示。

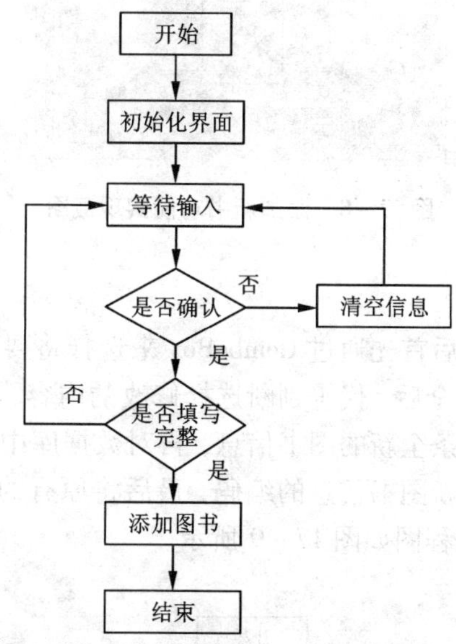

图 17 – 7　添加新书执行流程图

具体实现的代码如下：

```
inttmp = 1;
if(type = = "文学")
tmp = 1;
if(type = = "小说")
tmp = 2;
if(type = = "传记")
tmp = 3;
if(type = = "心理学")
tmp = 4;
if(type = = "法律")
tmp = 5;
```

这时，添加一本新书的准备工作就做完了，然后将所有信息用 QString 类型的变量保存起来再加入到数据库插入语言中，完成新书添加的操作。

添加新书功能实现截图如图 17 - 8 所示。

图 17 - 8 添加新书功能实现截图

17

(3) 修改图书信息

修改图书信息，进入界面后首先通过 ComboBox 来选择将要修改的内容。将要修改图书的名字和修改后的信息填写完全后，代码判断选择修改的内容，然后到数据库中找到原有的内容，先用原有的内容生成一条全新的图书信息，再对数据库中的图书进行遍历找到最大的编码，然后将编码加 1 后生成新图书信息的编码，最后将原有的图书信息删除，将新的图书信息插入到图书信息。执行流程图如图 17 - 9 所示。

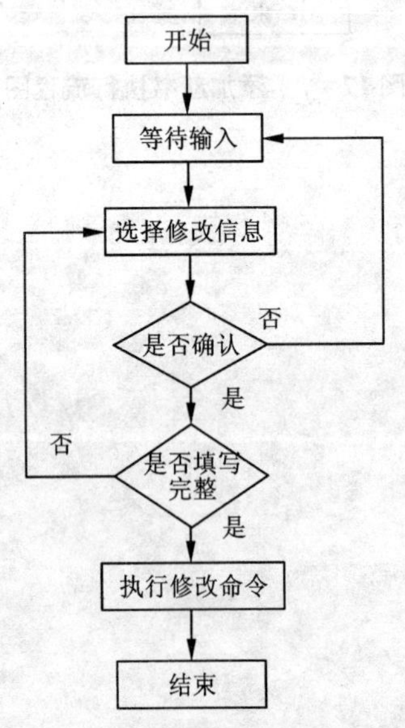

图 17 - 9 修改图书信息执行流程图

主要代码如下(以修改书名为例):

```
if( query. value(1)  = =  OBInfo) {
QStringtmp  =  "%1, %2', %3', %4, %5', %6, %7";
tmp  =  tmp. arg( query. value(0). toInt( ) ). arg( NBInfo). arg( query. value(2).
toString( ) ). arg( query. value(3). toDouble( ) ). arg( query. value(4).
toString( ) ). arg( query. value(5). toInt( ) ). arg( query. value(6). toInt( ) );
QStringcmd  =  "delete from BookInfo where Book_Name  =  %1'; ";
cmd  =  cmd. arg( OBInfo);
query. exec( cmd);
cmd  =  "insert into BookInfo values( %1); ";
cmd  =  cmd. arg( tmp); query. exec( cmd);
```

修改图书信息功能实现截图如图 17 - 10 所示。

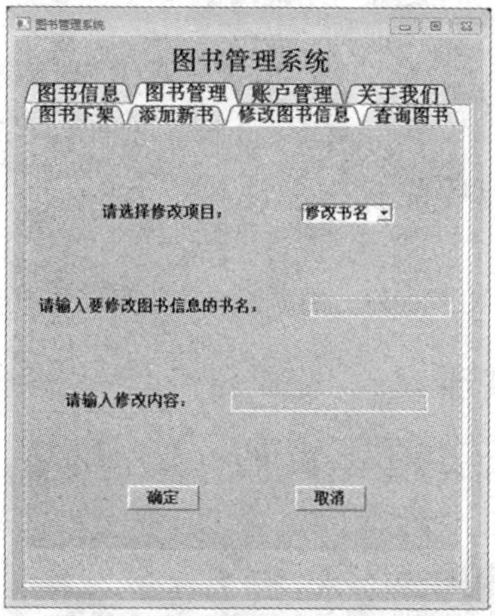

图 17 - 10　修改图书信息功能实现截图

(4)查找图书信息

查找图书信息与修改图书信息相似，主要代码如下(以查找书价为例):

```
if( SBInfo  = =  "查询图书价格") {
QStringcmd  =  "select  *  from BookInfo; ";
QSqlQuery query;
query. exec( cmd);
while( query. next( ) ) {
if( query. value(1)  = =  SBName) {
QStringcmd  =  "select Book_Price from BookInfo
where Book_Name  =  '%1'; ";
cmd  =  cmd. arg( SBName);
query. exec( cmd);
while( query. next( ) )
```

```
if(query.value(0).toString() != "")
cmd = query.value(0).toString();
QString res = "图书价格：%1"; res = res.arg(cmd);
ui->seekBInfoLabel->setText(res);
}}}
```

图书查询功能实现截图如图 17-11 所示。

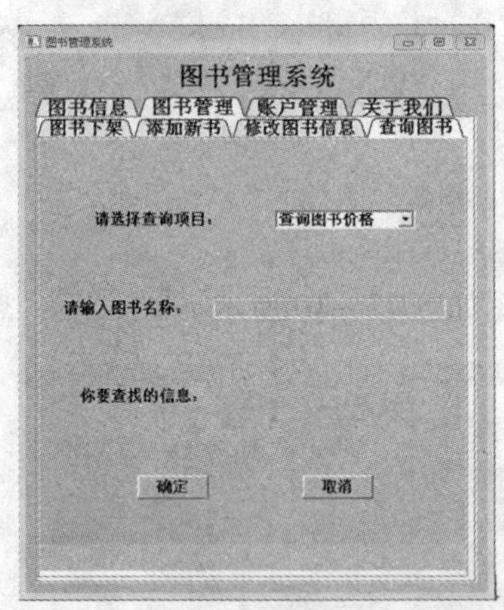

图 17-11　图书查询功能实现截图

17.4.3　账户管理功能的实现

该模块主要是针对信息安全设置的密码进行修改的设置，主要思想是将原有代码清空，再将新密码设置上去。主要设置代码如下：

```
QStringcmd = "delete from passwd;";
query.exec(cmd); cmd = "insert into passwd values(%1)";
cmd = cmd.arg(ui->newPasswdAlineEdit->text());    query.exec(cmd);
QMessageBox::information(this, "OK", "密码修改成功!!", QMessageBox::Ok);
ui->newPasswdlineEdit->setText("");
ui->newPasswdAlineEdit->setText("");
```

密码修改界面如图 17-12 所示。

17.4.4　数据库功能的实现

在 Qt 中建立一个类，类名叫 database，用该类来建立数据库资源。建立数据库有两个关键的类（Qt 库中提供的类）：一是 QSqlDatabase，是用来连接和建立一个数据库，这里要建的数据库名称为 Book.db；二是 QSqlQuery，是用来执行数据库的语言并完成相应的操作。

建立数据库的相应的代码如下：

```
QSqlDatabase  Book;
Book = QSqlDatabase::addDatabase("QSQLITE");
Book.setDatabaseName("Book.db");
Book.setHostName("localhost");
```

图 17 - 12　密码修改界面

在数据库建好后，接下来就是在数据库中建立我们所需要的表格，就是图书信息表（BookInfo）和管理员密码表（passwd），具体实现代码如下：

```
QStringcmd = "create table BookInfo( \
Book_IDint primary key not null, \
Book_Namevarchar(60) not null, \
Book_Authorvarchar(60) not null, \
Book_Price double not null, \
Book_Picturevarchar(100) not null, \
Book_Numberint not null, \
Book_Typeint not null); ";
```

第 18 章　网络版中国象棋

18.1　中国象棋系统功能说明

中国象棋系统功能说明如下：

(1)实现双人对战象棋的游戏，系统由客户端和服务器端构成。

(2)两个客户端登录后进行游戏操作，交互的信息都要经过服务器端处理。

(3)对战双方，可以简单地聊天。

(4)对战双方在接受邀请后开始游戏，按照象棋规则轮流落子，并由系统判断输赢。

(5)如果对方同意，可以悔棋、言和。

(6)可以主动认输。

(7)如果双方同意，可以重新开始棋局。

18.2　中国象棋系统设计方案

本设计是基于 Qt 的网络对战象棋，在需求分析方面，需要有对网络连接模块、游戏的外观控制模块及游戏的功能控制模块的分析。

网络连接功能是进行网路对战的基础，游戏中所有过程都需要经过网络连接进行解析。对战双方也要通过网络进行连接，双方之间才可以进行通信、交换数据。

游戏外观控制是更换程序执行过程中对界面的控制。按照顺序可以分为注册界面、登录界面、游戏界面、棋盘的外观控制及棋子的外观控制。

游戏功能控制主要控制游戏过程中的悔棋、认输、退出等功能。在中国象棋中，悔棋、认输、退出等功能是不可或缺的。对系统而言，有开始、结束、新建、悔棋、认输、退出、聊天等功能，如图 18 - 1 所示。在进行网络对战时，双方可以通过网络下中国象棋，如果不能进行交流、相互传递信息，遇到了问题或其他一些情况就无法告诉对方，因此需要聊天功能。

本系统的流程图如图 18 - 2 所示。

18.2.1　网络象棋网络连接的设计

本系统在网络传输层采用 TCP 协议，是因为数据量小且对可靠性有要求，相对于 UDP 协议 TCP 协议更合适。网络应用层用的是自己设计的协议。对于本设计来说，网络连接采用客户端—服务器—客户端通信模式。启动服务器以后，服务器开启监听模式，等待与其端口号和 IP 地址一致的客户端进行连接。如果有客户端连接则显示客户端 IP 已连接，所有客户

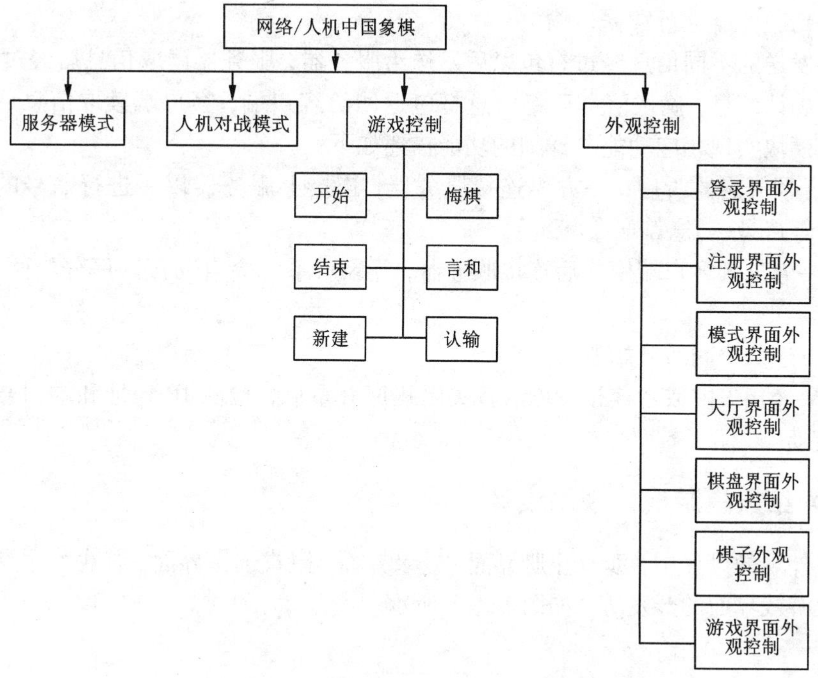

图 18－1　中国象棋系统功能划分

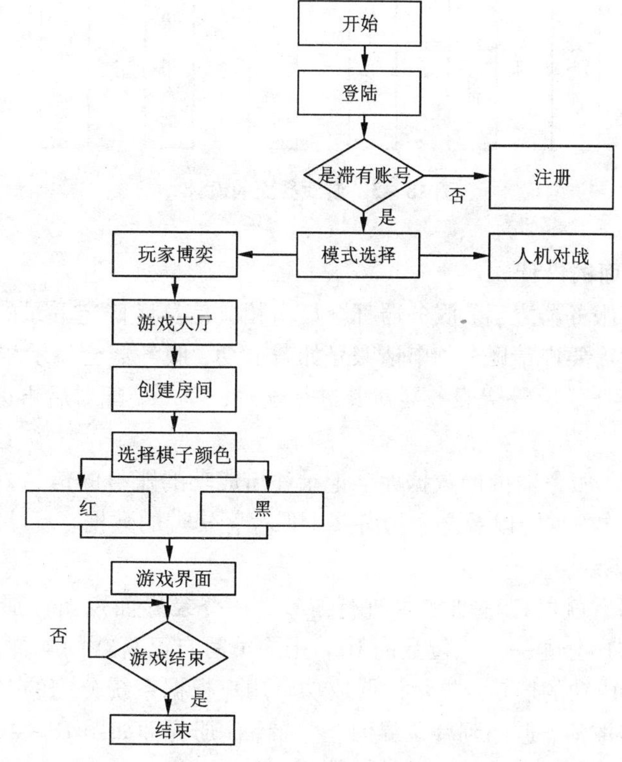

图 18－2　中国象棋系统流程图

端统一连接到服务器进行数据传输。

客户端发送的不同信息经过打包以后发送给服务器，服务器读取信息后经过解析，调用对应的模块确认信息，确认信息后将信息打包返回给客户端，客户端读取信息后进行解析，匹配相应的模块实现相应功能。详细的功能描述如下：

(1)服务器开启监听后，一方先连接服务器，连接上服务器以后进行账号的注册登录，进入游戏后等待另一方。

(2)另一方进入客户端模式后连接服务器，登录后系统会自动按次序分配两人一桌进行游戏。

(3)双方进入房间后开始游戏。

(4)如果连接失败或者连接中断，就关闭程序并重启，检测IP地址和端口号是否有误，再次进行连接。

18.2.2 网络象棋游戏外观的设计

在游戏外观的设计中，涉及注册界面、登录界面、模式选择界面、游戏大厅界面、选择棋子界面以及游戏界面的开发等，如图18-3所示。

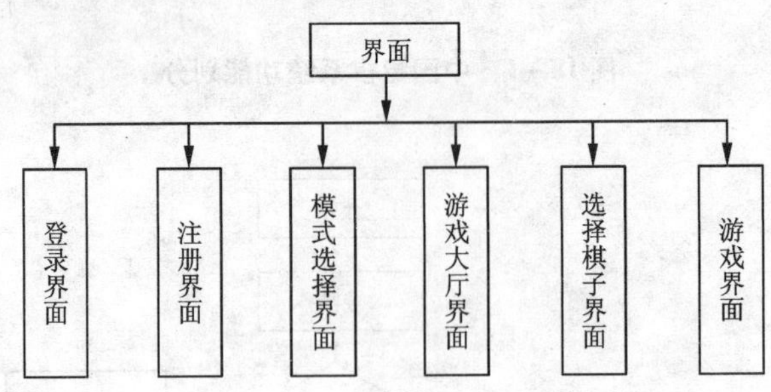

图18-3 游戏界面的设计

1. 登录、注册界面的设计

当有客户端连接服务器之后，服务器都会显示相应信息已确定登录的客户端，客户端如若要进入游戏模式就需要申请账号，申请账号如若成功，服务器会显示相应的账号以便客户端登录游戏。客户端登录后等待服务器对其进行配对，客户端配对后再进行游戏，进入游戏模式进行象棋对战。

账号注册成功后，服务器内的数据库会记录注册成功的账号的信息，包括账号的ID、密码和用户名，以便下次登录，以及之后的游戏中保存客户端的数据。

注册账号：

搭建好服务器以后就可以注册账号进行游戏，在登录界面点击注册按钮，进入注册界面。系统会随机给用户分配一个六位数的ID。用户填写自己喜欢的昵称，设置自己的密码，点击注册，弹出注册成功的窗口，提示注册成功。用户根据系统分配的ID和密码登录系统。注册过程中如果点击取消，退回到登录界面。登录、注册界面如图18-4、图18-5所示。

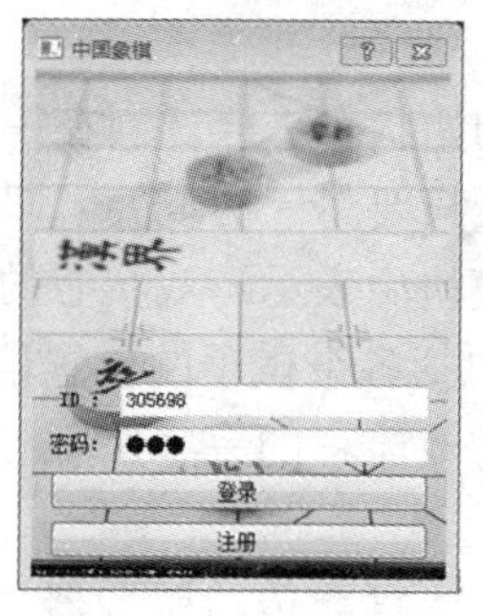

图 18 -4　登录界面

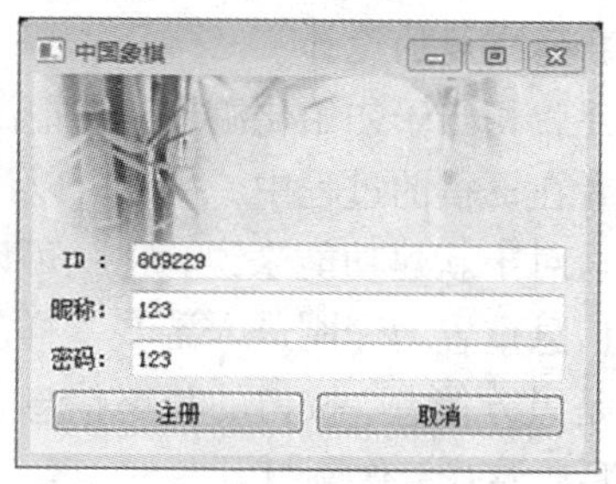

图 18 -5　注册界面

2. 游戏界面的设计

游戏界面是整个界面流程的最后一个界面，至此就可以开始游戏了。游戏界面包括棋盘、棋子、聊天界面等。多数游戏功能都在此界面，如悔棋、退出、认输等功能。游戏界面还设有系统时间和聊天窗口，游戏双方在聊天窗口可以进行简单的聊天。界面如图 18 -6 所示。

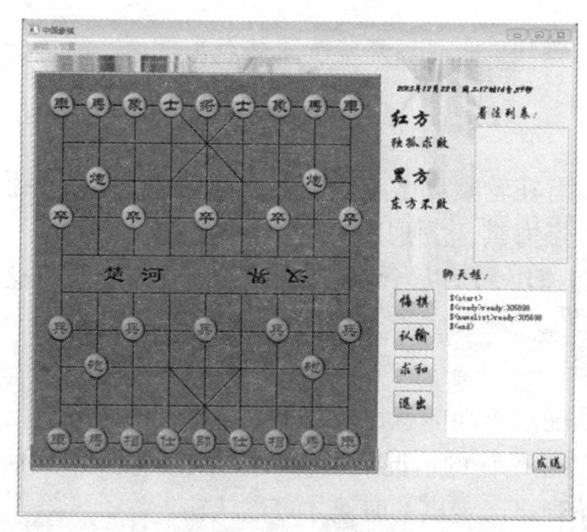

图 18 -6　游戏界面

18.2.3　网络象棋游戏功能的设计

这一部分的功能基本上都是放在服务器模块里实现的，也可以说服务器是整个程序的核心。当服务器模块收到鼠标点击信息或下棋信息时，会把这些信息进行处理和转化，废弃无用的信息，把有用的信息整理后发送给相应的模块来处理。

在这个系统中信息分为两类，分别是聊天信息和下棋信息。下棋信息又分为两类，分别是移动棋子信息和新建、悔棋等操作信息。因为棋盘是 9 纵 10 横，一共是 90 个点，将这 90 个点从 0 到 89 编号，这样的话就可以对移动棋子信息进行唯一编码，再在前面加上不同的标志位，也就可以对操作信息进行唯一编码。在聊天信息和下棋信息前面加不同的前缀，就可以统一编码所有信息了。因而对于每一条编码过的信息，都可以知道这条信息的作用。

1. 新建棋局的设计

新建就相当于初始化游戏，它把游戏的状态重置为和初始状态一样。当在一盘棋结束的时候或者在下棋的过程中，一方可以请求新建棋局的请求，只要另一方同意，即可开始新一盘棋局。对于新建功能来说，它就可以这样实现：把各个模块中表示游戏状态的信息和其他的一些信息重置为和刚进入游戏一样就可以了。这些信息包括各个棋子的位置信息、己方是红方还是黑方信息、按钮的状态信息、棋谱信息以及控制游戏流程的一些信息等。把这些信息重置后，游戏就像刚打开一样。

新建功能在游戏的菜单栏里，所以当新建被点击之后，信息会传给服务器，由服务器做出处理。

2. 开始游戏的设计

开始功能的设计，当刚进入游戏或者新建棋局时，需要双方都点击开始，一盘棋局才会开始。在此系统中要求只能在开始游戏前才能选择棋子颜色，如果有了开始这个功能，只要自己不点击开始游戏就不会开始，这样就可以在自己点开始之前进行选择。如果不选择棋子颜色就点击开始，则进入观战，不可以操作棋盘棋子。对于开始功能，需要有两个标志，分别表示双方是否开始。如果两个标志都显示开始，则开始游戏，否则维持状态不变。游戏开始之后，红方先走，黑方后走。

开始按钮在功能按钮模块，所以当开始按钮被点击之后，信息会传给服务器，由服务器做出处理。

3. 悔棋功能的设计

悔棋功能的设计，只有在轮到自己走棋的时候才可以悔棋，悔棋一次只能撤销一步棋。当下棋一方下错子，可以点悔棋，方便用户的学习和交流。

悔棋按钮在功能按钮模块，所以当悔棋按钮被点击之后，信息会传给服务器，由服务器做出处理。

4. 认输功能的设计

认输功能的设计，认输这个功能就比较简单，只要告诉对方自己认输就可以了。当用户棋子无路可走或者已经明显是输的情况下可以认输，结束棋局，然后可以重新开始。认输不需要对方同意，只有在轮到自己走棋的时候才可以认输。

认输按钮在功能按钮模块，所以当认输按钮被点击之后，信息会传给服务器，由服务器做出处理。

5. 聊天功能的设计

聊天功能的设计，网络连通后，对战双方就可以进行聊天。一方发出聊天信息后，发到服务器，由服务器发给另一客户端。发送信息和接收信息正好是相反的方向。聊天功能需要客户端在聊天框里输入要发送的信息，点击发送，发送信息经过服务器发送到另一客户端进行聊天。如果网络连接正常，另一方应该收到聊天信息并显示在聊天框里面。当自己发送信息后系统会在聊天框里显示自己并加上显示的信息，如果是对方发来的信息，聊天框则会显示是对方并加上发来的信息，这样以便确定是谁发的信息。

聊天功能在功能按钮模块，当发送聊天信息的按钮被点击之后，聊天的信息会发给服务器，由服务器做出处理发给另一客户端。

18.3　相关技术点拨

1. 编程语言使用 C + +

编程语言使用了 C + +，一方面 C + + 语言是自己熟悉的编程语言，另一方面 C + + 语言也适合这个课题，因其面向对象的思想和封装的特点正是本课题所需要的。

2. 图形界面采用 Qt 编写

Qt 是一个跨平台的图形界面开发库，支持 Windows、Linux、Mac OS 等许多的操作系统。

3. 使用 C/S(客户端/服务器)架构实现了网络通信功能

客户端/服务器模式是一种网络连接模式，即 Client/Server。在客户端/服务器网络中，服务器是网络的核心，而客户端是网络的基础，客户端依靠服务器获得所需要的网络资源，而服务器为客户端提供网络必需的资源。这里客户端和服务器都是指通信中所涉及的两个应用进程。

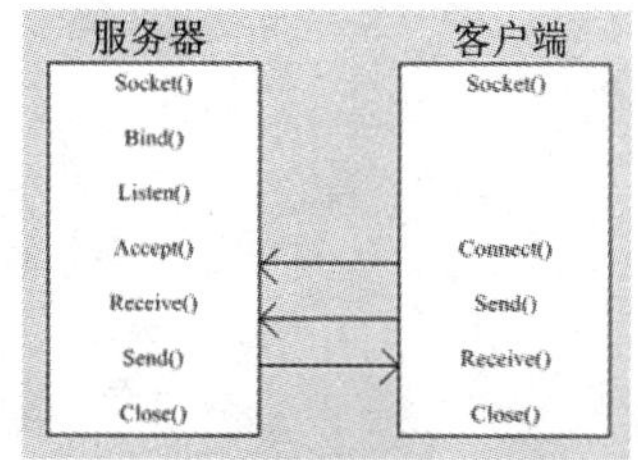

图 18 – 7　客户端/服务器模式的主动请求方式

客户端/服务器模式在操作过程中采取的是主动请求的方式，如图 18 – 7 所示。

服务器方要先启动，并根据请求提供相应的服务：

- 打开一个通信通道并告知本地主机，它愿意在某一地址和端口上接收客户请求；
- 等待客户请求到达该端口；
- 接收到重复服务请求，处理该请求并发送应答信号。当接收到并发服务请求时，要激活一个新的进程(或线程)来处理这个客户请求。新进程(或线程)处理此客户请求，并不需要对其他请求作出应答。服务完成后，关闭此新进程与客户的通信链路，并终止；
- 返回第二步，等待另一个客户请求；
- 关闭服务器。

客户方：

- 打开一个通信通道，并连接到服务器所在主机的特定端口；
- 向服务器发服务请求报文，等待并接收应答；继续提出请求；
- 请求结束后关闭通信通道并终止。

4. 网络通信采用 TCP 协议

因为要实现网络对战功能，所以必须要通过网络传递和交换数据。对于本课题而言，传送的数据量少，并对可靠性有要求，因而选择 TCP 协议比较合适。

5. 数据的存储采用数据库

客户端注册登录的数据都放在服务器的数据库里，如图 18 – 8 所示。

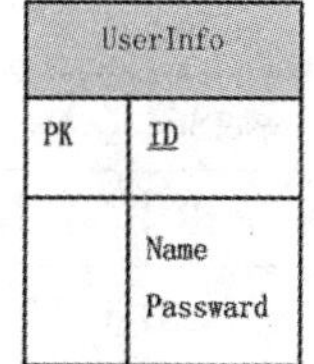

图 18 – 8　数据图实例图

数据库描述：

ID 用户的 ID(int)(主键)，

Name 用户的昵称(varChar)，

Passward 用户的密码(varChar)。

18.4 中国象棋实现与程序代码

18.4.1 Block 模块

Block 模块主要负责棋子的绘制，它重载 QPushButton 类以此达到抽象象棋棋子。Block 模块类图如图 18-9 所示。

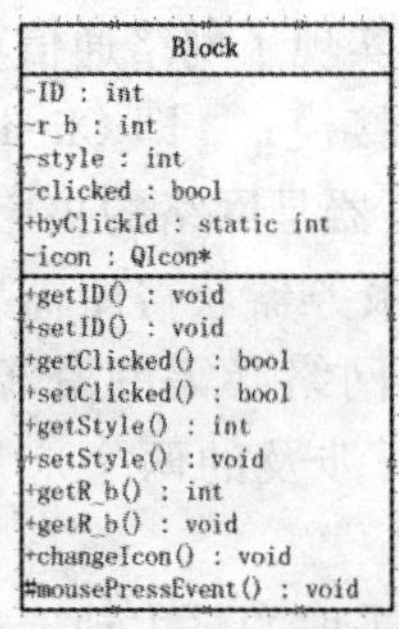

图 18-9 Block 模块类图

Block 类详细说明如表 18-1 所示。

其中 ID 为棋盘上棋子按钮的 ID，从 0 到 89。R_b 为棋子颜色，红色或黑色。Style 为棋子的种类，車、马、象(相)、士、将(帅)、炮和兵(卒)中的一种。Clicked 为判断或设置该棋子是否被点击过。Icon 为 QIcon 类型的指针。changeIcon()函数为改变棋子的图标。以“get”开头的函数只需返回对应的属性值就可以了，以“set”开头的函数只要修改对应的属性值就可以了。这些函数或多或少地会被其他模块调用来获取相关的信息。

表 18-1 Block 模块类函数

函数名	返回值	形参	功能描述
getID( )	int	空	获得棋子的 ID
setID( )	void	int value	设置棋子的 ID
getClicked( )	bool	空	判断该棋子是否按过
setClicked( )	void	bool value	设置该棋子被按或者没被按
getStyle( )	int	空	获得该棋子的兵种类型
setStyle( )	void	int value	设置该棋子的兵种类型
getR_b( )	int	空	获得该棋子的所属方
setR_b	void	int value	设置该棋子的所属方
changeIcon( )	void	空	改变棋子的图标
mousePressEvent( )	void	空	重载鼠标事件

绘制棋子主要代码，以红棋为例：

```
voidBlock::changeIcon()
{
  this->setIconSize(QSize(40,40)); //设置图片大小
  if(r_b==1){//如果棋子为红棋
  if(style==0){
  setIcon(QIcon("")); //如果没有点击棋子
  }elseif(style==1){
  setIcon(QIcon(":/BP.png"));
  if(clicked==true)
  setIcon(QIcon(":/BPS.png"));
  }
  elseif(style==2){
  setIcon(QIcon(":/BC.png"));
  if(clicked==true)
  setIcon(QIcon(":/BCS.png"));
  }elseif(style==3){
  setIcon(QIcon(":/BR.png"));
  if(clicked==true)
  setIcon(QIcon(":/BRS.png"));
  }elseif(style==4){
  setIcon(QIcon(":/BN.png"));
  if(clicked==true)
  setIcon(QIcon(":/BNS.png"));
  }elseif(style==5){
  setIcon(QIcon(":/BB.png"));
  if(clicked==true)
  setIcon(QIcon(":/BBS.png"));
  }elseif(style==6){
  setIcon(QIcon(":/BA.png"));
  if(clicked==true)
  setIcon(QIcon(":/BAS.png"));
  }elseif(style==7){
  setIcon(QIcon(":/BK.png"));
  if(clicked==true)
  setIcon(QIcon(":/BKS.png"));
  }elseif(style==8){
  setIcon(QIcon(":/wujunru.png"));
  }
  }
}
```

18.4.2 注册模块

注册模块实现玩家的注册功能。业务层代码通过界面上两个单行文本编辑器获取用户输入的值，并经过特定算法处理后获得一个6位的随机数ID。将ID封装到自定义协议中(协议标记为 <REGISTER >)后发送给服务器。如果服务器收到符合要求的注册数据包，那么将会把用户数据插入到数据库文件 userinfo. db 中，并向客户端发送反馈数据包(协议标记为 <RSP_REGISTER >)。注册模块类图如图 18 – 10 所示。

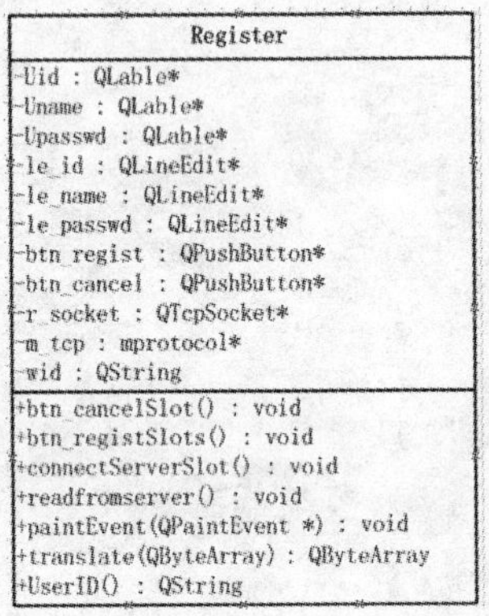

Register
-Uid : QLable* -Uname : QLable* -Upasswd : QLable* -le_id : QLineEdit* -le_name : QLineEdit* -le_passwd : QLineEdit* -btn_regist : QPushButton* -btn_cancel : QPushButton* -r_socket : QTcpSocket* -m_tcp : mprotocol* -wid : QString
+btn_cancelSlot() : void +btn_registSlots() : void +connectServerSlot() : void +readfromserver() : void +paintEvent(QPaintEvent *) : void +translate(QByteArray) : QByteArray +UserID() : QString

图 18 – 10 注册模块类图

注册类详细说明如表 18 – 2 所示。

表 18 – 2 注册模块类函数

函数名	返回值	形参	功能描述
paintEvent( )	void	QPaintEvent ＊e	画注册界面
userID( )	QString	空	用来获取随机的 ID 值
btn_registSlots( )	void	空	发送客户端打包好的注册信息
btn_cancelSlot( )	void	空	注册按钮的发送信号
connectServerSlot( )	void	空	网络连接槽函数
readfromserver( )	void	空	读取服务器信息
translate( )	QByteArray	QByteArray data	解析服务器信息
back_dialogSignal( )	void	空	返回登录界面的信号

注册模块主要代码：

```
voidRegister:: btn_registSlots( )
{
    QStringname = le_name - > text( );
    QStringpassward = le_passwd - > text( );
```

```
	if(name!  = "" &&passward!  = ""){
	QStringstr = wid + ":" + name + ":" + passward;
	r_socket - > write(m_tcp - > package(str, mprotocol:: REGISTER));
	}
	else{
	QMessageBox:: information(this, "error", "注册失败",
	QMessageBox:: Ok);
	}
}
```

18.4.3 登录模块

登录模块实现玩家的登录功能。后台业务层通过获取界面输入的用户名、密码并将数据打包到自定义协议(协议标记为 <LOGIN>)形成数据包后发送给服务器。服务器在获取到客户端发送的登录申请数据包后进行验证，并将验证结果打包成响应数据包(协议标记为 <RSP_LOGIN>)反馈给客户端。

登录模块类图如图 18－11 所示。

DialogChess 类详细说明如表 18－3 所示。

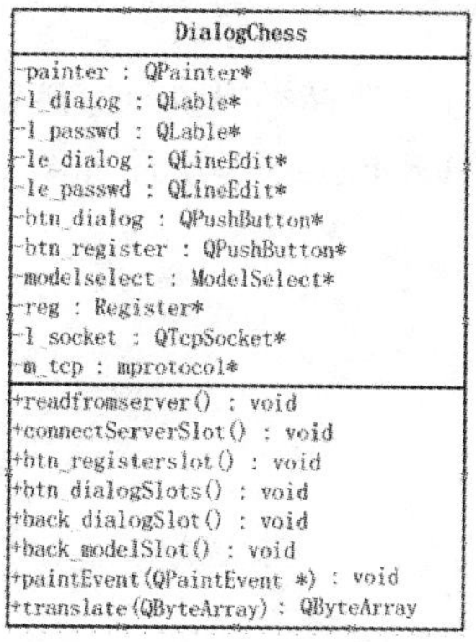

```
DialogChess
-painter : QPainter*
-l_dialog : QLable*
-l_passwd : QLable*
-le_dialog : QLineEdit*
-le_passwd : QLineEdit*
-btn_dialog : QPushButton*
-btn_register : QPushButton*
-modelselect : ModelSelect*
-reg : Register*
-l_socket : QTcpSocket*
-m_tcp : mprotocol*
+readfromserver() : void
+connectServerSlot() : void
+btn_registerslot() : void
+btn_dialogSlots() : void
+back_dialogSlot() : void
+back_modelSlot() : void
+paintEvent(QPaintEvent *) : void
+translate(QByteArray) : QByteArray
```

图 18－11　登录模块类图

表 18－3　DialogChess 模块类函数

函数名	返回值	形参	功能描述
paintEvent( )	void	QPaintEvent ＊e	画登录界面
btn_registerslot( )	void	空	登录模块的注册按钮
btn_dialogSlots( )	void	空	发送客户端打包好的登录信息
back_dialogSlot( )	viod	空	跳转回登录
back_modelSlot( )	void	空	跳转回登录
readfromserver( )	void	空	读取服务器信息
connectServerSlot( )	void	空	网络连接槽函数
translate( )	QByteArray	QBtyeArray data	解析服务器信息

登录模块主要代码：

```
voidDialogChess:: btn_registerslot()
{
  this - >hide(); //当前界面隐藏
  reg = newRegister;
  connect(reg, SIGNAL(back_dialogSignal()),
  this, SLOT(back_dialogSlot()));
}
```


18.4.4 模式选择类

模式选择类提供玩家游戏模式的选择。

ModelSelect 类类图如图 18 - 12 所示。

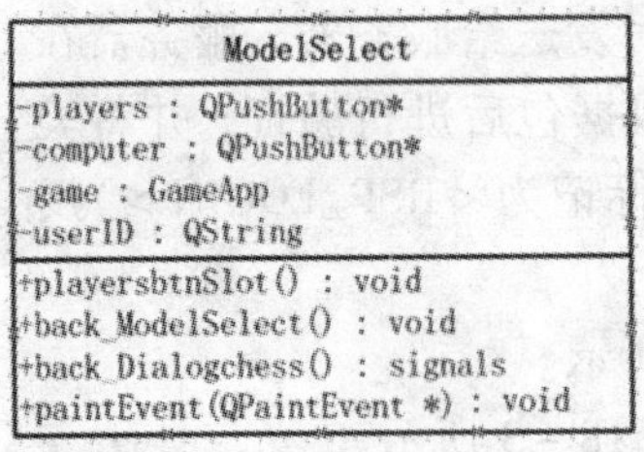

ModelSelect
-players : QPushButton* -computer : QPushButton* -game : GameApp +userID : QString
+playersbtnSlot() : void +back_ModelSelect() : void +back_Dialogchess() : signals +paintEvent(QPaintEvent *) : void

图 18 - 12 ModelSelect 类类图

ModelSelect 类详细说明如表 18 - 4 所示。

表 18 - 4 ModelSelect 模块类函数

函数名	返回值	形参	功能描述
back_Dialogchess()	void	空	发送一个返回登录界面的信号
playersbtnSlot()	void	空	玩家模式按钮的槽函数，使其跳转至游戏大厅
back_ModelSelect()	void	空	接收从游戏大厅发回来的返回信号的槽函数
computerSlot()	void	空	人机模式按钮的槽函数

ModelSelect 模块主要代码：

```
voidModelSelect:: playersbtnSlot()
{
  this - >hide();
  game = newGameApp(0, userID);
  connect(game, SIGNAL(btn_closeClicked()), this,
  SLOT(back_ModelSelect())); }
```

18.4.5　GameApp 类

该类是用来实现游戏大厅的。

GameApp 类类图如图 18 – 13 所示。

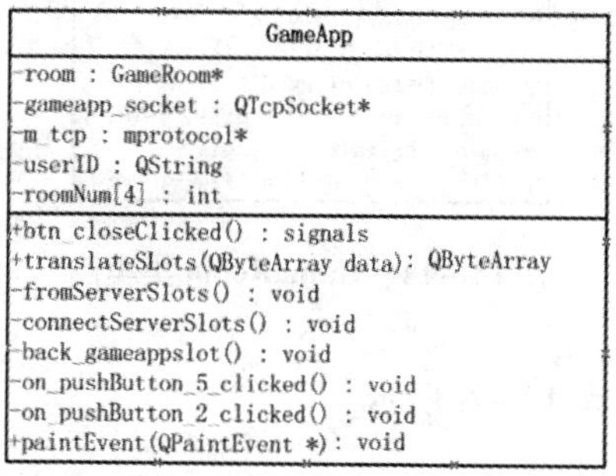

```
GameApp
-room : GameRoom*
-gameapp_socket : QTcpSocket*
-m_tcp : mprotocol*
-userID : QString
-roomNum[4] : int
+btn_closeClicked() : signals
+translateSLots(QByteArray data): QByteArray
-fromServerSlots() : void
-connectServerSlots() : void
-back_gameappslot() : void
-on_pushButton_5_clicked() : void
-on_pushButton_2_clicked() : void
+paintEvent(QPaintEvent *): void
```

图 18 – 13　GameApp 类类图

GameApp 类详细说明如表 18 – 5 所示。

表 18 – 5　GameApp 模块类函数

函数名	返回值	形参	功能描述
paintEvent	void	QPaintEvent ＊e	绘制游戏大厅背景图片
showView	void	QString name	显示名字至在线人数列表
on_pushButton_2_clicked( )	void	空	创建游戏房间槽函数
on_pushButton_5_clicked( )	void	空	退出游戏大厅，发送返回信号
back_gameappslot( )	void	空	接收来自游戏房间的返回信号
connectServerSlots( )	void	空	链接服务器的槽函数
fromServerSlots( )	void	空	从服务器读取数据的槽函数
nameListSlots( )	void	空	在线人数的槽函数
translateSLots( )	QByteArray	QByteArray data	翻译来自服务器的信号 并给出对应的响应
btn_closeClicked( )	void	空	关闭该界面的槽函数

18.4.6　GameRoom 类

GameRoom 类用类实现：等待游戏玩家，为开始游戏做好准备，初始化棋盘，选择红黑棋子，准备或是返回游戏大厅。

GameRoom 类类图如图 18 – 14 所示。

```
GameRoom
-chess : MainWindow*
-r_bSelect : int
-room_socket : QTcpSocket*
-userID : QString
-roomName : QString
-on_pushButton_4_clicked() : void
-back_roomSlot() : void
-on_pushButton_3_clicked() : void
-on_pushButton_clicked() : void
-on_pushButton_2_clicked() : void
+room_clickSign() : signals
+paintEvent(QPaintEvent *)() : void
```

图 18 – 14　GameRoom 类类图

GameRoom 类详细说明如表 18 – 6 所示。

表 18 – 6　GameRoom 模块类函数

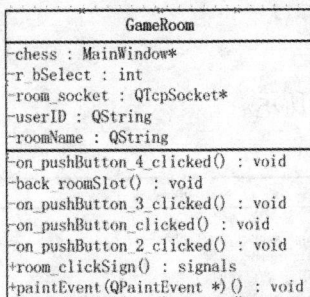

函数名	返回值	形参	功能描述
paintEvent( )	void	QPaintEvent	绘画出游戏房间的背景图片
room_clickSign( )	void	空	游戏房间返回信号
on_pushButton_4_clicked( )	void	空	发送返回信号的槽函数
back_roomSlot( )	void	空	返回游戏大厅的槽函数
on_pushButton_3_clicked( )	void	空	游戏开始的槽函数，创建棋盘，初始化数据
on_pushButton_clicked( )	void	空	选择红方执棋
on_pushButton_2_clicked( )	void	空	选择黑方执棋

18.4.7　mprotocol 类

mprotocol 类(协议类)规定了数据传输过程中的规范。

mprotocol 类类图如图 18 – 15 所示。

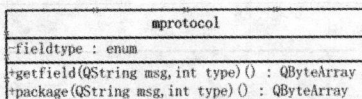

```
mprotocol
-fieldtype : enum
+getfield(QString msg,int type)() : QByteArray
+package(QString msg,int type)() : QByteArray
```

图 18 – 15　mprotocol 类类图

mprotocol 类详细描述如表 18 – 7 所示。

表 18－7　mprotocol 类函数

函数名	返回值	形参	功能描述
package( )	QByteArray	QStringmsg, int type	打包协议的头和尾
getfield( )	QByteArray	QStringmsg, int type	打包各协议中间部分

协议模块主要代码:

```
QByteArraymprotocol::package(QStringmsg, inttype)//打包协议
{
  QByteArraydata;
  data.clear();
  data.append("$<start>\r\n"); //协议头
  data.append(getfield(msg, type)); //内容
  data.append("$<end>\r\n"); //协议尾
  return data;
}
```

18.4.8　MainWindow 类

该类包含了下棋的算法、输赢算法以及悔棋、认输、退出、聊天功能函数。功能函数都是客户端发送请求后将命令打包发给服务器，经服务器调用解析后将信息发给另一客户端，另一客户端接受服务器信息后调用对应函数完成对应操作。

MainWindow 类类图如图 18－16 所示。

MainWindow 类详细描述如表 18－8 所示。

设计思路:

通过按第一次的棋子的坐标和下到地方的坐标进行相对位置的模拟，具体方法是求余相减，模拟完后对该步骤进行判断，如果符合规则返回 true，再移动棋子并发送给服务器。下面就先说一下每一种棋子的走棋规则:

(1)将或帅，只能在九宫格内移动，每次只能沿直线走一格;

(2)仕或士，也只能在九宫格内移动，每次只能沿斜线走一步;

(3)象或相，不能过界，只能在己方地盘，只能每次沿斜线走两步，且中间不能有棋子阻挡;

(4)車，只要中间没有棋子阻挡，每次可以沿直线走任意步;

(5)炮，只要中间没有棋子阻挡，每次可以沿直线走任意

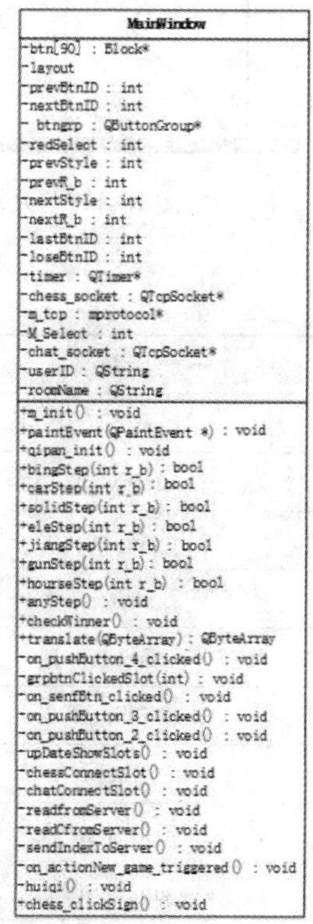

图 18－16　MainWindow 类类图

步，这一点和車一样，另外，炮还可以沿直线隔一棋子吃一棋子；

(6)马走一直一斜，俗称“马走日字”，如果所要去的方向上有棋子阻挡，则不能走，俗称“蹩马腿”；

(7)兵或卒，每次只能沿直线走一步，而且过界之前只能前进，过界之后可以平移和前进，但不能后退。

九宫格即是将或帅活动的区域，两条斜线是仕或士走的路径，它的位置如图 18 - 17 所示。

棋子移动流程图和吃子流程图如图 18 - 18 所示。

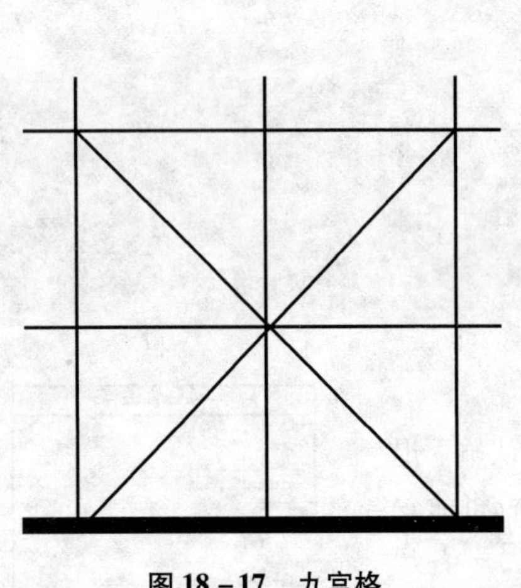

图 18 - 17　九宫格

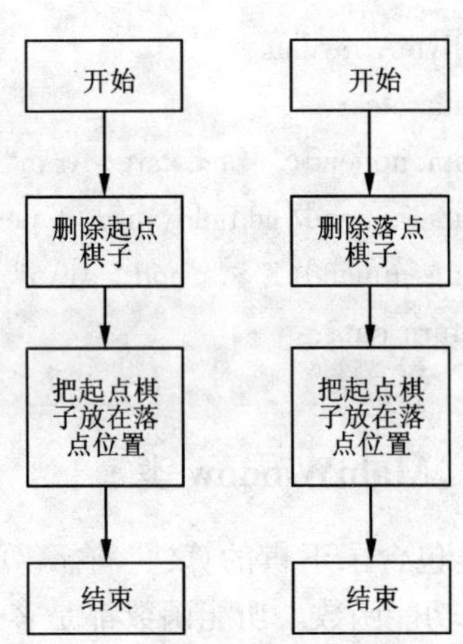

图 18 - 18　棋子移动流程图和吃子流程图

表 18 - 8　MainWindow 模块类函数

函数名	返回值	形参	功能描述
m_init( )	void	空	初始化棋子
paintEvent( )	void	QPaintEvent *	布置棋盘
qipan_init( )	void	空	初始化棋盘
bingStep( )	bool	int r_b	兵的算法
carStep( )	bool	int r_b	車的算法
solidStep( )	bool	int r_b	士的算法
eleStep( )	bool	int r_b	象的算法
jiangStep( )	bool	int r_b	将的算法
gunStep( )	bool	int r_b	炮的算法
hoursStep( )	bool	int r_b	马的算法
checkWinner( )	void	空	检查是否胜利

续表 18 – 8

函数名	返回值	形参	功能描述
translate( )	QByteArray	QByteArray data	解析服务器发来的打包的信息
grpbtnClickedSlot( )	void	int index	确定棋子可以移动，移动棋子的类型
on_senfBtn_clicked( )	void	空	发送聊天信息按钮
on_pushButton_2_clicked( )	void	空	悔棋按钮
on_pushButton_3_clicked( )	void	空	认输按钮
on_pushButton_4_clicked( )	void	空	退出按钮
upDateShowSlots( )	void	空	显示时间
chessConnectSlot( )	void	空	下棋客户端的链接槽函数
chatConnectSlot( )	void	空	聊天客户端的链接槽函数
readfromSever( )	void	空	下棋客户端从服务器读取数据
readCfromServer( )	void	空	聊天客户端从服务器读取数据
sendIndexToServer( )	void	空	把下棋的信息打包发送给服务器
on_actionNew_game_triggered( )	void	空	新建棋局
huiqi( )	void	空	悔棋算法
on_actionClose_triggered( )	void	空	关闭棋局

点击棋子触发 grpbtnClickedSlot 函数的代码：

```
voidMainWindow:: grpbtnClickedSlot(intindex)
{
  if(M_Select! =redSelect)                    //判断是否是当前下子方
  return;
  qDebug()< <index;                           //按钮下标
  if(prevBtnID = = -1){
  if(btn[index] - >getR_b()! =redSelect)      //判断点到的棋是不是你的
  return;
  prevBtnID = index;
  btn[prevBtnID] - >setClicked(true);         //说明棋子被按住
  btn[prevBtnID] - >changeIcon();             //改变图标
  nextBtnID = -1;
  }elseif(prevBtnID! = -1){
```

```
nextBtnID = index;
if(prevBtnID == nextBtnID)                          //重复按
return; if(btn[prevBtnID]->getR_b() == btn[nextBtnID]->getR_b()){
btn[prevBtnID]->setClicked(false);
btn[prevBtnID]->changeIcon();                       //将点击按钮移到当前按下
prevBtnID = nextBtnID;
nextBtnID = -1;
btn[prevBtnID]->setClicked(true);
btn[prevBtnID]->changeIcon();
return;
}if(btn[nextBtnID]->getStyle() == 8&&btn[prevBtnID]->getStyle()!= btn[ne
xtBtnID]->getStyle())
return;
switch(btn[prevBtnID]->getStyle()){
case1:
if(bingStep(btn[prevBtnID]->getR_b())){
sendIndexToServer();
}break;
case2:
if(gunStep(btn[prevBtnID]->getR_b())){
sendIndexToServer();
}break;
case3:
if(carStep(btn[prevBtnID]->getR_b())){
sendIndexToServer();
}break;
case4:
if(hourseStep(btn[prevBtnID]->getR_b())){
sendIndexToServer();
}break;
case5:
if(eleStep(btn[prevBtnID]->getR_b())){
sendIndexToServer();
}break;
case6:
if(solidStep(btn[prevBtnID]->getR_b())){
sendIndexToServer();
}break;
case7:
```

```
    if(jiangStep(btn[prevBtnID] - >getR_b())){
    sendIndexToServer();
    }break;
    default:
    sendIndexToServer();
    }
    }
}
```

例：点到的棋子为卒，调用 bingStep 函数，对于卒而言，需要设计已过河和未过河两种情况。未过河时，卒只能向前移动，而不能左右和向后移动，当当前位置减去上一步位置的值为 9 时，卒可以移动；已过河后，卒可以向前、向左右移动，但不能向后移动，所以当当前位置减去上一步位置的值为 9 和 1 或 -1 时，卒可以移动。因为棋子是 0 到 89 编号，所以是单方向的，因此红方的兵和黑方的卒算法正好相反。

执行代码如下：

```
boolMainWindow::bingStep(intr_b)
{
  if(r_b = =0){
  if(nextBtnID > =45&&nextBtnID < =89){
  if((nextBtnID - prevBtnID) = = -9)
  return true;
  }
  if(nextBtnID > =0&&nextBtnID < =44){
  if((nextBtnID - prevBtnID) = = -9||(nextBtnID - prevBtnID) = =1||(nextBtnID -
prevBtnID) = = -1)
  return true;}
  }
  if(r_b = =1){
  if(nextBtnID > =0&&nextBtnID < =44){
  if((nextBtnID - prevBtnID) = =9)
  return true;}
  if(nextBtnID > =45&&nextBtnID < =89){
  if((nextBtnID - prevBtnID) = =9||(nextBtnID - prevBtnID) = =1||(nextBtnID -
prevBtnID) = = -1)
  return true;}
  }
  return false;
}
```

点到的棋子为炮：调用 gunStep 函数，对于炮而言，分为两个方向：竖向和横向。在竖直方向上，炮分为向上向下两个方向对其当前位置和上一步位置中间的值进行遍历，用当前位置减去上一步位置的值模 9 为 0 时，遍历这些值如果没有子，则可以移动；或者中间有且仅有一个子时，可以移动。在横向的方向上，需要向左右两个方向遍历，当当前位置除 9 等于上一次位置除 9 时，证明在同一横线，如果中间没有子，则可以移动；或者中间有且仅有一个子时，可以移动。红方的炮和黑方的炮的算法一致。

点到的棋子为車：调用 carStep 函数，对于車而言，分为两个方向：竖向和横向。在竖直方向，車分上下两个方向对其当前位置和上一步位置中间的值进行遍历，用当前位置减去上一步位置的值模 9 为 0 时，遍历这些值如果没有子，则可以移动。在横向的方向上，需要向左右两个方向遍历，当当前位置除 9 等于上一次位置除 9 时，证明在同一横线，如果中间没有子，则可以移动。红方的車和黑方的車算法一致。

点到的棋子为马：调用 hoursStep 函数，对于马而言，分为当前位置小于上一步位置和当前位置大于上一步位置两种情况。当当前位置小于上一步位置时，先确定出马可以走的四个位置，如果上一步棋子的正前方没有棋子，并且当前位置无棋子，则可以移动；当当前位置大于上一步位置时，确定出马可以走的四个位置，如果上一步棋子的正前方没有棋子，并且当前位置无棋子，则可以移动。红方的马和黑方的马算法一致。

点到的棋子为象：调用 eleStep 函数，对于象而言，要先控制它的移动范围，它的移动范围是不可以过河，然后分为自下向上移动和自上向下移动。自下向上移动时当前位置大于上一次位置，并且对角线的中间没有子，则可以移动；自上向下移动时当前位置小于上一次位置，并且中间对角线的中间没有子，则可以移动。红方相的算法和黑方象的算法是一致的，只是具体位置不同而已。

点到的棋子为士：调用 solidStep 函数，对于士而言，因为士的可移动范围小，并且每次只能移动一格，所以士可以分为周围四个点向中间移动和中间向周围四个点移动。如果当前位置是中间，而上一步位置在周围对角的四个点，则可以移动；或者当前位置是周围对角的四个点，而上一步位置是中间位置，则可以移动。由于士的算法都是具体坐标，所以红方的士和黑方的士算法是一致的，只是具体位置不同而已。

点到的棋子为将：调用 jiangStep 函数，对于将而言，首先确认出它可以走的所有的 9 个位置，分为两种情况，当前位置大于上一步位置和当前位置小于上一步位置。当当前位置大于上一步位置时，可以竖向移动和横向移动，当前位置减去上一步位置值为 9 或值为 1 时，可以移动；当当前位置小于上一步位置时，可以竖向移动和横向移动，当上一步位置减去当前位置值为 9 或值为 1 时，可以移动。由于将的算法都是具体坐标，所以红方的帅和黑方的将算法是一致的，只是具体位置不同而已。

当一方的将被吃掉时，调用 checkWinner 函数，赢棋的情况分为两种，分别是一方将军被吃掉，或者将和帅相对时中间无棋子两种情况。第一种情况，先确定将和帅的位置，给其设置初始值，每走一步棋都对棋局所有棋子进行遍历，如果找到将和帅，则将其位置赋值给初始值，如果没有遍历到将，则红棋胜利，如果没有遍历到帅，则黑棋胜利；第二种情况，先遍历找到将和帅的位置，如果在一条直线上，并且中间没有其他棋子，则当前下棋一方赢。

发送聊天信息时触发 on_senfBtn_clicked 函数，将聊天信息打包发送给服务器，服务器接收信息返回给另一客户端，客户端通过 readCfromserver 接受聊天的信息。

悔棋、认输、退出的功能需要调用相应函数，通过服务器发送给对方客户端，并返回执行相应的操作。

参考文献

[1]严蔚敏, 吴伟民. 数据结构(C语言版)[M]. 北京: 清华大学出版社, 2011.
[2]邱晓红, 李渤. C语言程序设计[M]. 北京: 清华大学出版社, 2012.
[3]李春葆. 数据结构习题与解析(C语言篇)[M]. 北京: 清华大学出版社, 2013.
[4]万常选, 舒蔚. C语言程序设计(第二版)[M]. 北京: 科学出版社, 2015.
[5]王刚, 杨巨峰译. C++ Primer(中文版)(第5版)[M]. 北京: 电子工业出版社, 2013.
[6]郑莉, 董渊, 何江舟. C++语言程序设计(第4版)[M]. 北京: 清华大学出版社, 2010.

图书在版编目(CIP)数据

C++项目实训/李渤，安海龙主编. --长沙：中南大学出版社，2018.11

ISBN 978-7-5487-3243-3

Ⅰ.①C… Ⅱ.①李… ②安… Ⅲ.①C++语言—程序设计 Ⅳ.①TP312.8

中国版本图书馆 CIP 数据核字(2018)第245332号

C++项目实训

C++ XIANGMU SHIXUN

李　渤　安海龙　主编

□责任编辑　胡小锋
□责任印制　易建国
□出版发行　中南大学出版社
　社址：长沙市麓山南路　　邮编：410083
　发行科电话：0731-88876770　　传真：0731-88710482
□印　　装　长沙市宏发印刷有限公司

□开　　本　787×1092　1/16　□印张 21　□字数 536 千字
□版　　次　2018年11月第1版　□2018年11月第1次印刷
□书　　号　ISBN 978-7-5487-3243-3
□定　　价　59.00元